普通高等教育"十一五"国家级规划教材 修订版
高等职业技术教育机电类专业系列教材
高等职业教育"互联网+"新形态一体化教材

可编程控制器技术项目化教程

（西门子S7-1200 PLC机型）

第3版

主　编　钟苏丽　刘　敏
副主编　孙丽君　刘晓磊　张金兰　席　艳　王亮亮
参　编　高红慧　王　莹　黄祖伟　王　慧　汪　政
主　审　耿世彬

机械工业出版社

本书选用西门子 S7-1200 PLC 为主要机型，将 PLC 在现场应用中的典型工作任务提炼为教学任务，以工程应用项目为载体，设计了 20 个教学任务。

本书内容瞄准岗位需求，对接职业标准和工作过程，吸收行业发展的新知识、新技术、新工艺、新方法，以活页式新形态教材形式，通过项目引导，任务驱动，岗课赛证内容融合，将理论知识与实际应用相结合，进阶式组织教学进程。

本书可作为高职院校装备制造大类各专业"PLC 应用技术"课程的教材，也可供工程技术人员自学 S7-1200 PLC 的编程和应用使用。

为方便教与学，本书配套微课、课件和题库资源。相对应的在线开放课程"西门子 S7-1200 PLC 应用技术"也同步在智慧职教 MOOC 学院线上运行。

图书在版编目（CIP）数据

可编程控制器技术项目化教程：西门子 S7-1200 PLC 机型 / 钟苏丽，刘敏主编 . —3 版 . —北京：机械工业出版社，2022.12（2023.8 重印）

普通高等教育"十一五"国家级规划教材修订版　高等职业技术教育机电类专业系列教材　高等职业教育"互联网+"新形态一体化教材

ISBN 978-7-111-72466-7

Ⅰ.①可…　Ⅱ.①钟…②刘…　Ⅲ.①可编程序控制器-高等职业教育-教材　Ⅳ.① TP332.3

中国国家版本馆 CIP 数据核字（2023）第 010242 号

机械工业出版社（北京市百万庄大街 22 号　邮政编码 100037）
策划编辑：于　宁　　　　　责任编辑：于　宁　王宗锋
责任校对：樊钟英　贾立萍　责任印制：邓　博
天津嘉恒印务有限公司印刷
2023 年 8 月第 3 版第 2 次印刷
184mm×260mm・16 印张・383 千字
标准书号：ISBN 978-7-111-72466-7
定价：52.00 元

电话服务　　　　　　　　　网络服务
客服电话：010-88361066　　机　工　官　网：www.cmpbook.com
　　　　　010-88379833　　机　工　官　博：weibo.com/cmp1952
　　　　　010-68326294　　金　书　网：www.golden-book.com
封底无防伪标均为盗版　　　机工教育服务网：www.cmpedu.com

前　言

本书是在教育部普通高等教育"十一五"国家级规划教材《可编程控制器技术项目化教程第2版》的基础上，根据可编程控制器技术的发展和主流机型的变化，以"岗课赛证"融通对教材的内容和形式进行重新设计。

随着科技的飞速发展，"中国制造"向"中国智造"转型，智能化的生产设备在现代企业中的应用越来越广泛，这些设备按照工艺要求井然有序地工作，离不开它的控制核心——PLC。

党的二十大报告指出，"统筹职业教育、高等教育、继续教育协同创新，推进职普融通、产教融合、科教融汇，优化职业教育类型定位"。本书贯彻落实党的二十大精神，书中内容瞄准岗位需求，对接职业标准和工作过程，吸收行业发展的新知识、新技术、新工艺、新方法，对接主流生产技术，吸纳企业优秀工程师参与教材编写，与山东栋梁科技设备有限公司校企合作共同开发教材；教材形式上采用模块化、项目化、过程化组织方式，有助于进行课程改革，推动"课堂革命"，适应教材使用者的多样化特点，建立以学习者为中心的课程教学评价体系；教材内容吸取大赛的考核内容，将大赛中的赛题进行了简化，并提炼为教学项目；吸纳了1+X职业技能等级证书和其他职业技能鉴定证书中对PLC相关内容的考核要求；坚持立德树人根本任务，将素质教育元素融入教材，将学生的专业技能培养与社会担当意识有机结合，强化学生树立正确的人生观、价值观、职业观。

本书选用西门子S7-1200 PLC为主要机型，开发基于工作过程项目化教学模式，将PLC在现场应用中的典型工作任务提炼为教学任务，以工程应用项目为载体，将知识学习和专业技能培训融于项目实施过程中。在内容安排上，本书从基础功能到综合应用分层次推进，遵循由易到难的学习规律，设计了6个大项目：S7-1200 PLC与博图软件认知、S7-1200 PLC的工作原理与程序调试、S7-1200 PLC基本指令应用、S7-1200 PLC用户程序结构设计、S7-1200 PLC以太网通信应用、S7-1200 PLC的工业应用。将PLC在自动化设备控制中的典型工作任务提炼为20个教学任务：电动机正反转控制、传送带运输机的分时启动控制、小车呼叫系统控制、彩灯循环控制、温度报警系统控制、星-三角降压启动控制、抢答器控制、自动剪板机控制、工业机器人第七轴控制、基于以太网的PLC开放式用户通信、两台S7-1200 PLC之间的S7协议通信等，通过任务驱动、项目引导，突出S7-1200 PLC学习的实用性、工程性、实践性，将知识学习和专业技能融于一体，提高学习者的学习能力和实践创新能力。

本书的每个知识点都开发了微课、课件和题库资源。相对应的在线开放课程"西门子

S7-1200 PLC 应用技术"也同步在智慧职教 MOOC 学院线上运行。

本书由烟台职业学院的钟苏丽、刘敏任主编；烟台职业学院的孙丽君、刘晓磊、席艳，滨州职业学院的张金兰，山东栋梁科技设备有限公司的王亮亮任副主编；烟台职业学院的商红慧、王莹、黄祖伟、王慧、汪政参编。具体分工如下：任务 1～任务 4 由黄祖伟编写，任务 6 和任务 7 由高红慧编写，任务 8 和任务 9 由王莹编写，任务 10 和任务 11 由刘晓磊编写，任务 12、任务 13、任务 19 和任务 20 由孙丽君编写，任务 5、任务 14～任务 18 由钟苏丽编写。刘敏教授和山东栋梁科技设备有限公司的王亮亮高级工程师对教材进行了统稿，滨州职业学院的张金兰和烟台职业学院的席艳、汪政和王慧老师参与了教材的课件制作和题库开发，解放军陆军工程大学耿世彬教授对全书进行了主审。

由于编者水平有限，书中难免有错漏之处，恳请读者批评指正。主编 Email：zhongsuli@163，电话：13791185062。欢迎来函来电。

编者

二维码清单

名称	图形	页码	名称	图形	页码
任务 01-S7-1200 CPU 家族模块与选型方法		14	任务 05-S7-1200 PLC 数据块的概述与使用示例		75
任务 01-S7-1200 PLC 的功能特点与面板的认识		14	任务 05-用户程序的下载与上传		75
任务 02-博图软件界面介绍		23	任务 05-程序状态调试		75
任务 02-S7-1200 PLC 硬件的组态		23	任务 05-监控表调试		75
任务 03-PLC 的工作原理		36	任务 06-基本位逻辑指令		86
任务 04-S7-1200 PLC 支持的数据类型		48	任务 07-传送带运输机的分时启动控制		100
任务 04-存储区的编址		48	任务 08-小车呼叫系统控制		108
任务 04-数据的存取方式		48	任务 09-彩灯循环控制		114
任务 05-S7-1200 PLC 控制电动机起保停		75	任务 10-温度报警系统控制		124

（续）

名称	图形	页码	名称	图形	页码
任务11-星-三角降压启动控制		130	任务16-循环中断组织块的应用		185
任务12-抢答器控制		142	任务16-硬件中断组织块的应用		185
任务13-自动剪板机控制		155	任务17-两台S7-1200 PLC基于以太网的开放式用户通信应用实例		200
任务14-S7-1200 FC块编程实现两台水泵的控制		165	任务18-S7-1200 PLC之间的S7协议通信		211
任务15-S7-1200 FB块编程控制两台电动机定时运行		172	任务19-工业机器人第七轴控制		234
任务16-时间中断组织块的应用		185			

目 录

前言
二维码清单
绪论　PLC 的产生与发展 ················· 1

项目 1　S7-1200 PLC 与
　　　　博图软件认知 ············· 9
　任务 1　S7-1200 PLC 认知 ············ 9
　任务 2　博图软件使用 ··············· 20

项目 2　S7-1200 PLC 的工作原理与
　　　　程序调试 ················· 29
　任务 3　S7-1200 PLC 工作过程 ······· 29
　任务 4　认识 S7-1200 PLC 的数据与
　　　　　存储 ······················· 39
　任务 5　S7-1200 PLC 控制电动机起保停
　　　　　运行 ······················· 55

项目 3　S7-1200 PLC 基本指令应用 ··· 80
　任务 6　电动机正反转控制 ············ 80
　任务 7　传送带运输机分时启动控制 ····· 90
　任务 8　小车呼叫系统控制 ··········· 104
　任务 9　彩灯循环控制 ··············· 112
　任务 10　温度报警系统控制 ·········· 117

　任务 11　星-三角降压启动控制 ······· 127
　任务 12　抢答器控制 ··············· 135
　任务 13　自动剪板机控制 ··········· 148

项目 4　S7-1200 PLC 用户
　　　　程序结构设计 ············ 161
　任务 14　S7-1200 PLC FC 块编程控制
　　　　　两台水泵的运行 ············ 161
　任务 15　S7-1200 PLC FB 块编程控制
　　　　　两台电动机定时运行 ········ 170
　任务 16　S7-1200 PLC 中断组织块的
　　　　　应用 ······················ 176

项目 5　S7-1200 PLC 以太网
　　　　通信应用 ················ 195
　任务 17　基于以太网的 PLC 开放式
　　　　　用户通信 ·················· 195
　任务 18　两台 S7-1200 PLC 之间的
　　　　　S7 协议通信 ··············· 207

项目 6　S7-1200 PLC 的工业应用 ··· 219
　任务 19　工业机器人第七轴控制 ······ 219
　任务 20　工业机器人工作站控制 ······ 239

参考文献 ······························ 248

绪 论
PLC 的产生与发展

作为计算机技术的应用，可编程控制器是现代新型工业控制的标志产品。它已取代了继电器而成为解决自动控制问题的最有效、最便捷的工具，在工业、农业、商业及各行各业得到广泛应用。

一、可编程控制器的产生

在工业控制领域，为了实现弱电对强电的控制，使机械设备实现预期的要求，继电器系统曾被广泛使用并占主导地位。虽然它具有结构简单、易学易懂、价格便宜的优点，但其控制过程是由硬件接线的方式实现的。如果某一个继电器损坏，甚至仅仅是一对触点接触不良，就可能造成系统瘫痪，而故障的查找和排除又往往是困难的，需要花费很长时间。如果产品更新换代，则需改变整个系统的控制元件及其组合，重新进行复杂的接线。既要增加硬件的购置费用，又延长了施工周期。可见，继电器控制系统存在着可靠性低、适应性差的缺点，给人们在使用上带来很大的不便和遗憾。

现代社会中各类产品的品种和型号不断地改进和翻新，可谓日新月异，所以产品生产具有多品种、小批量、低成本和高质量的特点。显然，传统的继电器系统已无法满足频繁变动的控制要求，人们开始寻求新的控制系统。20 世纪 60 年代初，大规模生产提出了多机群控的要求，其所配置的继电器系统相当复杂。恰逢此时出现了小型计算机，于是，人们试图用小型计算机系统取代复杂的继电器系统。但小型计算机用于工业控制时带来价格昂贵、输入输出电路不匹配和编程技术复杂等问题，故未能得到推广应用。尽管如此，利用计算机技术进行工业控制的尝试已揭开了现代控制技术的新篇章。

1968 年，为使汽车型号不断翻新，以在激烈的市场竞争中取胜，美国通用汽车公司（GM）从用户角度提出了新型控制器应具备的十项条件进行招标，即有名的十项招标指标，之后立即引起了开发热潮。这十项招标指标是：

① 编程简单，可在现场修改和调试程序。
② 维护方便，采用插入式模块结构。
③ 可靠性高于继电器控制系统。
④ 体积小于继电器控制柜。
⑤ 能与管理中心计算机系统进行通信。
⑥ 成本可与继电器控制系统相竞争。
⑦ 输入量是 115V 交流电压（美国电网电压 110V）。
⑧ 输出量为 115V 交流电压，输出电流在 2A 以上，能直接驱动电磁阀。
⑨ 系统扩展时，原系统只需作很小变动。

⑩ 用户程序存储器容量至少 4KB。

美国数字设备公司（DEC）1969 年中标，研制出符合要求的控制器，即世界上第一台可编程控制器，在通用汽车公司的汽车装配线上首次应用即获成功。很快，对这项新技术的研究应用从美、日、欧遍及到全世界。可编程控制器得到不断的改进和发展，迅速成为现代工业控制的主导产品。

二、可编程控制器的定义

最初的可编程控制器主要用于顺序控制，虽然采用了计算机的设计思想，但实际只能进行逻辑运算，故称作可编程逻辑控制器（Programmable Logic Controller），简称 PLC。

随着计算机技术的发展及微处理器的应用，可编程控制器的功能不断扩展和完善，早已远远超出逻辑控制、顺序控制的范围，具备了模拟量控制、过程控制以及远程通信等强大功能。经过调查，美国电气制造商协会（NEMA）将其正式命名为可编程控制器（Programmable Controller），简称 PC。但为了与个人计算机（Personal Computer）的专称 PC 相区别，常常把可编程控制器仍简称为 PLC。本教程亦将可编程控制器称作 PLC。

可编程控制器在不断地发展，对它的定义也不是一成不变的。国际电工委员会（IEC）于 1982 年颁布了可编程控制器标准草案，1985 年提交了第 2 版，1987 年的第 3 版对可编程控制器定义如下：

"可编程控制器是专为在工业环境下应用而设计的一种数字运算操作的电子装置，是带有存储器、可以编制程序的控制器。它能够存储和执行指令，进行逻辑运算、顺序控制、定时、计数和算术运算等操作，并通过数字式和模拟式的输入和输出，控制各种类型的机械或生产过程。可编程控制器及其有关的外围设备，都应按易与工业控制系统形成一个整体、易于扩展其功能的原则设计。"

三、可编程控制器的功能

事实上，可编程控制器是一种以微处理器为基础、带有指令存储器和输入输出接口、综合了微电子技术、计算机技术、自动控制技术、通信技术的新一代工业控制装置。可编程控制器以其丰富的功能、显著的特点而得到广泛的应用。可编程控制器有丰富的功能指令和功能模块，主要功能有：

1. 逻辑运算和定时计数功能——开关量控制功能

PLC 设置有"与""或""非"等逻辑运算指令，能够描述继电器触点的串联、并联、复合串并联等各种连接关系，还为用户提供了若干个定时器和计数器，并设置了定时和计数指令。定时值和计数值可由用户编程时设定，并可在运行中被读出或修改。因此可以取代继电器进行逻辑组合与顺序控制。

2. 数据处理和数字量与模拟量的转换功能——模拟量控制功能

PLC 设置有数据传送、比较、运算、移位、位操作、数制转换等数据处理指令和打印输出指令，并可对存储器间接寻址。PLC 可配有模/数转换（A/D）和数/模转换（D/A）模块，能实现对模拟量的测量与控制，完成闭环控制。PID 调节是一般闭环控制系统中用得较多的一种调节方法。过程控制在冶金、化工、热处理、锅炉控制等场合有非常广泛的应用。现代的大、中型PLC一般都有闭环PID控制模块，这一功能可以用PID子程序来实现，而更多的是使用专用PID模块来实现。

3. 数据发送和接收功能——通信功能

PLC设置有数据发送和接收指令，可与计算机、其他PLC和外设之间建立连接，具有通信联网功能。可与其他智能控制设备一起，可以构成"集中管理、分散控制"的分布式控制系统，满足工厂自动化系统发展的需要；实现对整个生产过程的信息管理和功能控制。PLC是柔性制造系统（FMS）和工厂自动化网络中的基本组成单元，广泛应用于机械、石油、电力、化工等行业。

4. 运动控制功能

PLC用专用的控制指令，可以用于圆周运动或直线运动的控制。目前，大多数的PLC制造商都提供拖动步进电动机或伺服电动机的单轴或多轴位置控制模块，这一功能可广泛用于各种机械，如金属切削机床、金属成型机床、机器人及电梯等。

5. 中断处理功能

PLC设置有中断指令或中断组织块，通过中断响应，及时得到所输入状态的变化信息，能够进行故障检测和提高运行速度。

6. 监控和自诊断功能

PLC设置有报警和运行信息的显示。它在系统发生异常时自动停止运行并发出报警信号，能够保护和恢复现场，还能通过软件进行故障检测和程序校验。

7. 扩展功能

PLC主机上设有输入输出扩展接口，通过专用模块配置可扩大信息处理范围和实现功能扩展。例如，配置扩展I/O模块，可增加输入输出点数，配置智能I/O模块可使PLC增加伺服电动机控制、闭环过程控制、温度控制、远程通信等专项特殊功能。

四、可编程控制器与其他工业控制装置的比较

作为工业控制装置，可编程控制器可与控制系统中的继电器、计算机相媲美。

1. 可编程控制器与继电器的比较

可编程控制器与继电器控制系统都是典型的工业控制装置。从基本控制目标看，两者的开关量控制功能和信号的输入/输出形式是相同的。能实现开关量的逻辑和顺序控制。输入信号是按钮、限位开关、光电开关和开关式传感器等，输出信号可直接控制外部负载，如电动机、电磁阀、接触器和指示灯等。从设计表达形式看，PLC的梯形图与继电器的控制电路图是相似的，都采用电气元件符号表示，且十分易于掌握。但可编程控制器系统与继电器系统在以下几方面的不同表现了两者性能的明显差异：

（1）组成器件不同

继电器系统由许多真正的继电器——"硬继电器"组成，一般一个中间继电器有4～8对机械触点，而PLC梯形图中的继电器是"软继电器"。这些软继电器实质上是存储器中每一位触发器，因其内容（状态0或1）可读取任意次数，所以"软继电器"能提供的触点数是无限的，而且不存在机械触点的电蚀问题。

（2）控制技术不同

继电器控制系统针对固定的生产机械和生产工艺而设计，以硬接线方式安装而成，各个继电器中触点的通断状态（1、0）经电路组合而构成一种固定的逻辑运算关系。以此构建的控制系统不但体积庞大，而且只有重新配线安装才能适应哪怕是生产工艺的微小改变。PLC 以集成电路模块组成，采用计算机技术，由程序实现控制，各种逻辑运算和算术运算均可通过编制修改程序来实现，即不必改变系统硬件就可以实现不同生产过程的控制以及进行在线修改。与继电器系统相比，可编程控制器系统具有很高的可靠性和极好的柔性。

（3）工作方式不同

在继电器系统中，当电源接通时，线路中各个继电器都处于受制约状态：或吸合，或断开。这种工作方式被称作并行工作方式。在 PLC 中，程序处于周期性循环扫描中，受同一条件制约的各部分的状态变化次序取决于程序扫描顺序，这种工作方式称作串行工作方式。若将表达形式相同的 PLC 梯形图与继电器控制电路图相比较，会发现由于分别工作在串行与并行方式下，两者的控制结果却不一定相同。

（4）功能范围不同

继电器控制系统只能进行开关量的控制，实现既定的逻辑、顺序、定时和计数的简单功能。而 PLC 不但有逻辑运算能力，还有算术运算能力，因此，既可进行开关量控制，又能进行模拟量控制，还能实现网络通信，具有十分完善的功能。

可编程控制器系统以可靠性高、柔性好、功能强、体积小以及系统易于开发、扩展、安装和维护的优势取代了继电器控制系统的绝大多数应用场合。而继电器系统因其容易掌握、元件便宜的优点，目前在工艺定型、控制简单的生产过程中仍有使用。

2. 可编程控制器与计算机的比较

计算机控制系统通常是指由工业微机（单板机、单片机等）、工业控制总线或 PC 组成的系统。控制系统中的计算机与可编程控制器的结构特征相同：采用功能模块结构，以微处理器、存储器、输入/输出接口和外部设备为主要组成部分。两者都具有很强的数据处理能力，通过程序实现实时控制和过程控制，功能强大，应用范围广。可以说，可编程控制器就是一种专为工业控制而设计的计算机。不过从工业控制角度看，用于控制系统的可编程控制器与计算机还是有着以下几方面不同的特性：

（1）PLC 更适合工业现场使用

因为可编程控制器在设计上对抗干扰能力、可靠性及体积等方面有专门的考虑，所以工业控制的专业性强。而计算机系统通用性强，适合于在计算机房运行。

（2）PLC 的编程语言面向用户

可编程控制器的梯形图语言符合电气原理图规律，易于接受和掌握，工程技术人员即使不具备计算机知识亦可方便地使用。而计算机系统采用汇编语言或高级语言编程，要求使用者必须具有一定程度的计算机基础知识。

（3）PLC 采用顺序扫描方式工作

可编程控制器的扫描方式有利于顺序逻辑控制的可靠实施，各个逻辑元素状态的先后次序与时间的对应关系明确。但易使输入输出出现滞后现象，响应较慢（为 ms 级）。计算机是中断工作方式，响应速度快（为 μs 级），且容易处理模拟信号。PLC 的中断控制功能主要用于某些状态监测而并非主要工作方式。

（4）PLC 侧重于开关量的逻辑控制

可编程控制器以逻辑运算为主，存储容量小，体积小，价格便宜；计算机系统侧重于模拟量的过程控制，数据处理量大，芯片配置要求高，价格昂贵。事实上，对于现代工业控制系统，可编程控制器系统与计算机系统已无严格界限，相互之间的技术渗透和综合应用已成趋势。例如在集散控制系统和工厂自动化网络中，采用计算机集中管理，进行信息处理，采用 PLC 作为下位机完成分散的功能控制。

五、可编程控制器的特点

可编程控制器专为在工业环境下应用及满足用户需要而设计，因此具有以下显著特点：

1. 可靠性高，抗干扰能力强

设备的高可靠性指的是平均无故障工作时间（MTBF）长和故障平均修复时间（MTTR）短。可编程控制器在恶劣工作环境中应用的高可靠性，由以下设计得到保证：

1）PLC 用软件代替大量的中间继电器和时间继电器，硬接线元件少，因触点接触不良造成的故障大为减少，因编程简单、操作方便而使失误减少。且采用精选、冗余、集成化、模块化等措施，使元件寿命长、故障少，故障易于查找。

2）采用多层次的抗干扰措施，如对 CPU 模块的电磁屏蔽、在电源电路和 I/O 模块中设置滤波电路和在输入输出电路中采用信号光电耦合，使 PLC 可与强电设备在同一环境下可靠工作。

3）PLC 带有硬件故障自我检测功能，设置了掉电保护、监控、报警、故障检测等电路和程序，使 PLC 及其系统获得故障自诊断保护。

采用以上措施后，一般可编程控制器的抗干扰能力可达 1000V、1μs 的窄脉冲的冲击，平均无故障工作时间可高达 5～10 万小时。

2. 柔性好，适用性强，功能完善

设备的柔性是指其在使用过程中的适应性和灵活性。可编程控制器的柔性表现为：

1）由于采用程序控制方式，所以在因产品改型而改变工艺流程或更换生产设备时，只需通过程序的编制和更改即可适应生产要求，而不必改变控制装置。这一柔性特点使 PLC 成为柔性制造系统（FMS）中必不可少的控制装备。

2）PLC 已经标准化、系列化、模块化，品种齐全的模块式结构具有扩展的灵活性，用户可根据实际控制要求选用和组合模块，灵活方便地进行系统配置。

3）PLC 不但具有开关量控制、模拟量控制、中断控制等逻辑处理功能，还具有完善的数据运算和数据通信能力，可组成位置控制、温度控制、数控系统等各种工业控制系统。

3. 易学易用

（1）编程方便

PLC 提供了多种面向用户的编程语言：梯形图、指令语句表、功能图等，其中梯形

图语言的符号及表达方式与继电器控制系统的电气线路图类似，极易被工厂电气技术人员接受和掌握。这样，即使不懂计算机原理和语言的人，也能使用PLC。

（2）操作方便

对PLC的操作是指程序的输入和程序的更改，通常采用手持式编程器和个人计算机（PC）进行。编程器直接或由电缆插入PLC的相应插座，可工作在编程、运行和监控的不同状态下，用于现场调试和在线修改是非常方便的。通过PLC厂商提供的编程软件及通信接口，用户还可以使用个人计算机对PLC编程，并对系统进行仿真、测试、监视和控制。

（3）安装接线方便

PLC用接线端子连接外部接线。因其有较强的带负载能力，可直接驱动一般的电磁阀和交流接触器，用于各种规模的工业控制场合。

4. 体积小、功耗低

集成电路模块使可编程控制器达到小型化或超小型化，使其易于装入机械电子设备内部，PLC是产品实现机电一体化的理想控制设备。

5. 编程语言有待于标准化

尽管各个厂家生产的可编程控制器均采用面向用户的梯形图和指令语句表等编程语言，形式上大同小异，但尚未达到完全统一。目前美、英、日、法、德等在其国内已基本实现梯形图等编程语言的标准化，但全球标准化尚有待时日，这为用户使用不同品牌PLC时带来不便。

六、可编程控制器的分类

可编程控制器产品的种类很多，根据外部特性可将其进行如下分类：

1. 按点数和功能分类

可编程控制器实现对外部设备的控制，其输入端子与输出端子的数目之和，称作PLC的输入输出点数，简称I/O点数。

为了适应信息处理量和系统复杂程度的不同需求，PLC具有不同的I/O点数、用户程序存储器容量和功能范围，由此可将其分为小型、中型和大型三类。

小型PLC的I/O点数小于128点，用户程序存储器容量小于4KB；功能简单，以开关量控制为主，可实现条件控制、顺序控制、定时计数控制，适用于单机或小规模生产过程。

中型PLC的I/O点数为128～512点，用户程序存储器容量为4～8KB；功能比较丰富，兼有开关量和模拟量的控制能力，具有浮点数运算、数制转换、中断控制、通信联网和PID调节等功能，适用于小型连续生产过程的复杂逻辑控制和闭环过程控制。

大型PLC的I/O点数在512点以上，用户程序存储器容量达到8KB以上；控制功能完善，在中档机的基础上，扩大和增加了函数运算、数据库、监视、记录、打印及中断控制、智能控制、远程控制的功能，适用于大规模的过程控制、集散式控制系统和工厂自动化网络。

2. 按结构形式分类

根据可编程控制器各组件的组合形式，可将 PLC 分为整体式和机架式两大类。

整体式结构的 PLC 是将中央处理单元、存储单元、输入输出模块和电源部件集中配置在一个机箱内，输入输出接线端子及电源进线分装在两侧，并有发光二极管显示输入输出状态。这种 PLC 输入输出点数少、体积小、价格低，便于装入设备内部。小型 PLC 通常采用这种结构。

机架式结构的 PLC 将各部分做成独立的模块，如中央处理单元、存储单元、输入模块、输出模块、扩展功能单元和电源模块等，使用时将这些模块分别插入机架底板的插座上。可根据生产实际的控制要求配置各种不同的模块，构成不同的控制系统。这种 PLC 输入输出点数多、配置灵活、方便、易于扩展，大、中型 PLC 通常采用这种结构。

3. 按使用方向分类

从应用的侧重不同，可将 PLC 分为通用型和专用型两类。

通用型 PLC 作为标准工业控制装置可供各类工业控制系统选用，通过不同的配置和程序编制可满足不同的需要。

专用型 PLC 是为某类控制系统专门设计的 PLC，如数控机床专用型、锅炉设备专用型和报警监视专用型等。由于应用的专一性，使控制质量大大提高。

七、可编程控制器的现状与发展

1. PLC 的现状

可编程控制器经过几十年的发展，现已形成了完整的工业控制器产品系列，成为工业控制领域中占主导地位的基础自动化设备。据调查，目前全世界有 PLC 生产厂家数百家，生产的 PLC 品种有 400 多种，总销售量以每年两位数的市场增长率持续发展。其中著名的生产厂商有美国的 AB、GM、DEC 等公司，日本的立石（欧姆龙）、三菱、松下等公司，德国的西门子、BBC、AEG 等公司。由于 PLC 的品种不断增加，产值产量大幅增长，成本价格普遍下降，其应用已渗透到机电、汽车、冶金、化工、轻工、交通、采矿及家用电器等国民经济各个领域，取得了明显的技术经济效益。PLC 在世界各国倍受重视，被列为控制领域中不可缺少的战略性产品。日本将发展和应用 PLC 技术作为一项基本国策，指出 PLC 技术、CAD/CAM 和工业机器人为工业自动化的三大技术支柱。

近 20 年来，PLC 在我国的研制、生产和应用也发展很快。特别是在应用方面，随着成套设备的引进，也配套引进了不少 PLC。如上海宝钢、秦山核电站、陕西彩色显像管厂、北京吉普车生产线和秦皇岛港煤码头工程等，都引进和使用了大量的 PLC。应用 PLC 对现有设备进行改造，对单机设备进行控制，为批量产品配套和制造机电一体化产品，这在国内已成趋势。随着全球经济一体化时代的到来，我国的 PLC 应用正在加强和普及，这将使我国工业自动化程度提高到一个新水平。

通过技术引进与合资生产，我国的 PLC 产品有了一定的发展。国内 PLC 生产厂家有 40 多个，产品品种 40 余种。其中天津、无锡、上海、北京等地的几项产品通过了评优测试，为 PLC 国产化奠定了基础。经过多年来的技术积累和市场开拓，国产 PLC 正处于蓬勃发展的时期。

2. PLC 的发展趋势

可编程控制器的发展有两个重要趋势：其一是小型化，向着体积小、价格低、速度快、功能强、标准化和系列化发展，使之适应复杂单机和生产线的控制要求；其二是大型，向着大容量、智能化和网络化发展，使之能与计算机组成集成控制系统。这两个趋势具体表现为以下几个方面：

（1）中央处理器（CPU）的高档化和多元化

采用计算能力更强、控制指令更多、时钟频率更快的 CPU 芯片，使 PLC 的功能增加、速度提高、存储容量能够扩大。现已有 32 位、时钟频率 16MHz 的 CPU 用于 PLC，其每千字扫描时间小于 0.5ms。PLC 通常以字（16 位二进制数）为单位存储和处理信息。

多 CPU 结构是指一个 PLC 采用多个 CPU 的结构，它使 CPU 的中断、网络、智能和容错等功能大大增强。

（2）智能 I/O 单元的不断推出

作为自身带有 CPU 的功能部件，智能 I/O 单元以灵活高效的组合方式使 PLC 除基本功能外，还能实现一些特殊的、专门的功能。已开发的智能 I/O 单元主要有模拟量 I/O、PID 闭环控制、机械运动控制（伺服电动机控制）、温度控制、远程通信、高速计数、中断输入、高级语言等单元，其中有一些常用单元如模拟量 I/O、通信、中断等单元，已与 PLC 做成一体而成为基本功能，而新的智能 I/O 单元正在不断推出。智能 I/O 单元为 PLC 的功能扩展和性能提高提供了极为有利的条件。

（3）软件的标准化

实际应用不但对硬件，而且对软件提出了标准化的要求。近年的 PLC 产品很注重产品的兼容性，大多数已采用 Windows 作为编程和操作的平台，采用符合开放系统互联标准的通信协议（如 MAP）实现通信联网，采用梯形图与高级语言相结合的标准化编程语言进行编程。厂商联合推出的标准化举措极大地方便了用户，为 PLC 的广泛应用起到了促进的作用。

项目 1

S7-1200 PLC 与博图软件认知

任务 1　S7-1200 PLC 认知

一、学习任务描述

正确认知 S7-1200 PLC 的硬件。

二、学习目标

1. 了解 S7-1200 PLC 的功能特点。
2. 认识 S7-1200 PLC 的面板。
3. 了解 S7-1200 PLC 家族模块。
4. 掌握 S7-1200 PLC 的选型方法。
5. 树立正确的人生观、价值观、职业观。

三、任务书

现提供 S7-1200 PLC 的 CPU 和各种模块若干，通过正确分辨各模块的名称，正确安装和拆卸 CPU、信号模块、通信模块、信号板和端子板连接器。

四、获取信息

? 引导问题 1：查询资料，了解 S7-1200 PLC 的功能和主要应用方向。
? 引导问题 2：查询资料，了解 S7-1200 PLC 家族主要的模块有哪些。
? 引导问题 3：查询资料，说明 PLC 选型时要考虑哪些因素。
? 引导问题 4：查询资料，认识 S7-1200 PLC 的 CPU 及各种模块的面板。

_____
_____
_____
_____

五、知识准备

1. S7-1200 PLC 的功能特点

S7-1200 PLC 是西门子公司 2009 年推出的一款面向离散自动化系统和独立自动化系

统的 PLC，它采用了模块化设计，具备强大的工艺功能，适用于多种场合，可以满足不同的自动化需求。S7-1200 PLC 的定位处于原有的 SIMATIC S7-200 和 S7-300 之间。在涵盖 S7-200 PLC 原有功能基础上，S7-1200 PLC 增加了许多新的功能，可以满足更广泛领域的应用要求。

S7-1200 PLC 的 CPU 继承了 PROFINET 接口，可以实现编程设备与 CPU，CPU 与 HMI 以及 CPU 与 CPU 之间的通信。另外，S7-1200 PLC 还可以通过开放的以太网协议实现与第三方设备的通信。

S7-1200 PLC 的 CPU 集成有强大的计数、测量、闭环以及运动控制等功能。

（1）计数和测量

S7-1200 PLC 的 CPU 最多包含 6 个高速计数器。这些高速计数器可用作增量式编码器、频率计数或者过程事件的高速计数等精确检测。

（2）速度、位置或占空比控制

S7-1200 PLC 最多可以有 4 个高速脉冲输出，CPU 本体输出频率可达 100kHz，通过信号板可提高至 200kHz，CPU1217 最多可支持 1MHz。高速脉冲输出可以应用到包括电机转速、阀门位置或者加热元件的循环周期控制。

（3）运动控制功能块

S7-1200 PLC 拥有对步进电动机和伺服驱动器进行开环速度控制和位置控制的 PLCopen 运动功能块，还可以使用驱动调试控制面板对电动机进行启动和调试。

（4）简单的过程控制

S7-1200 PLC 支持多达 16 个 PID 控制回路，PID 调试控制面板简化了控制回路的调节过程，对于单个控制回路，除了提供自动调节和手动调节方式外，还提供调节过程的图形化趋势图。西门子公司的 SIMATIC 精简系列面板，拥有该对比度的图形显示屏，具有简便组网和无缝通信的特点，使其成为适用于 S7-1200 PLC 的理想面板。

S7-1200 PLC 的应用范围主要包括以下几类：代加工机械控制、远程通信，低端的运动/位置控制，建筑自动化设备，以及非传统、非制造业应用等。

2. S7-1200 PLC 面板的认识

S7-1200 PLC 的 CPU 将微处理器、集成电源输入电路和输出电路集成到一个设计紧凑的外壳中，以形成功能强大的 PLC。S7-1200 PLC 不同型号的 CPU 面板是类似的，如图 1-1 所示。

S7-1200 PLC 的 CPU 有三类状态指示灯，用于指示 CPU 模块的运行状态。

1）RUN/STOP 指示灯　纯橙色指示 stop 模式，纯绿色指示 run 模式，闪烁指示 CPU 正在启动。

2）Error 状态指示灯　红色闪烁指示有错误，如 CPU 内部错误，存储卡错误或组态错误；纯红色指示硬件出现故障。

3）MAINT 状态指示灯　在每次插入存储卡时闪烁。

CPU 面板上 I/O 状态指示灯的点亮或熄灭指示各种输入或输出的状态。

CPU 面板上提供了一个 PEOFINET 接口，用于网络通信。S7-1200 PLC 的 CPU 还有两个指示 PROFINET 通信状态的指示灯，打开底部端子块的盖板可以看到。其中，LINK

指示灯点亮时，指示连接成功；IX/TX 指示灯点亮时，指示传输活动。

拆下 CPU 上的挡板可以安装一个信号板。通过信号板，可以在不增加空间的前提下，给 CPU 增加 I/O 点数和 RS485 通信功能。目前，信号板包括数字量输入、数字量输出、数字量输入/输出、模拟量输入、模拟量输出、热电偶和热电阻模拟量输入以及 RS485 通信等类型。

另外，S7-1200 PLC 的接线端子也是可拆卸的。

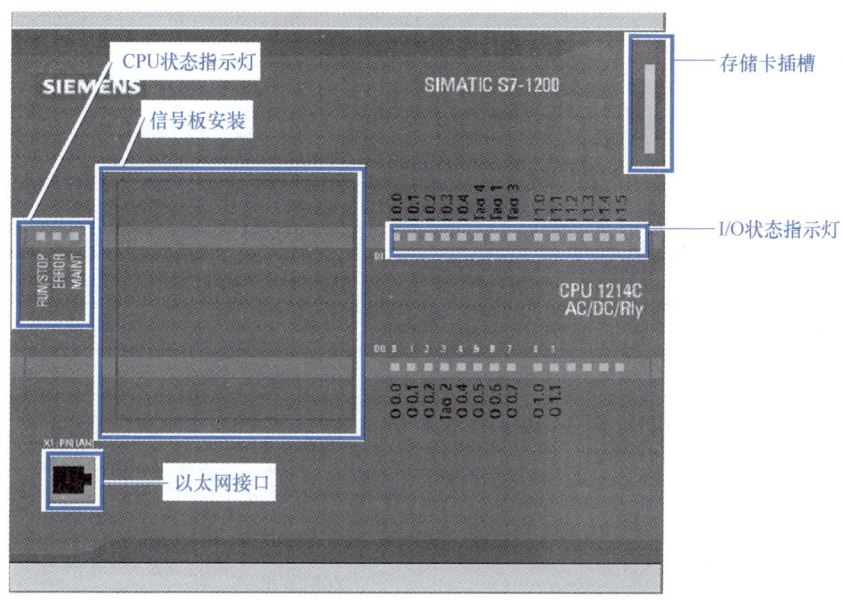

图 1-1　CPU1214C 的面板示意图

3. S7-1200 PLC 家族模块

（1）CPU 模块

目前，S7-1200 PLC 的 CPU 有五个型号，分别是 CPU1211C，CPU1212C，CPU1214C，CPU1215C，CPU1217C。根据电源和输入输出信号的不同，前四款 CPU 有三种类型，分别是 DC/DC/DC，AC/DC/RLY，DC/DC/RLY。S7-1200 PLC 不同型号 CPU 的性能指标见表 1-1。

表 1-1　S7-1200 PLC 不同型号 CPU 的性能指标

CPU 型号	CPU1211C	CPU1212C	CPU1214C	CPU1215C	CPU1217C
CPU 特征	\multicolumn{3}{c}{DC/DC/DC，AC/DC/RLY，DC/DC/RLY}			DC/DC/DC
集成的工作存储区/KB	50	75	100	125	150
集成的装载存储区/MB	1	1	4	4	4
集成的保持储存区/KB	10	10	10	10	10
存储卡	可选 SIMATIC 存储卡				
集成的数字量 I/O 点数	6 输入/4 输出	8 输入/6 输出	14 输入/10 输出		
集成的模拟量 I/O 点数	2 输入			2 输入/2 输出	

（续）

CPU 型号	CPU1211C	CPU1212C	CPU1214C	CPU1215C	CPU1217C
过程映像区大小	1024B 输入 /1024B 输出				
信号扩展板	最多 1 个				
信号扩展模块	无	最多 2 个	最多 8 个		
最大本地数字量 I/O 点数	14	82	284		
最大本地模拟量 I/O 点数	3	19	67	69	
高速计数器 / 路	3	5	6		
－ 单相	3（100kHz）	3（100kHz） 1（30kHz）	3（100kHz） 3（30kHz）	3（100kHz） 3（30kHz）	4（1MHz） 2（100kHz）
－ 正交相	3（80kHz）	3（80kHz） 1（20kHz）	3（80kHz） 3（20kHz）	3（80kHz） 3（20kHz）	3（1MHz） 3（100kHz）
脉冲输出 / 个	最多 4 路，CPU 本体 100kHz（CPU1217 最多支持 1MHz）				
脉冲捕捉输入 / 个	6	8	14		
时间继电器 / 循环中断	共 4 个，精度为 1ms				
边沿中断 / 个	6 上升沿 /6 下降沿	8 上升沿 /8 下降沿	12 上升沿 /12 下降沿		
实时时钟精度	±60 秒 / 月				
实时时钟保持时间	40℃环境下，典型的 20 天 /12 天				
布尔量运算执行速度	0.08μs 指令				
动态字符运算速度	1.7μs 指令				
实数数学运算速度	2.3μs 指令				
端口数	1 个			2 个	
类型	以太网				
数据传输率	10/100kHz				
扩展通信模块	最多 3 个				

（2）信号模块

S7-1200 PLC 提供了各种 I/O 信号模块用于扩展其 CPU 能力，信号模块包括数字量输入模块、数字量输出模块、数字量输入 / 直流输出模块、数字量输入 / 交流输出模块、模拟量输入模块、模拟量输出模块、热电偶和热电阻模拟量输入模块以及模拟量输入 / 输出模块等。

各种数字量信号模块还提供了指示模块状态的诊断指示灯，绿色指示灯指示模块处于运行状态，红色指示灯指示模块有故障或处于非运行状态。

各模拟量信号模块为各路模拟量输入和输出提供了 I/O 状态指示灯，绿色指示灯指示通道已组态且处于激活状态，红色指示灯指示个别模拟量输入或输出处于错误状态。此外，各模拟量信号模块还提供有指示模块状态的诊断指示灯，绿色指示灯指示模块处于运行状态，红色指示灯指示模块有故障或处于非运行状态。

（3）通信模块

S7-1200 PLC 的 CPU 最多可以添加 3 个通信模块，支持 PROFIBUS 主从站通信，RS485 和 RS232 通信模块可以实现点对点的串行通信。SIMATIC TIA PORTAL step7 BASIC 工程组态系统中有各种扩展指令或库功能，如 USS 驱动协议、Modbus RTU 主站和从站协议等，能够实现相关通信的组态和编程。

S7-1200 PLC 的 CPU 家族提供各种各样的通信选项以满足用户的网络要求，如 I-Device、PRO、PROFINET、PROFIBUS、远距离控制通信、点对点通信、USS 通信、Modbus RTU、AS-i 及 I/O Link MASTER 等。

4. S7-1200 PLC 选型和电源的计算

S7-1200 PLC 的 CPU 有一个内部电源，为 CPU、信号模块、信号扩展模板及通信模块提供电源，也可以为用户提供 24V 电源。选用 S7-1200 PLC 时，首先要根据输入输出信号类型和点数选择合适的 CPU 以及所需的扩展模块。硬件选型时，还需计算所有扩展模块的功率总和，检查该数值是否在 CPU 提供的功率范围之内，如果超出则必须更换容量更大的 CPU 或减少扩展模块的数量。

下面以一个工程实例说明 S7-1200 PLC 的选型方法。

例：某工程项目经统计 I/O 点数为 20 个 DI，直流 24V 输入；10 个 DO，其中继电器输出 8 个，直流输出 2 个；1 路模拟量输入，1 路模拟量输出。选用 S7-1200 PLC，CPU 选型如下：

由于数字量 I/O 点数较多，且继电器输出，选用 CPU1214C AC/DC/RLY，订货号为 6ES7 214-1BE30-0XB0。由于需要 2 个 DC 输出，选用扩展的信号模块 SM1223 8×24VDC 输入/8×24VDC 输出，订货号为 6ES7 222-1BF30-0XB0。一路模拟量输入 CPU 自带，一路模拟量输出可选用信号板 SB1232 的一路模拟量输出，订货号为 6ES7 232-4HA30-0XB0。

电源需求的计算。本例中 CPU 为信号模块提供了足够的 5V 直流电流，通过传感器电源可以为所有输入和扩展的继电器线圈提供足够的 24V 直流电流，故额外不再需要 24V 直流电源，具体计算见表 1-2。根据项目需要，可以选用相应尺寸的面板。

表 1-2 电源功率的计算

CPU 型号	系统电源电压	系统提供电流	系统消耗电流计算	电流差额计算
CPU1214C AC/DC/RLY	背板直流 5V	1600mA	1 个 SM1223，消耗 145mA	1600mA-145mA=1455mA
	外部直流 24V	400mA	CPU1214C，14 点输入，每个点 4mA。共消耗 14×4mA=56mA	400mA-56mA-32mA-88mA=224mA
			1 个 SM1223，8 点输入，每个点 4mA。共消耗 8×4mA=32mA	
			1 个 SM1223，8 点继电器输出，每个点 11mA。共消耗 8×11mA=88mA	
说明	通过电流差额计算，得出系统电源功率能够满足需要。			

5. 微课资料

扫码看微课：S7-1200 CPU 家族模块与选型方法

扫码看微课：S7-1200 PLC 的功能特点与面板的认识

六、工作计划与决策

按照任务书要求和获取的信息，制定 S7-1200 PLC 认知的工作方案，包括模块的认识和安装拆卸，对各组的实施方案进行对比分析，整合完善，形成决策方案，作为工作实施的依据。请将工作实施的决策方案列入表 1-3。

表 1-3　S7-1200 PLC 认知工作实施决策方案

步骤名称	工作内容	负责人

七、任务实施

S7-1200 PLC 认知工作实施步骤如下。

1. 给每个模块贴上正确的标签

根据获取的知识，把所有的模块贴上正确的标签。

2. 模块的安装和拆卸

S7-1200 PLC 的设计易于安装，尺寸较小可以有效地利用空间，S7-1200 PLC 安装时要注意以下几点：

① S7-1200 PLC 可以安装在面板或标准导轨上，既可以水平安装，也可以垂直安装。

② S7-1200 PLC 可以实现自然对流冷却，为保证通风散热必须在设备的上方和下方留出至少 25mm 的空隙，另外，模块前端与机柜内壁之间至少应留出 25mm 的深度，如图 1-2 所示。

③ 当采用垂直安装方式时，其允许的最大环境温度要比水平安装方式降低 10℃，此时要确保 CPU 被安装在最下面。

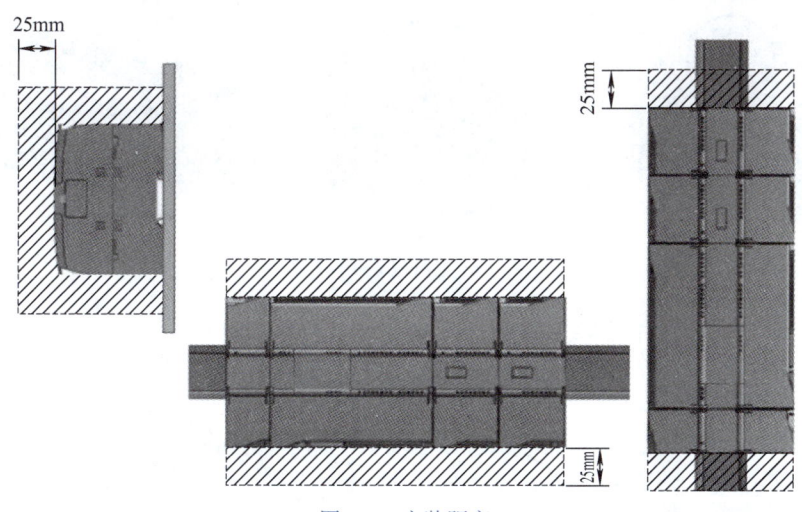

图 1-2　安装距离

（1）安装和拆卸 CPU

首先将全部通信模块连接到 CPU 上，然后将它们作为一个单元来进行安装。将 CPU 安装到 DIN 导轨上需要以下几步，如图 1-3 所示。

① 安装 DIN 导轨，每隔 75mm 将导轨固定到安装板上。
② 将 CPU 挂到 DIN 导轨上方。
③ 拉出 CPU 下方的 DIN 导轨卡夹，以便能将 CPU 安装到导轨上。
④ 向下转动 CPU 使其在导轨上就位。
⑤ 推入卡夹将 CPU 锁定到导轨上。

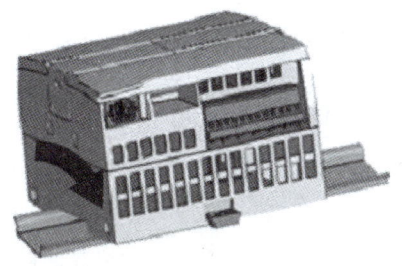 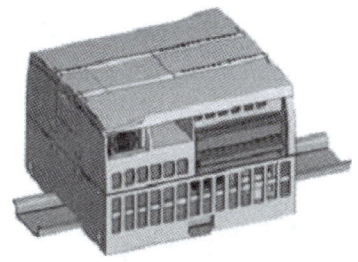

图 1-3　CPU 安装示意图

拆卸 CPU 时，首先一定要断开 CPU 的电源及其 I/O 连接器、连线或电缆，然后将 CPU 所有相邻的通信模块作为一个完整的单元拆卸。所有信号模块应保持安装状态，如果信号模块已连接到 CPU 则需要缩回总线连接器。拆卸步骤如下，如图 1-4 所示。

① 将螺钉旋具放到信号模块的上方的小接头旁。
② 向下按螺钉旋具使连接器与 CPU 相分离。
③ 将小接头完全滑到右侧。
④ 拉出 DIN 导轨卡夹，从导轨上松开 CPU。
⑤ 向上转动 CPU 使其脱离导轨，然后从系统中卸下 CPU。

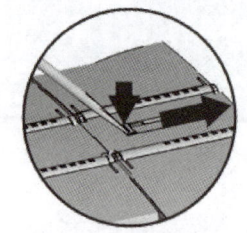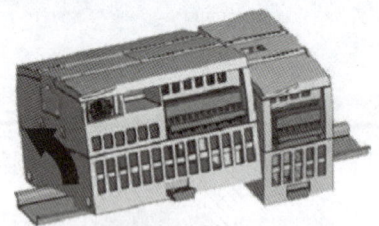

图 1-4　CPU 拆卸示意图

（2）安装和拆卸信号模块

在安装 CPU 之后，分别安装信号模块，如图 1-5 所示。

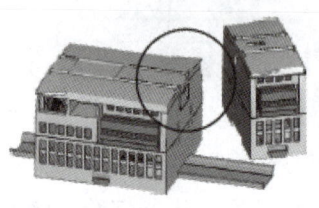

图 1-5　信号模块安装示意图

① 卸下 CPU 右侧的连接器盖。将螺钉旋具插入盖上方的插槽中，将上方的盖轻轻撬出并卸下盖，收好盖以备再次使用。

② 将信号模块挂到 DIN 导轨上方，拉出下方的 DIN 导轨卡夹，以便将信号模块安装到导轨上。

③ 向下转动信号模块使其就位并推入下方的卡夹，将其锁定到导轨上。

④ 总线连接器从模块伸出就可以建立信号模块之间的机械和电气连接。具体操作为：将螺钉旋具放到信号模块上方的小接头旁，将小接头滑到最左侧，使总线连接器伸到 CPU 中。

也可在不卸下 CPU 或其他信号模块时卸下任何信号模块。在拆卸信号模块时一定要断开 CPU 电源并卸下信号模块 I/O 连接器的接线，如图 1-6 所示。步骤如下描述。

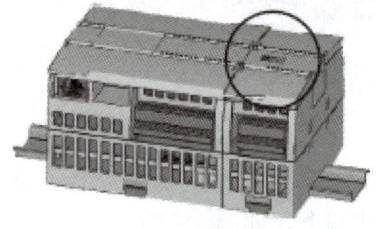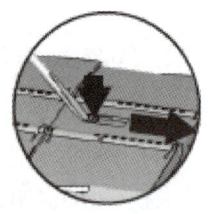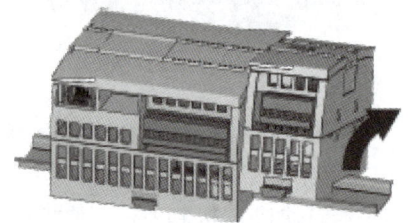

图 1-6　信号模块拆卸示意图

① 使用螺钉旋具缩回总线连接器。

② 拉出信号模块下方的 DIN 导轨卡夹，从导轨上松开信号模块，向上转动使其脱离导轨。

③ 盖上 CPU 的总线连接器。

（3）安装和拆卸通信模块

首先将通信模块连接到 CPU 上，然后再将整个组件作为一个单元安装到 DIN 导轨或面板上。具体做法如下，如图 1-7 所示。

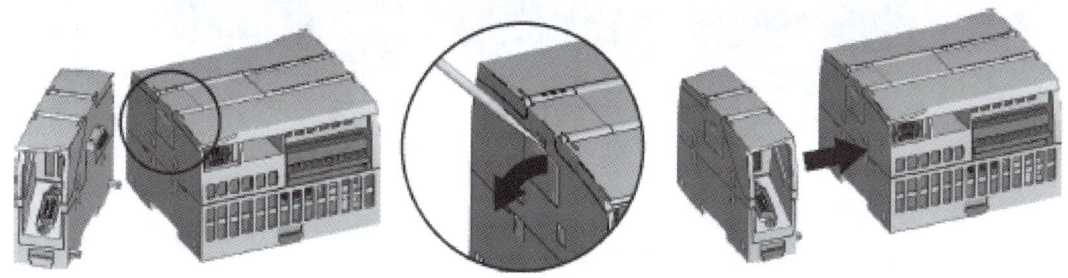

图 1-7　通信模块安装示意图

① 卸下 CPU 左侧的总线盖板。将螺钉旋具插入盖上方的插槽中，轻轻撬出上方的盖板。
② 然后连接单元。将通信模块的总线连接器和连线柱与 CPU 上的孔对齐。
③ 用力将两个单元压在一起直到接线柱卡入到位。
④ 将该组合单元安装到 DIN 导轨或面板上即可。
⑤ 从 DIN 导轨或面板上卸下通信模块时，将 CPU 和通信模块作为一个完整单元卸下即可。

（4）安装和拆卸信号板

在 CPU 上安装信号板，首先要断开 CPU 的电源，再卸下 CPU 上部和下部的端子盖板。步骤如下，如图 1-8 所示。

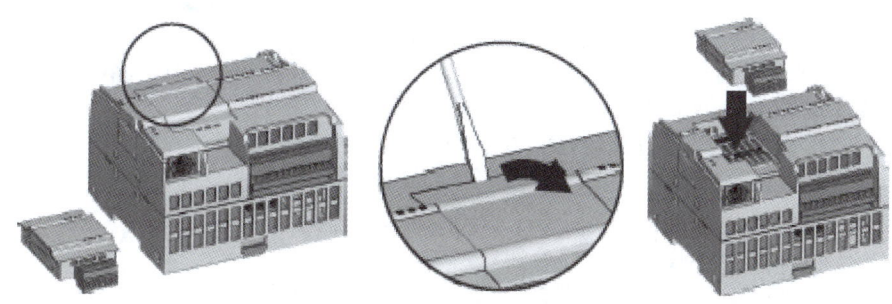

图 1-8　信号板安装示意图

① 将螺钉旋具插入 CPU 上部接线盒盖背面的槽中。
② 轻轻将盖撬起并从 CPU 上卸下。
③ 将信号板直接向下放入 CPU 上部的安装位置中。
④ 用力将信号板压入该位置直到卡入就位。
⑤ 重新装上端子盖板。

卸下信号板时也要断开 CPU 的电源，并卸下 CPU 上部和下部的端子盖板，步骤如下，如图 1-9 所示。

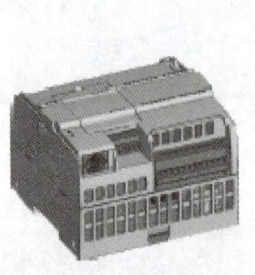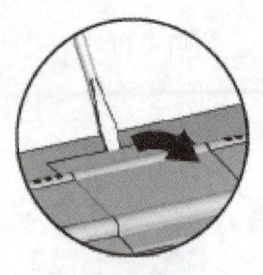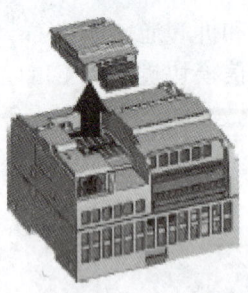

图 1-9　信号板拆卸示意图

① 将螺钉旋具插入信号板上部的槽中。
② 轻轻将信号板撬起使其与 CPU 分离。
③ 将信号板直接从 CPU 上部的安装位置取出。
④ 重新装上信号板盖板。
⑤ 重新装上端子盖板。
（5）安装和拆卸端子板连接器
拆卸端子板连接器，首先要断开 CPU 的电源，步骤如下，如图 1-10 所示。

图 1-10　端子板连接器拆卸示意图

① 打开连接器上方的盖子。
② 查看连接器的顶部并找到可插入螺钉旋具头的槽。
③ 将螺钉旋具插入槽中。
④ 轻轻撬起连接器顶部使其与 CPU 分离，使连接器从夹紧位置脱离。
⑤ 抓住连接器并将其从 CPU 上卸下。
安装连接器的步骤如下，如图 1-11 所示。

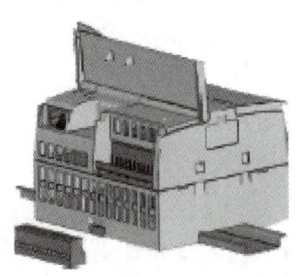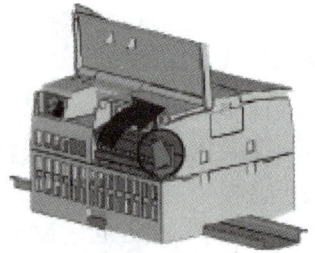

图 1-11　端子板连接器安装示意图

① 断开 CPU 的电源并打开端子盖板，准备端子板安装的组件。
② 使连接器与单元上的插针对齐。
③ 将连接器的接线边对准连接器座沿的内侧。
④ 用力按下并转动连接器直到卡入到位。
⑤ 仔细检查以确保连接器全部到位并完全啮合。

八、检查与评价

根据对 PLC 的认知情况，按照验收标准，对任务完成情况进行检查和评价，包括正确认识模块名称，按要求拆装等，并将验收问题及其整改措施、完成时间进行记录。验收标准及评分表见表 1-4，验收问题记录表见表 1-5。

表 1-4　S7-1200 PLC 认知工作任务验收标准及评分表

序号	验收项目	验收标准	分值	教师评分	备注
1	模块名称	给每个模块贴上正确的标签	20		
2	CPU 拆装	正确拆装 CPU	20		
3	信号模块拆装	正确拆装信号模块	15		
4	通信模块拆装	正确拆装通信模块	15		
5	信号板拆装	正确拆装信号板	15		
6	端子板连接器拆装	正确拆装端子板连接器	15		
	合计		100		

表 1-5　S7-1200 PLC 认知工作任务验收问题记录表

序号	验收问题记录	整改措施	完成时间	备注

各组展示任务完成情况，介绍任务的完成过程并提交阐述材料，进行学生自评、学生组内互评、教师评价，完成考核评价表 1-6。

表 1-6　S7-1200 PLC 认知工作任务考核评价表

评价项目	评价内容	分值	自评 20%	互评 20%	师评 60%	合计
职业素养 25 分	爱岗敬业，安全意识、责任意识、服务意识、集体主义精神	5				
	积极参加任务活动，按时完成任务	5				
	团队合作、交流沟通能力，语言表达能力	5				
	劳动纪律、职业道德	5				
	现场 6s 标准，行为规范	5				
专业能力 55 分	专业技能应用能力	15				
	制定计划能力，严谨认真	10				
	操作符合规范，精益求精	10				
	工作效率，分工协作	10				
	任务验收质量，质量意识	10				
创新能力 20 分	创新性思维和行动	20				
	总计	100				

教师签名：　　　　　　　　　　　　　　　　　　　　　　　　　学生签名：

九、习题与自测题

1. S7-1200 PLC 的 CPU 有哪几个型号？
2. 列举 S7-1200 PLC 的各种模块。
3. 选择 PLC 时，要考虑哪些性能指标？

任务 2　博图软件使用

一、学习任务描述

了解博图软件的功能并学会组态一个新项目。

二、学习目标

1. 了解博图软件的功能与组成。
2. 认识博图软件的界面。
3. 能够使用博图软件组态一个新项目。
4. 注重安全、环保意识的养成，注重综合素养的提升。

三、任务书

使用博图软件组态一个项目。要求：①包括 S7-1200 PLC 和 HMI；②添加一个数字量输入模块，一个通信模块和一个通信板模块；③将数字量输入模块的起始地址设为"2"；④完成 PLC 和 HMI 的以太网通信设置。

四、获取信息

? 引导问题 1：查询资料，了解博图软件的功能与组成。
? 引导问题 2：查询资料，了解博图软件的界面。
? 引导问题 3：查询资料，说明使用博图软件组态一个新项目的基本步骤。

_____

_____

五、知识准备

1. 博图软件界面介绍

TIA 博图（Totally Integrated Automation PORTAL）是西门子公司开发的高度集成的工程组态软件，其内部集成了 STEP 7 和 WinCC，提供了通用的工程组态框架，可以对 S7-1200、S7-1500、S7-300/400 PLC 和 HMI 面板、PC 系统进行高效组态。

STEP 7 作为 S7-1200 PLC 的编程软件，提供两种视图：PORTAL 视图和项目视图，如图 2-1 所示。PORTAL 视图提供了面向任务的视图，类似向导操作，可以逐级进行相应的选择。项目视图是一个包含所有项目组件的结构视图，在项目视图中可以直接访问所有的编辑器、参数和数据，并进行高效的工程组态和编程。

（1）PORTAL 视图

如图 2-1a 所示。左边一栏共有 6 个小栏目，是"任务入口"，可以处理不同的工程任务，包括"启动""设备与网络""PLC 编程""运动控制技术""可视化""在线与诊断"。中间一栏是"已选任务的操作"，具体内容根据任务不同发生变化。例如选择"启动"任务后，可以对其进行"打开现有项目""创建新项目""移植项目"等操作。右侧一栏是"与已选操作相关的列表"，其显示的内容与所选操作相匹配。例如选择"打开现有项目"操作后，列表将显示最近使用的项目，可以从中选择打开。

（2）项目视图

如图 2-1b 所示。它的布局类似于 Windows 界面，也包括了菜单、工具栏和编辑区等。

项目视图的左侧为"项目树"，可以访问所有设备和项目数据，也可以在项目树中直接执行任务，例如添加新组件、编辑已存在的组件及打开编辑器处理项目数据等。

项目视图的右侧为"任务卡"，根据已编辑的或已选择的对象，在编辑器中可得到一些任务卡，并允许执行一些附加操作，例如从库或硬件目录中选择对象，查找和替换项目中的对象，拖拽预定义的对象到工作区等。

项目视图下部为"检查窗口"，用来显示工作区中已选择对象或执行操作的附加信息。其中，"属性"选项卡显示已选择对象的属性，并可对属性进行设置；"信息"选项卡显示已选择对象的附加信息，以及操作执行的报警，例如编译过程信息；"诊断"选项卡提供了系统诊断事件和已配置的报警事件。

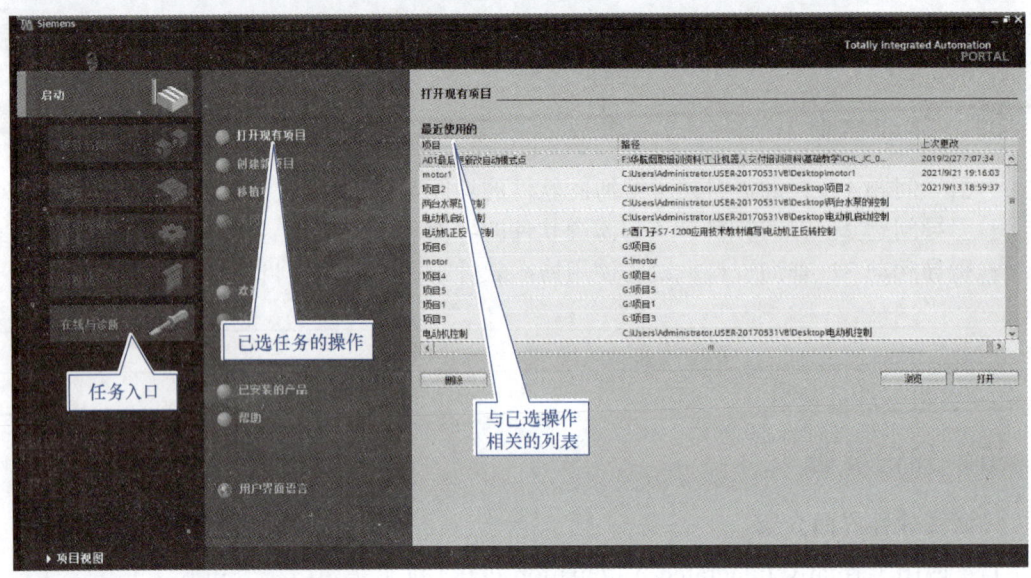

a) PORTAL视图

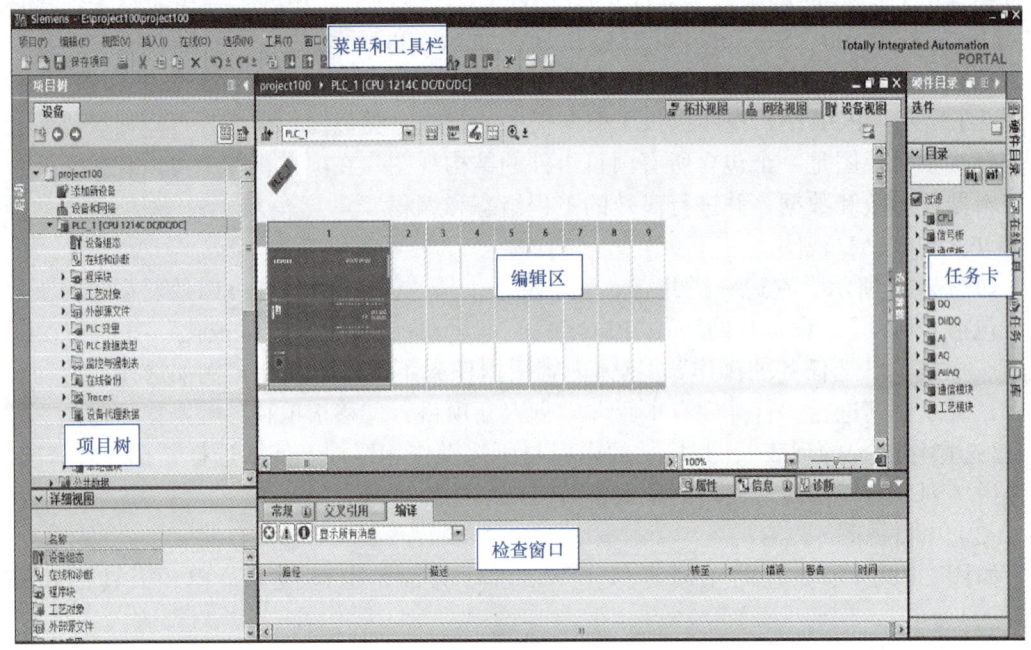

b) 项目视图

图 2-1　博图软件的两种视图

2. 硬件组态

在 S7-1200 PLC 中，当用户新建一个项目时，应当先进行硬件组态。硬件组态是编写项目程序的基础。使用博图组态一个项目包含以下几个步骤：

（1）添加新设备

可以在 PORTAL 视图或项目视图中添加新设备。

打开博图软件，在 PORTAL 视图中创建一个项目。在任务入口处选择"设备与网络",在此处选择要添加的设备种类和名称。

（2）添加模块

将 CPU 添加到项目后可以为其配置其他模块。在项目树的 PLC_1 文件夹下,选择设备组态进入设备视图,可以看到机架上展示已选的设备,软件中机架的图示与实际结构一样,遵循所见即所得的原则。从右侧"硬件目录"中选择所需模块添加到配置中。"硬件目录"中包含"DI""DO""通信模块""通信板"等可以添加的模块。

（3）编辑属性和参数

在机架上分配硬件组件后,可编辑其默认属性。首先选中需要编辑属性的模块,在检查窗口的"属性"选项卡中进行属性和参数设置。

（4）组态设备网络

在图形化的网络视图工作区中,可以方便地对具备通信功能的组件进行接口联网。在"设备和网络"编辑器中选择"网络视图"选项卡,将鼠标指针放到需要进行网络配置的模块的以太网接口上,单击鼠标左键拖拽,将其移到目标模块以太网接口上并释放,这样就把两个模块连接到了同一个网络中,同时自动为接口设置了一致的地址参数。

3. 微课资料

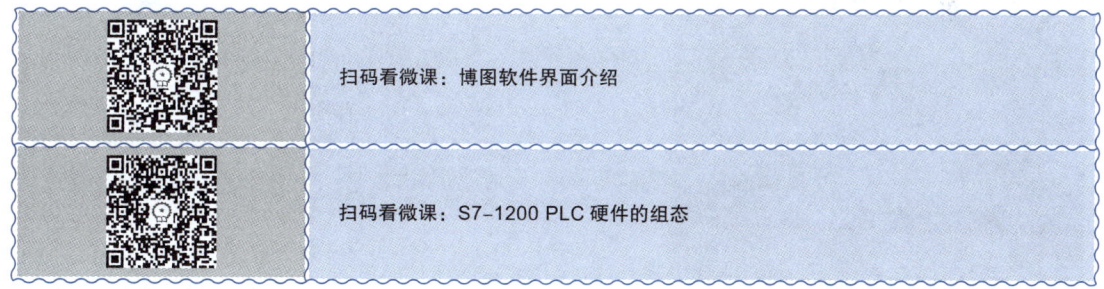

扫码看微课：博图软件界面介绍

扫码看微课：S7-1200 PLC 硬件的组态

六、工作计划与决策

按照任务书要求和获取的信息,制定博图软件使用任务的工作方案,对各组的实施方案进行对比分析,整合完善,形成决策方案,作为工作实施的依据。请将工作实施的决策方案列入表 2-1。

表 2-1 博图软件使用工作实施决策方案

步骤名称	工作内容	负责人

七、任务实施

博图软件使用工作实施步骤如下:

1. 添加新设备

打开博图软件,在 PORTAL 视图中创建一个项目并命名为"project101"。在任务入口处选择"设备与网络",选择"控制器",再选择"SIMATIC S7-1200",单击"CPU",选择"CPU 1214C DC/DC/DC",然后选择合适的订货号和版本,如图 2-2 所示。此处,勾选"打开设备视图"项,单击"添加"完成 PLC 的添加,同时进入了项目视图。

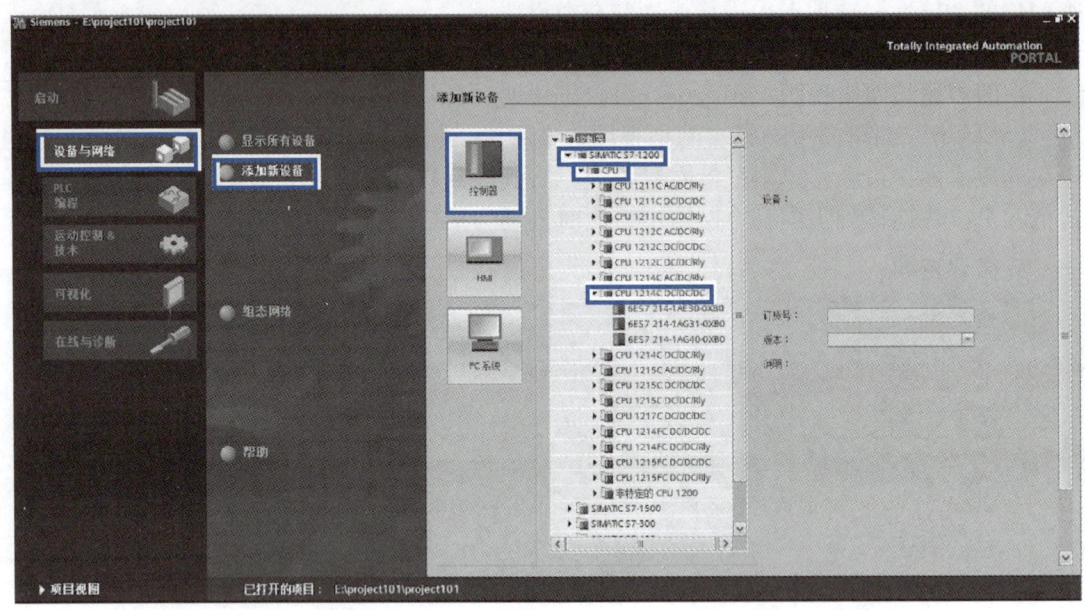

图 2-2 添加 PLC

在项目视图添加一台 HMI。在项目树中选择"添加新设备"。双击进入设备列表视图,选择"HMI"。

选择"6″显示屏"中的"KTP600 Basic"并选择合适的订货号。在此,对输入设备的名称不做修改,默认为 HMI_1,勾选"启动设备向导"项,如图 2-3 所示。单击"确定"按钮,就在项目中添加了一台 HMI,同时启动"HMI 设备向导"对话框。

2. 添加模块

在项目树的 PLC_1 文件夹下,选择"设备组态"进入设备视图,可以看到机架上展示已选的设备。接下来从右侧"硬件目录"中选择所需模块添加到配置中。这里找到"DI",再找到"DI8×24VDC",选中相应订货号,如图 2-4a 所示,用鼠标拖拽到 CPU 右侧的 2 号槽后松开。这样就添加了一个数字量输入模块。

接下来,单击 CPU 右侧的箭头将机架展开,再从右侧"硬件目录"找到"通信模块",再单击"点到点",选择"CM1241",选择合适的订货号,如图 2-4b 所示,用鼠标拖拽至 101 号机架上松开。这样就将通信模块放入 CPU 左侧的 101 号槽中。

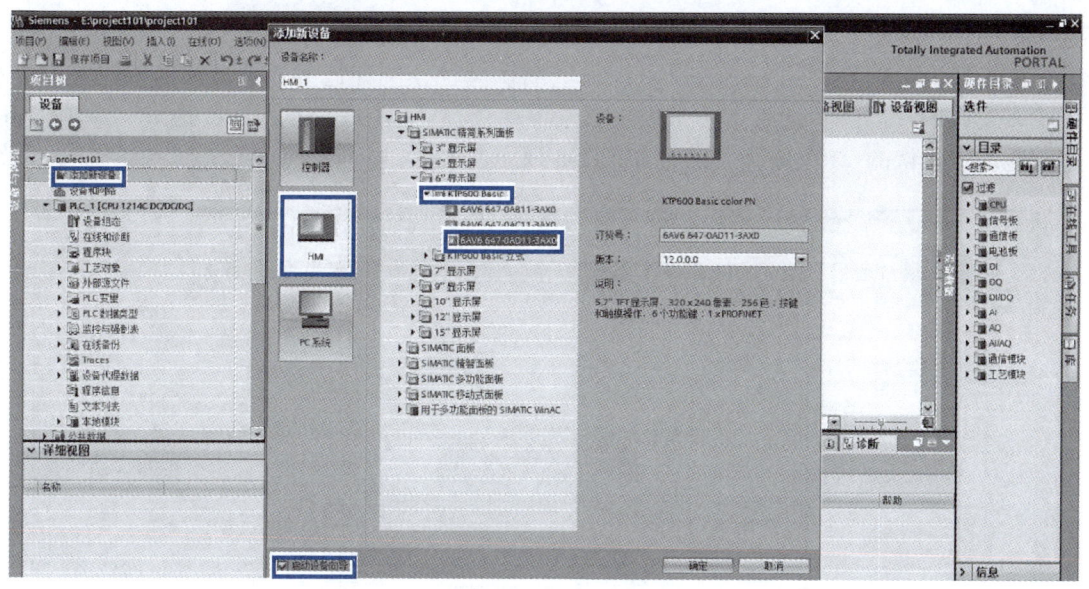

图 2-3 添加 HMI

下面,将通信板 AO1 插入到 CPU 的空闲插槽中。在"硬件目录"中找到"通信板",单击"点到点",再选择"CB1241"并选择合适的订货号,如图 2-4c 所示,用鼠标拖拽至 CPU 上松开,这样就完成了通信板模块的添加。

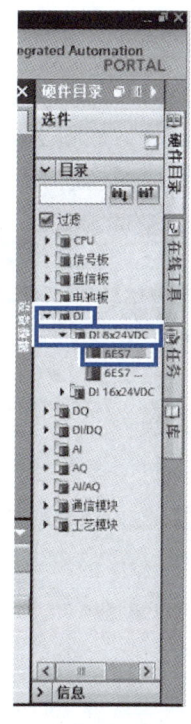
a) 数字量输入模块

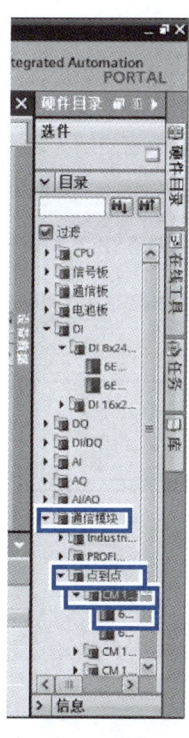
b) 通信模块

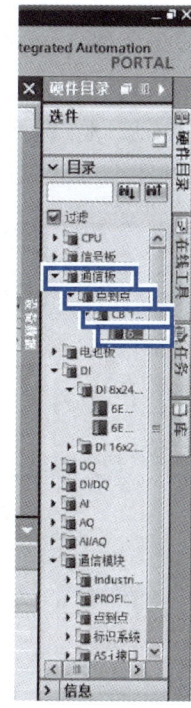
c) 通信板

图 2-4 添加模块

3. 编辑属性和参数

在机架上分配硬件组件后，既可编辑其默认属性，例如选中 2 号槽的输入模块 DI8，在检查窗口的"属性"选项卡"常规"目录下，选择"DI8"下的"I/O 地址"选项，将起始地址由默认的"8"改为"2"，如图 2-5 所示。

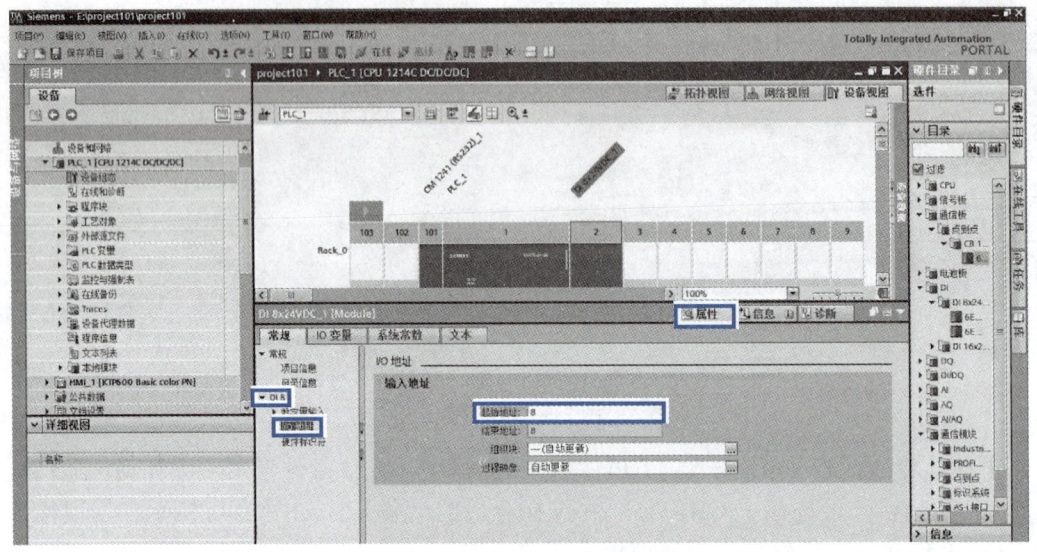

图 2-5　编辑属性和参数

4. 组态设备网络

在"设备和网络"编辑器中选择"网络视图"选项卡，将鼠标指针放到 PLC_1 的以太网接口上，单击鼠标左键拖拽，将其移到 HMI 以太网接口上并释放，如图 2-6 所示，这样就把 PLC_1 和 HMI_1 连接到了同一个网络中，同时自动为接口设置了一致的地址参数。

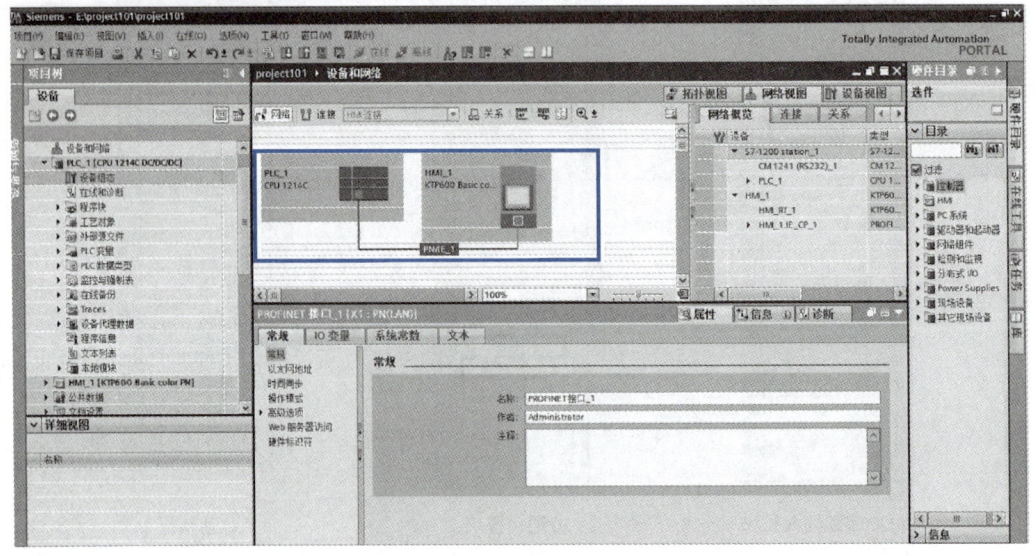

图 2-6　组态设备网络

八、检查与评价

根据对博图软件使用的情况，按照验收标准，对任务完成情况进行检查和评价，包括正确添加所需设备及其模块，正确组态网络等，并将验收问题及其整改措施、完成时间进行记录。验收标准及评分表见表 2-2，验收问题记录表见表 2-3。

表 2-2　博图软件使用工作任务验收标准及评分表

序号	验收项目	验收标准	分值	教师评分	备注
1	项目名称	项目命名为"project101"	20		
2	添加设备	设备包括 S7-1200 PLC 和 HMI	20		
3	添加模块	数字量输入模块、通信模块、通信板模块	20		
4	编辑属性和参数	数字量输入模块的地址为"2"	20		
5	组态网络	正确组态 PLC 和 HMI 的以太网	20		
		合计	100		

表 2-3　博图软件使用工作任务验收问题记录表

序号	验收问题记录	整改措施	完成时间	备注

各组展示任务完成情况，介绍任务的完成过程并提交阐述材料，进行学生自评、学生组内互评、教师评价，完成考核评价表 2-4。

表 2-4　博图软件使用工作任务考核评价表

评价项目	评价内容	分值	自评 20%	互评 20%	师评 60%	合计
职业素养 25 分	爱岗敬业，安全意识、责任意识、服务意识、集体主义精神	5				
	积极参加任务活动，按时完成任务	5				
	团队合作、交流沟通能力，语言表达能力	5				
	劳动纪律、职业道德	5				
	现场 6s 标准，行为规范	5				

（续）

评价项目	评价内容	分值	自评 20%	互评 20%	师评 60%	合计
专业能力 55 分	专业技能应用能力	15				
	制定计划能力，严谨认真	10				
	操作符合规范，精益求精	10				
	工作效率，分工协作	10				
	任务验收质量，质量意识	10				
创新能力 20 分	创新性思维和行动	20				
	总计	100				

教师签名：　　　　　　　　　　　　　　　　　　　　　　学生签名：

九、习题与自测题

1. 博图软件提供哪两种视图？
2. 在 PORTAL 视图中选择不同的"任务入口"可处理哪些工程任务？
3. 如何在博图软件中进行 S7-1200 PLC 硬件的组态？
4. 以 S7-1200 PLC 和 HMI 通信为例，说明如何进行网络的组态。

项目 2

S7-1200 PLC 的工作原理与程序调试

任务 3 S7-1200 PLC 工作过程

一、学习任务描述

通过程序段分析，深入理解 PLC 的工作原理；掌握使用软件设置 PLC 的启动模式和更改运行模式的方法。

二、学习目标

1. 了解 PLC 的内部结构。
2. 掌握 PLC 的接口电路。
3. 掌握 PLC 的工作原理。
4. 深入理解 S7-1200 PLC 的工作过程。
5. 掌握使用博图软件设置 CPU 启动模式的方法。
6. 能够通过操作员面板改变 PLC 的运行模式。
7. 提高团队合作的能力。

三、任务书

1. 根据获取的知识，分析图 3-1 中两个梯形图程序的运行过程的不同。

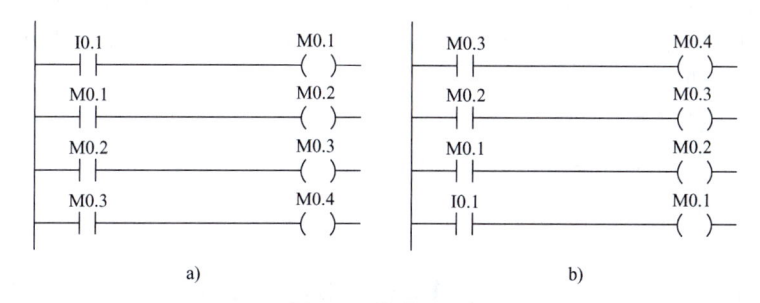

```
a)                                    b)
I0.1      M0.1                M0.3      M0.4
─┤├──────( )─                 ─┤├──────( )─
M0.1      M0.2                M0.2      M0.3
─┤├──────( )─                 ─┤├──────( )─
M0.2      M0.3                M0.1      M0.2
─┤├──────( )─                 ─┤├──────( )─
M0.3      M0.4                I0.1      M0.1
─┤├──────( )─                 ─┤├──────( )─
```

图 3-1 梯形图程序

2. 根据获取的知识，分析图 3-2 中双线圈输出程序中 I0.0 和 I0.1 分别按下时 Q0.0 的输出是多少？

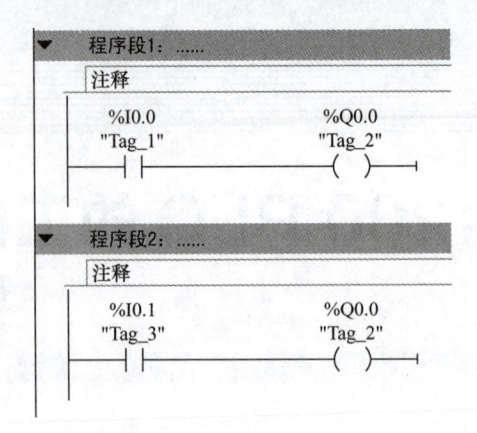

```
  ▼ 程序段1: ......
    注释
      %I0.0                    %Q0.0
     "Tag_1"                  "Tag_2"
    ──┤ ├──────────────────────( )──

  ▼ 程序段2: ......
    注释
      %I0.1                    %Q0.0
     "Tag_3"                  "Tag_2"
    ──┤ ├──────────────────────( )──
```

图 3-2 双线圈输出程序

3. 使用博图软件设置 CPU 的启动模式，通过操作员面板改变 PLC 的运行模式。

四、获取信息

? 引导问题 1：查询资料，了解 PLC 的工作原理。

? 引导问题 2：查询资料，了解 PLC 的工作过程。

? 引导问题 3：查询资料，说明使用博图软件设置 CPU 启动模式的方法和通过操作员面板改变 PLC 的运行模式的方法。

_____

_____

五、知识准备

1. PLC 的组成

PLC 是以微处理器为核心的计算机控制系统，虽然各厂家产品种类繁多，功能和指令系统不尽一致，但其基本组成和工作原理大同小异。

PLC 是微机技术和继电器常规控制系统相结合的产物，从广义上讲，PLC 也是一种计算机系统，只不过它比一般计算机具有更强的与工业过程相连接的输入/输出接口，具有更适用于控制要求的编程语言，具有更适应于工业环境的抗干扰性能。因此，PLC 是一种工业控制用的专用计算机，它的实际组成与一般微型计算机系统基本相同，也是由硬件系统和软件系统两大部分组成。

（1）PLC 的硬件系统

PLC 的硬件系统由主机系统、输入/输出扩展环节及外部设备组成。PLC 的硬件系统组成框图如图 3-3 所示。

1）主机系统

① 微处理器 CPU。CPU 作为整个 PLC 的核心起着总指挥的作用，是 PLC 的运算和控制中心。它的主要任务是：诊断 PLC 电源、内部电路的工作状态及编制程序中的语法错误；用扫描方式采集由现场输入装置送来的状态或数据，并存入输入映像寄存器或数据寄存器中；在运行状态时，按用户程序存储器中存放的先后顺序逐条读取指令，经编译解

释后，按指令规定的任务完成各种运算和操作，根据运算结果存储相应数据，并更新有关标志位的状态和输出映像寄存器的内容；将存于数据寄存器中的数据处理结果和输出映像寄存器的内容送至输出电路；按照 PLC 中系统程序所赋予的功能接收并存储从编程器输入的用户程序和数据，响应各种外部设备（如编程器、打印机、上位计算机、图形监控系统、条码判读器等）的工作请求。

② 存储器 RAM/ROM。存储器是 PLC 存放系统程序、用户程序和运行数据的单元。它包括只读存储器（ROM）和随机存取存储器（RAM）。只读存储器（ROM）在使用过程中只能取出不能存入，而随机存取存储器（RAM）在使用过程中能随时取出和存储。

③ 输入/输出接口。输入/输出接口是 PLC 与外设联系的桥梁。PLC 通过输入模块把工业设备或生产过程的状态或信息读入主机，再通过用户程序的运算与操作，把结果通过输出模块输出到执行机构。

由于外部输入设备和输出设备所需的信号电平是多种多样的，而 PLC 内部 CPU 处理的信号只能是标准电平，所以 I/O 接口需要实现这种转换。I/O 接口一般都具有光电隔离和滤波的功能，以提高 PLC 的抗干扰能力。另外，I/O 接口上通常还有状态指示，这样工作状态直观，便于维护。

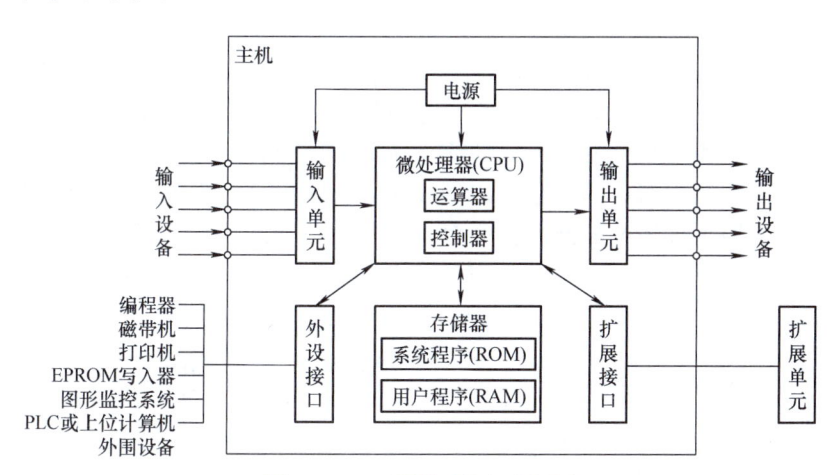

图 3-3　PLC 硬件系统组成框图

2）输入接口电路　输入接口通过 PLC 的输入端子接受现场输入设备（如限位开关、操作按钮、光电开关、温度开关等）的控制信号，并将这些信号转换成中央处理单元 CPU 所能接受和处理的数字信号。输入接口电路通常有两类，如图 3-4 所示，一类为直流输入型，如图 3-4a 所示；另一类是交流输入型，如图 3-4b 所示。不论是直流输入电路还是交流输入电路，输入信号最后都是通过光电耦合器件传送给内部电路的，采用光电耦合电路与现场输入信号相连是为防止现场的强电干扰进入 PLC。光电耦合电路的关键器件是光电耦合器，一般由发光二极管和光电晶体管组成。光电耦合器的信号传感原理：在光电耦合器的输入端加上变化的电信号，发光二极管就产生与输入信号变化规律相同的光信号。光电晶体管在光信号的照射下导通，导通程度与光信号的强弱有关。在光电耦合器的线性工作区，输出信号与输入信号有线性关系。光电耦合器的抗干扰性能：由于输入和输出端是靠光信号耦合的，在电气上是完全隔离的，因此输出端的信号不会反馈到输入端，也不会产生地线干扰或其他串扰。由于发光二极管的正向阻抗值较低，而外界干扰源的内阻一般较高，根据分压原理可知，干扰源能馈送到输入端的干扰噪声很小。正是由于PLC在现场信号的输入环节采用了光电耦合，才增强了抗干扰能力。

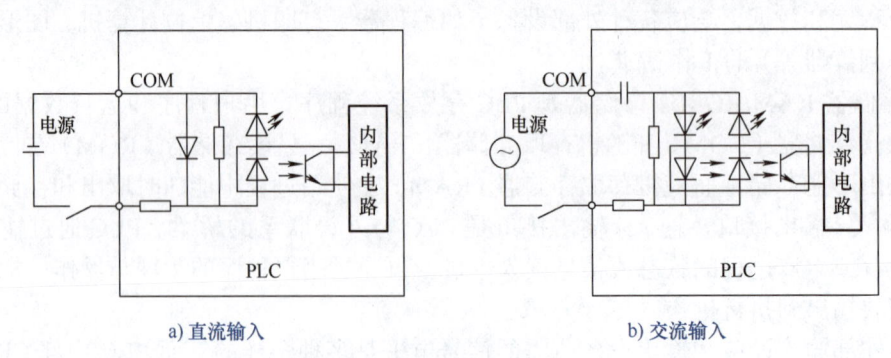

a) 直流输入　　　　　　　　　b) 交流输入

图 3-4　输入接口电路示意图

3）输出接口电路　输出接口将经中央处理单元 CPU 处理过的输出数字信号传送给输出端的电路元件，以控制其接通或断开，从而驱动接触器、电磁阀、指示灯等输出设备获得或失去工作所需的电压或电流。

为适应不同类型的输出设备负载，PLC 的输出接口类型有三种：继电器输出型、双向晶闸管输出型和晶体管输出型，如图 3-5 所示。其中继电器输出型为有触点输出方式，可用于接通或断开开关频率较低的直流负载或交流负载回路，这种方式存在继电器触点的电气寿命和机械寿命问题；双向晶闸管输出型和晶体管输出型皆为无触点输出方式，开关动作快、寿命长，可用于接通或断开开关频率较高的负载回路，其中双向晶闸管输出型只用于带交流电源负载，晶体管输出型则只用于带直流电源负载。

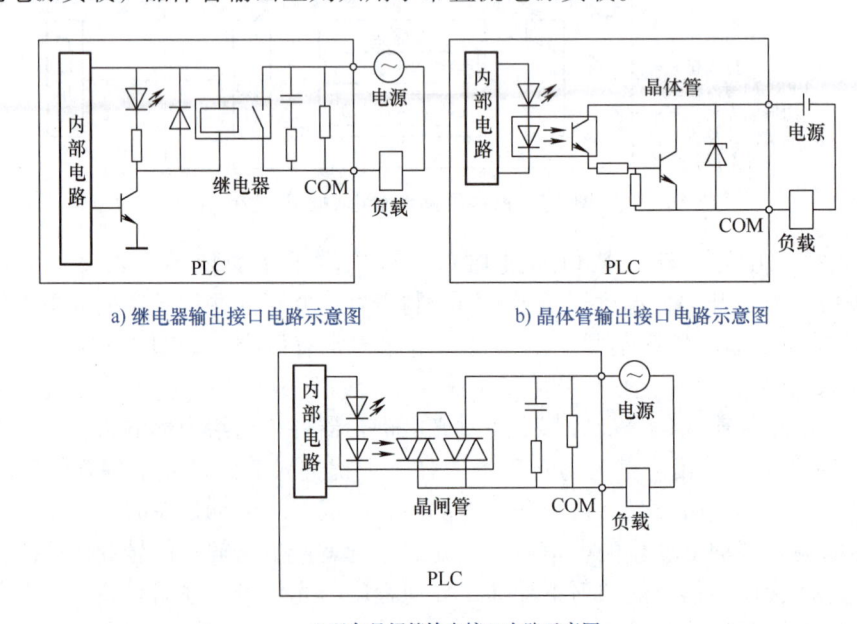

a) 继电器输出接口电路示意图　　　　b) 晶体管输出接口电路示意图

c) 双向晶闸管输出接口电路示意图

图 3-5　输出接口电路示意图

从三种类型的输出电路可以看出，继电器、双向晶闸管和晶体管作为输出端的开关元件受 PLC 的输出指令控制，完成接通或断开与相应输出端相连的负载回路的任务，它们并不向负载提供工作电源。负载工作电源的类型、电压等级和极性应该根据负载要求以及 PLC 输出接口电路的技术性能指标确定。

4）I/O 扩展接口　小型的 PLC 输入输出接口都是与中央处理单元 CPU 制造在一起的，为了满足被控设备输入输出点数较多的要求，常需要扩展数字量输入输出模块；为了满足模拟量控制的需要，常需要扩展模拟量输入输出模块，如 A/D、D/A 转换模块等；I/O 扩展接口就是为连接各种扩展模块而设计的。

5）外设 I/O 接口　外设 I/O 接口是 PLC 主机实现人机对话、机机对话的通道。通过它，PLC 可以和编程器、彩色图形显示器、打印机等外部设备相连，也可以与其他 PLC 或上位计算机连接。外设 I/O 接口一般是 RS232C 或 RS422A 串行通信接口，该接口的功能是进行串行/并行数据的转换，通信格式的识别，数据传输的出错检验，信号电平的转换等。对于一些小型 PLC，外设 I/O 接口中还有与专用编程器连接的并行数据接口。

6）电源　电源部件是将交流电源转换成供 PLC 的中央处理器、存储器等电子电路工作所需要的直流电源，使 PLC 能正常工作，PLC 内部电路使用的电源是整机的能源供给中心，它的好坏直接影响 PLC 的功能和可靠性，因此目前大部分 PLC 均采用开关式稳压电源供电，同时还向各种扩展模块提供 24V 直流电源。

7）I/O 扩展环节　I/O 扩展环节是 PLC 输入输出单元的扩展部件，当用户所需的 I/O 点数或类型超出主机的 I/O 单元所允许的点数或类型时，可以通过加 I/O 扩展环节来解决。I/O 扩展环节与主机的 I/O 扩展接口相连，有两种类型：简单型和智能型。简单型的 I/O 扩展环节本身不带中央处理单元，对外部现场信号的 I/O 处理过程完全由主机的中央处理单元管理，依赖于主机的程序扫描过程。通常，它通过并行接口与主机通信，并安装在主机旁边，在小型 PLC 的 I/O 扩展时常被采用。智能型的 I/O 扩展环节本身带有中央处理单元，它对生产过程现场信号的 I/O 处理由本身所带的中央处理单元管理，而不依赖于主机的程序扫描过程。通常，它采用串行通信接口与主机通信，可以远离主机安装，多用于大中型 PLC 的 I/O 扩展。

8）外部设备

① 编程器。编程器用作用户程序的编辑、调试和监视，还可以通过其键盘去调用和显示 PLC 的一些内部状态和系统参数，它经过编程器接口与中央处理器单元联系，完成人机对话操作。

编程器的结构形式主要有两种。一种是 PLC 专用编程器，有手持式或台式等形式，具有编辑程序所需的显示器、键盘及工作方式设置开关，编程器通过电缆与 PLC 的中央处理单元 CPU 相连。编程器具备程序编辑、编译和程序存储管理等功能。一些手持式的小型 PLC 编程器，本身无法独立工作，需和 PLC 的 CPU 连起来后才能使用。另一种 PLC 编程器是基于个人计算机系统的编程系统，在通用计算机系统中，配置 PLC 的编程及监控软件，通过 RS232 串行接口与 PLC 的 CPU 相连。PLC 语言的编译软件已包含在编程软件系统中。目前许多 PLC 产品都有自己的个人计算机 PLC 编程软件系统，如用于西门子 S7-1200 系列 PLC 的编程软件 STEP 7 V15 SP1。

编程器的程序输入输出界面一般有两种形式。一种是图形编辑界面，另一种是字符编辑界面。梯形图语言、功能图语言等直观的图形编辑语言程序，通过 PLC 编程器的图形编辑界面定义。语句表语言编辑的程序，可直接用简易的字符型编程器编辑操作，这种字符型编程器小巧实用、成本低。

② 彩色图形显示器。大中型 PLC 通常配接彩色图形显示器，用以显示模拟生产过程的流程图、实时过程参数、趋势参数及报警参数等过程信息，使得现场控制情况一目了然。

③ 打印机。PLC 也可以配接打印机等外部设备，用以打印记录过程参数、系统参数以及报警事故记录表等。

PLC 还可以配置其他外部设备，例如，配置存储器卡、盒式磁带机或磁盘驱动器，用于存储用户的应用程序和数据；配置 EPROM 写入器，用于将程序写入到 EPROM 中。

（2）PLC 的软件系统

可编程控制器由硬件系统组成，由软件系统支持，它们相辅相成，缺一不可，共同构成 PLC。PLC 的软件系统由系统程序和用户程序两大部分组成。

1）系统程序　系统程序是用来控制和完成 PLC 各种功能的程序，这些程序是由 PLC 制造厂家用相应 CPU 的指令系统编写的，并固化到 ROM 中。它包括管理程序、用户指令解释程序和供系统调用的标准程序模块等。系统管理程序主要功能是运行时序分配管理、存储空间分配管理和系统自检等；用户指令解释程序将用户编制的应用程序翻译成机器指令供 CPU 执行；标准程序模块具有独立的功能，使系统只需调用输入、输出、特殊运算等程序模块即可完成相应的具体工作。

2）用户程序　用户程序是用户根据工程现场的生产过程和工艺要求、使用可编程控制器生产厂家提供的专门编程语言而自行编制的应用程序。它包括开关量逻辑控制程序、模拟量运算控制程序、闭环控制程序及工作站初始化程序等。

开关量逻辑控制程序是 PLC 用户程序中最重要的一部分，是将 PLC 用于开关量逻辑控制的软件，一般采用 PLC 生产厂商提供的如梯形图、语句表等编程语言编制。模拟量运算控制和闭环控制程序是大中型 PLC 系统的高级应用程序，通常采用 PLC 厂商提供的相应程序模块及主机的汇编语言或高级语言编制。工作站初始化程序是用户为 PLC 系统网络进行数据交换和信息管理而编制的初始化程序，在 PLC 厂商提供的通信程序的基础上进行参数设定，一般采用高级语言实现。

2. PLC 的基本工作原理

PLC 采用循环执行用户程序的方式，称为循环扫描工作方式。一个循环扫描周期主要可分为输入采样、用户程序执行和输出刷新三个阶段。PLC 运行后，首先执行一次启动组织块，再开始监视时间。在输入采样阶段，读取输入设备的状态，并存储在输入映像区中，之后进入执行用户程序阶段，按照从上到下、从左到右的顺序依次执行用户程序。执行完用户程序，将输出映像区的结果刷新到输出设备。这一过程就是一个扫描周期，循环执行上述步骤，如图 3-6 所示。

在扫描周期中的输入采样阶段，一次读入所有输入状态和数据并将它们存入输入映像区中的相应单元内。输入采样结束后，转入用户程序执行和输出刷新阶段，在这两个阶段中，即使输入状态和数据发生变化，I/O 映像区中的相应单元的状态和数据也不会改变。

因此如果输入是脉冲信号，该脉冲信号的宽度必须大于一个扫描周期，才能保证在任何情况下，该输入均能被读入。

```
        ┌──────────────────────────┐
        │    上电后执行一次启动块    │
        └──────────────────────────┘
                   │
        ┌──────────────────────────┐
   ┌──→ │      循环监视时间开始      │
   │    └──────────────────────────┘
   │              │
一  │    ┌──────────────────────────┐
个  │    │ 读取输入信号状态，存储在输入映像 │
扫  │    └──────────────────────────┘
描  │              │
周  │    ┌──────────────────────────┐
期  │    │       执行用户程序        │
   │    └──────────────────────────┘
   │              │
   │    ┌──────────────────────────┐
   └──  │ 将输出映像区状态写到实际输出设备 │
        └──────────────────────────┘
```

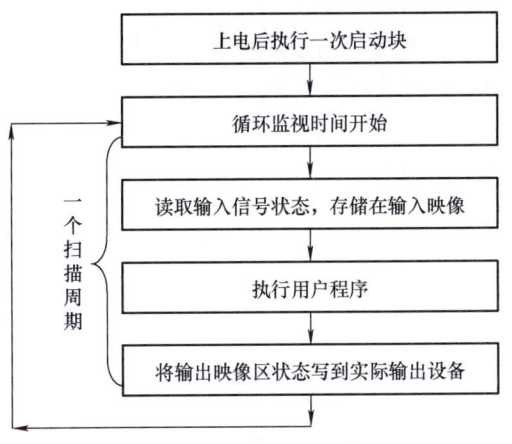

图 3-6　PLC 循环扫描工作过程

在扫描周期中的用户程序执行阶段，PLC 总是按由上而下的顺序依次扫描用户程序，在扫描每一条梯形图时，并按先左后右、先上后下的顺序进行逻辑运算，结果存于映像区。上面的逻辑运算的运算结果会对下面的逻辑运算起作用。相反，下面的逻辑运算的运算结果只能等到下一个扫描周期才能对上面的运算结果起作用。

在扫描周期中输出刷新阶段，当扫描用户程序结束后，PLC 就进入输出刷新阶段。在此期间，CPU 按照保存在 I/O 映像区的运算结果刷新所有对应的输出锁存电路，再经输出电路驱动相应的外设，这时才是 PLC 的真正输出。

综合上述过程，PLC 的工作特点如下：

1）所有输入信号在程序处理前统一读入，并在程序处理过程中不再变化。而程序处理的结果也是在扫描周期的最后时段统一输出。其工作的特点是将一个连续的过程分解成若干静止的状态。

2）PLC 仅在扫描周期的起始时段读取外部输入状态，该时段相对较短，对输入信号的抗干扰能力强。

3）循环扫描的工作方式对高速变化的过程可能漏掉变化的信号，也会带来系统响应的滞后，为克服上述问题，可利用立即输入输出、脉冲捕获、高速计数器或中断技术等。

3. S7-1200 CPU 的工作模式

S7-1200 PLC 的 CPU 有三种工作模式：STOP（停止）模式、STARTUP（启动）模式和 RUN（运行）模式。CPU 面板上的状态 LED 指示当前工作模式。

在 STOP 模式下，CPU 处理所有通信请求（如果有的话）并执行自诊断，但不执行用户程序，过程映像也不会自动更新。只有在 CPU 处于 STOP 模式时，才能下载项目。

在 STARTUP 模式下，执行一次启动组织块（如果存在的话）。在 RUN 模式的启动阶段，不处理任何中断事件。

在 RUN 模式下，重复执行扫描周期，即重复执行程序组织块 OB1。中断事件会在程序循环阶段的任何点发生并进行处理。处于 RUN 模式下时，无法下载任何项目。

CPU 支持通过暖启动进入 RUN 模式。在暖启动时，CPU 会初始化所有的非保持性系统和用户数据，使其被复位为来自装载存储器的初始值，并保留所有保持性用户数据值。

CPU 支持以下启动模式：

1）不重新启动模式：CPU 保持在停止模式。
2）暖启动–RUN 模式：CPU 暖启动后进入运行模式。
3）暖启动–断电前的工作模式：CPU 暖启动后进入断电前的模式。

4. S7-1200 PLC 的运行模式

S7-1200 PLC 运行模式示意图如图 3-7 所示。

启动过程中依次执行以下步骤：

A. 清除输入映像存储器。
B. 使用上一个值或替换值对输出执行初始化。
C. 执行起动 OB 块。
D. 将物理输入的状态复制到输入映像存储器。
F. 启用将输出映像存储器的值写入到物理输出。
同时 E 将所有中断事件存储到在运行模式下处理的队列中。

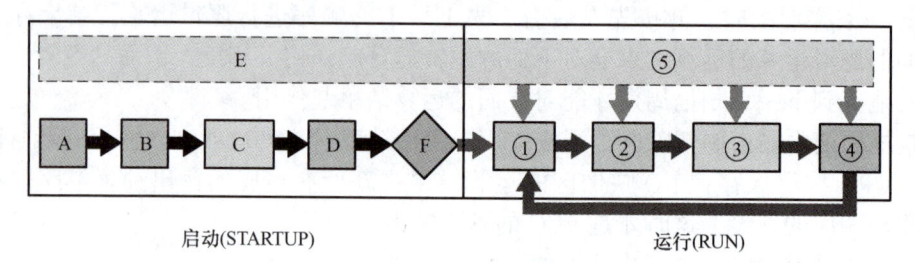

图 3-7　S7-1200 PLC 运行模式示意图

运行模式依次执行以下步骤：

① 将输出映像存储器写入物理输出。
② 将物理输入的状态复制到输入映像存储器。
③ 执行程序循环 OB 块。
④ 执行自检诊断。

请注意，运行时在扫描周期的任何阶段都可以处理中断和通信。

5. 微课资料

扫码看微课：PLC 的工作原理

六、工作计划与决策

按照任务书要求和获取的信息，制定 S7-1200 PLC 工作过程任务的工作方案，对各组的实施方案进行对比分析，整合完善，形成决策方案，作为工作实施的依据。请将工作实施的决策方案列入表 3-1。

表 3-1 S7-1200 PLC 工作过程工作实施决策方案

步骤名称	工作内容	负责人

七、任务实施

1. 分析扫描周期对程序的影响

通过图 3-1 的实例，分析循环扫描工作方式对程序执行的影响。I0.1 代表外部的按钮，当按钮动作后，图 3-1a 的程序只需要一个扫描周期就可以完成对 M0.4 的刷新，而图 3-1b 的程序要经过 4 个扫描周期才能完成对 M0.4 的刷新。在扫描周期极短、无时序配合要求时，感觉不到这两个程序执行的差异。在有时序配合的情况下，这种差异要引起注意。

结合 PLC 循环扫描工作方式，分析图 3-2 中双线圈输出程序。当 I0.0 按下时，扫描程序段 1 时 Q0.0 为 1，扫描程序段 2 时 Q0.0 又被写为 0，最终输出 Q0.0 还是 0。当 I0.1 按下时，扫描程序段 1 时 Q0.0 为 0，扫描程序段 2 时 Q0.0 又被写为 1，最终输出 Q0.0 为 1。

2. 使用编程软件编辑启动模式

在项目视图项目树中 CPU 下的"设备配置"属性对话框的"启动"项中，如图 3-8 所示，指定 CPU 的上电模式及重启动方法等。通电后，CPU 将执行一系列上电诊断检查和系统初始化操作，然后 CPU 进入适当的上电模式。检测到的某些错误将阻止 CPU 进入 RUN 模式。

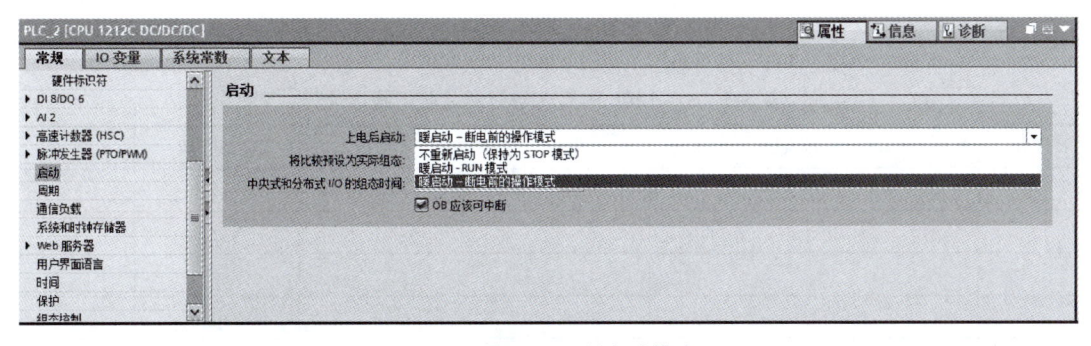

图 3-8 设置 CPU 的启动模式

3. 使用软件更改当前工作模式

使用编程软件在线工具"CPU 操作面板"上的"STOP"或"RUN"命令，如图 3-9 所示，可以更改当前工作模式。也可在程序中使用"STP"指令将 CPU 切换到 STOP 模式，即可以根据程序逻辑停止程序的执行。

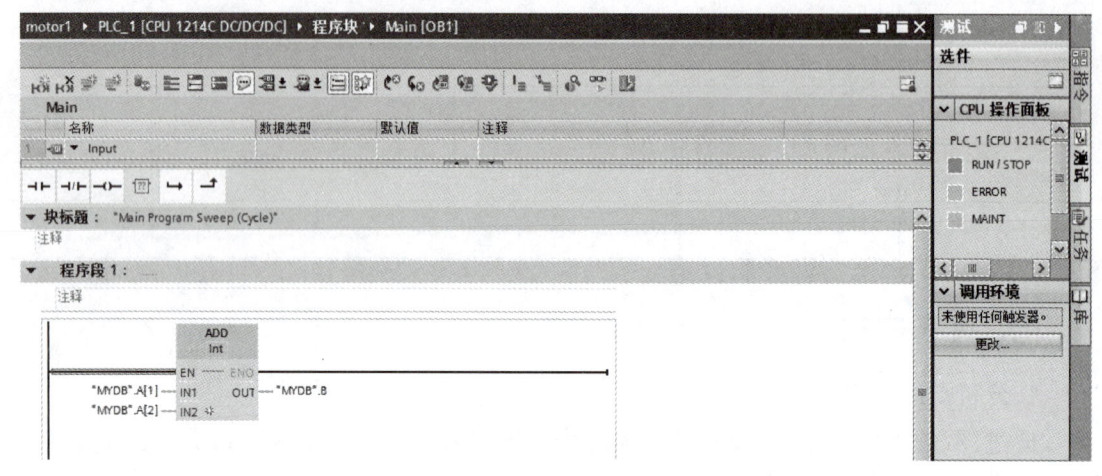

图 3-9　CPU 操作面板

八、检查与评价

根据对 S7-1200 PLC 工作过程的实施情况，按照验收标准，对任务完成情况进行检查和评价，包括正确分析程序、编辑启动模式等，并将验收问题及其整改措施、完成时间进行记录。验收标准及评分表见表 3-2，验收问题记录表见表 3-3。

表 3-2　S7-1200 PLC 工作过程工作任务验收标准及评分表

序号	验收项目	验收标准	分值	教师评分	备注
1	图 3-1 分析结果	得出正确的扫描周期数	25		
2	图 3-2 分析结果	正确得出 Q0.0 的输出结果	25		
3	使用编程软件编辑启动模式	能够按要求修改启动模式	25		
4	使用软件更改当前工作模式	能够正确调整当前工作模式	25		
		合计	100		

表 3-3　S7-1200 PLC 工作过程验收问题记录表

序号	验收问题记录	整改措施	完成时间	备注

各组展示任务完成情况，介绍任务的完成过程并提交阐述材料，进行学生自评、学生组内互评、教师评价，完成考核评价表 3-4。

表 3-4　S7-1200 PLC 工作过程工作任务考核评价表

评价项目	评价内容	分值	自评 20%	互评 20%	师评 60%	合计
职业素养 25 分	爱岗敬业，安全意识、责任意识、服务意识、集体主义精神	5				
	积极参加任务活动，按时完成任务	5				
	团队合作、交流沟通能力，语言表达能力	5				
	劳动纪律，职业道德	5				
	现场 6s 标准，行为规范	5				
专业能力 55 分	专业技能应用能力	15				
	制定计划能力，严谨认真	10				
	操作符合规范，精益求精	10				
	工作效率，分工协作	10				
	任务验收质量，质量意识	10				
创新能力 20 分	创新性思维和行动	20				
	总计	100				

教师签名：　　　　　　　　　　　　　　　　　　　　　　　　学生签名：

九、习题与自测题

1. PLC 一个扫描周期分哪几个阶段？
2. 请说明 PLC 的工作原理。
3. S7-1200 PLC 在启动过程中，CPU 执行的步骤有几步？

任务 4　认识 S7-1200 PLC 的数据与存储

一、学习任务描述

学习 S7-1200 PLC 的数据类型与存储方法，能够按照要求组态各种类型的数据。

二、学习目标

1. 掌握 S7-1200 PLC 的存储器。
2. 掌握 S7-1200 PLC 支持的数据类型。

3. 了解 S7-1200 PLC 数据的存取方式。
4. 掌握各种数据类型的组态方法。

三、任务书

组态一个项目，包括 S7-1200 PLC 和 HMI。①添加一个数字量输入模块、一个通信模块和一个信号板模块；②将数字量输入模块的起始地址设为"2"；③定义一个符号名称为 control 的数据块，在该数据块中生成一个由 50 个整数组成的一维数组，数组的符号名为 current；④同时在该数据块生成一个结构，结构的符号名为 motor，该结构由 Bool 变量 start、stop 和 real 变量 speed 组成。

四、获取信息

? 引导问题 1：查询资料，了解 S7-1200 PLC 的存储器。
? 引导问题 2：查询资料，了解 S7-1200 PLC 支持的数据类型。
? 引导问题 3：查询资料，了解 S7-1200 PLC 数据的存取方式。
? 引导问题 4：查询资料，掌握各种数据类型的组态方法。

_____
_____
_____
_____

五、知识准备

1. S7-1200 PLC 的存储器

S7-1200 PLC 的 CPU 提供了以下用于存储用户程序、数据和组态的存储区。

（1）装载存储器

装载存储器，用于非易失性地存储用户程序、数据和组态。项目被下载到 CPU 后，首先存储在装载存储器中。每个 CPU 都具有内部装载存储器，该内部装载存储器的大小取决于所使用的 CPU。内部装载存储器可以用外部存储卡来替代。如果未插入存储卡，CPU 将使用内部装载存储器；如果插入了存储卡，CPU 将使用该存储卡作为装载存储器。但可使用的外部装载存储器的大小不能超过内部装载存储器的大小，即使插入的存储卡有更多空闲空间。该非易失性存储区能够在断电后继续保持。

（2）工作存储器

工作存储器是易失性存储器，用于在执行用户程序时存储用户项目的某些内容。CPU 会将一些项目内容从装载存储器复制到工作存储器中。该易失性存储区将在断电后丢失，而在恢复供电时由 CPU 恢复。

（3）系统存储器

系统存储器是 CPU 为用户程序提供的存储器组件，被划分为若干个地址区域。使用指令可以在相应的地址区内对数据直接进行寻址。系统存储器用于存放用户程序的操作数据，例如过程映像输入/输出、位存储器、数据块、局部数据、输入/输出区域和诊断缓冲区等。

S7-1200 PLC CPU 的系统存储器的地址包括：

① 输入过程映像 I：输入映像区的每一位对应一个数字量输入点，在每个扫描周期的开始阶段，CPU 对过程映像输入点进行采样，并将采样值存于输入映像寄存器中。CPU 在接下来的本周期各阶段不再改变输入过程映像寄存器中的值，直到下一个扫描周期的输入处理阶段进行更新。

② 输出过程映像 Q：输出映像区的每一位对应一个数字量输出点，在扫描周期最开始，CPU 将输出映像寄存器的数据传送给输出模块，再由后者驱动外部负载。

③ 位存储区 M：用来保存控制继电器的中间操作状态或其他控制信息。

④ 数据块 DB：在程序执行的过程中存放中间结果，或用来保存与工序或任务有关的其他数据。可以对其进行定义以便所有程序块都可以访问它们（全局数据块），也可将其分配给特定的 FB 或 SFB（背景数据块）。

⑤ 局部数据 L：可以作为暂时存储器或给子程序传递参数，局部变量只在本单元有效。

⑥ I/O 输入区域：I/O 输入区域允许直接访问集中式和分布式输入模块。

⑦ I/O 输出区域：I/O 输出区域允许直接访问集中式和分布式输出模块。

在用户程序中使用相应的指令，可以使用相应的地址存储区直接对数据进行寻址。另外，通过外设 I/O 存储区域，可以不经过过程映像输入和过程映像输出直接访问输入模块和输出模块。注意不能以位（bit）为单位访问外设 I/O 存储区，只能以字节和双字为单位访问。

另外，还可以组态保持性存储器，用于非易失性地存储限量的工作存储器值。保持性存储器用于在断电时存储所选用户存储单元的值。发生掉电时，CPU 留出了足够的缓冲时间来保存几个有限的指定单元的值，这些保持性值随后在上电时进行恢复。表 4-1 给出了 S7-1200 PLC 存储区的保持性特性。

表 4-1　S7-1200 PLC 存储区的保持性特性

存储区	说明	强制	保持性
I 过程映像输入	在扫描周期开始时从物理输入复制	否	否
I_:P（物理输入）	立即读取 CPU、SB 信号板和 SM 信号模块上的物理输入点	是	否
Q 过程映像输出	在扫描周期开始时复制到物理输出	无	否
Q_:P（物理输出）	立即写入 CPU、SB 信号板和 SM 信号模块的物理输出点	是	否
M 位存储器	位存储器	否	是
L 临时存储器	存储块的临时数据，这些数据仅在该块的本地范围内有效	否	否
DB 数据块	数据存储器，同时也是 FB 的参数存储器	否	是

2. S7-1200 PLC 支持的数据类型

数据在用户程序中以变量的形式储存，具有唯一性。根据访问方式的不同，变量分为全局变量和局部变量，全局变量在全局符号表或全局数据块中声明，局部变量在 OB、FC 和 FB 的变量声明表中声明。当块被执行时，变量永久地存储在过程映像区、位存储区或数据块，或者它们动态地建立在局部堆栈中。

数据类型决定了数据的属性，用于指定数据元素的大小以及其值的取值范围等，数据类型也决定了所采用的操作数。在学习数据类型之前，首先简单介绍数制。

（1）数制

1）二进制数　二进制数的1位只有0和1两种不同的取值，可用来表示开关量（或称数字量）的两种状态，如触点的断开和接通，线圈的断电和通电等。在正逻辑下，1表示梯形图中对应的编程元件的线圈通电，即常开触点闭合，常闭触点断开，反之相反。另外，二进制数常以2#开头，例如2#1001是一个4位的二进制数。

2）十六进制数　十六进制数的16个数字是由0～9这10个数字和A～F这6个字母组成，字母分别对应10～15，运算规则是逢16进1。在SIMATIC中，B#16#、W#16#、DW#16#分别表示十六进制字节、十六进制字、十六进制双字常数，例如W#16#2A3F。在数字后面加H也可以表示16进制数，如2A3FH。

十六进制转换为十进制只需将十六进制数每一位的位数乘以该位的位权再求和即可，如$16\#2F=2\times16^1+15\times16^0=47$；十进制转换为十六进制则采用依次除以16的方法。十六进制与二进制的转换，则注意十六进制中每个数字占二进制数的4位就可以了，如5AH=0101_1010。

3）BCD码　BCD码是将一个十进制数的每一位都用4位二进制数表示，即0～9分别用0000～1001表示，而剩余6种组合1010～1111则没有使用。

BCD码的最高4位二进制数表示符号。16位BCD码字的范围是 –999～999，32位BCD码双字的范围是 –9999999～9999999。

BCD码实际上是十六进制数，但是各位之间的关系是逢十进一。十进制数可以方便地转换为BCD码，如十进制数237的BCD码是2#0010 0011 0111。

（2）基本数据类型

S7-1200 PLC支持的基本数据类型见表4-2。

表 4-2　S7-1200 PLC 支持的基本数据类型

数据类型	长度	范围	常量输入举例
布尔（Bool）	1	0～1	TRUE，FALSE 及 0，1
字节（Byte）	8	16#00～16#FF	16#12，16#AB
字（Word）	16	16#0000～16#FFFF	16#ABCD，16#0001
双字（DWord）	32	16#00000000～16#FFFFFFFF	16#02468ACE
字符（Char）	8	16#00～16#FF	'A'，'t'，'@'
短整数（SInt）	8	–128～127	123，–123
整数（Int）	16	–32768～32767	123，–123
双整数（DInt）	32	–2147483648～2147483647	123，–123
无符号短整数（USInt）	8	0～255	123
无符号整数（UInt）	16	0～65535	123
无符号双整数（UDInt）	32	0～2147483647	123
浮点数（Real）	32	$\pm 1.18\times 10^{-38}$～$\pm 3.40\times 10^{+38}$	123.456，–3.4，$-1.2E^{+12}$
长浮点数（LReal）	64	$\pm 2.23\times 10^{-308}$～$\pm 1.79\times 10^{+308}$	12345.123456789，$-1.2E^{+40}$

（续）

数据类型	长度	范围	常量输入举例
时间（Time）	32	T#-24d_20h_31m_23s_648ms ～ 24d_20h_31m_23s_648ms 存储形式：-2147483648 ～ 2147483647ms	T#5m_30s，T#-2d，T#1d_2h_15m_30s_45ms
BCD16	16	-999 ～ 999	123，-123
BCD32	32	-9999999 ～ 9999999	1234567，-1234567

布尔型数据为 1 位二进制数，其取值为 0 或 1，常数举例为 TRUE、FALSE 及 0、1 等。

字节、字和双字型数据分别是 8 位、16 位、32 位且都是无符号数，取值范围分别是十六进制 00 到十六进制 FF、十六进制 0000 到十六进制 FFFF、十六进制 00000000 到十六进制 FFFFFFFF。

字符型数据也是为 8 位二进制数据，它是以 ASCII 码形式表示一个字符，例如 'A'。

短整型、整型、双整型数据分别为 8 位、16 位、32 位，都是有符号数据。数据的最高位为符号位，0 表示正数，1 表示负数。数据用补码来表示，正数的补码就是它本身，负数的补码等于它的绝对值对应二进制数取反再加 1。例如 -9 的补码是 11110111。

无符号短整型、无符号整型、无符号双整型数据只取正值，分别为 8 位、16 位、32 位数据，取值范围分别为 0 ～ 255；0 ～ 65535，0 ～ 2147483647。使用时要根据情况选用。

浮点数为 32 位带小数点的数据；长浮点数为 64 位数据，比 32 位实数有更大的取值范围。

时间型数据为 32 位数据，其格式为 T# 多少天（day）多少小时（hour）多少分（minute）多少秒（second）多少毫秒（ms）。时间型数据以表示毫秒时间的有符号双整数形式储存。

此外，还会用到的 BCD 码数字格式不能用作数据类型，但它们支持转换指令。BCD 码的最高 4 位二进制数用来表示符号，所以 16 位 BCD 码数字范围为 -999 ～ 999，32 位 BCD 码数字范围为 -9999999 ～ 9999999。

（3）全局数据块与其他数据类型

1）生成全局数据块　单击项目树中的"添加新块"，单击打开的对话框中的"数据块（DB）"按钮，生成一个数据块，可以修改其名称，其类型为默认的"全局 DB"。右键单击项目树中新生成的数据块，执行快捷菜单命令"属性"，选中打开的对话框左边窗口中的"属性"，勾选右边窗口中的复选框"优化的块访问"，只能用符号地址访问生成的块中的变量，不能使用绝对地址。这种访问方式可以提高存储器的利用率。

2）字符串　数据类型 String（字符串）是字符组成的一维数组，每个字节存放 1 个字符。第一个字节是字符串的最大字符长度，第二个字节是字符串当前有效字符的个数，字符从第 3 个字节开始存放，一个字符串最多 254 个字符。

数据类型 WString（宽字符串）存储多个数据类型为 Wchar 的 16 位宽字符。第一个字是最大字符个数，第二个字是当前的总字符个数。

在"数据块_1"的第 2 行创建名为"故障信息"的字符串"String[30]"，其启动值为 'OK'。

3）数组　数组（Array）是由固定数目的同一种数据类型元素组成的数据结构。允许使用除了 Array 之外的所有数据类型作为数组的元素，最多为 6 维。图 4-1 是名为"电流"的二维数组 Array[1..2，1..3] of Byte 的内部结构。第一维的下标 1、2 是电动机的编号，第二维的下标 1～3 是三相电流的序号。数组元素"电流 [1，2]"是一号电动机的第 2 相的电流。

在数据块的第 3 行生成名为"功率"的数组，数据类型为 Array[0..23] of Int，数组元素的下标的上限值和下限值用两个小数点隔开，下限值应小于等于上限值。单击"电流"左边的按钮可以显示或隐藏数组的元素。

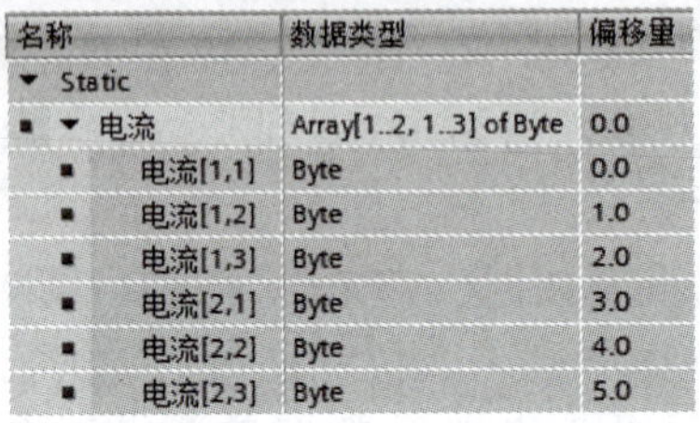

名称	数据类型	偏移量
▼ Static		
▼ 电流	Array[1..2, 1..3] of Byte	0.0
■ 电流[1,1]	Byte	0.0
■ 电流[1,2]	Byte	1.0
■ 电流[1,3]	Byte	2.0
■ 电流[2,1]	Byte	3.0
■ 电流[2,2]	Byte	4.0
■ 电流[2,3]	Byte	5.0

图 4-1　名为"电流"的二维数组内部结构

4）结构　结构（Struct）是由固定数目的多种数据类型的元素组成的数据类型。可以用数组和结构做结构的元素，结构可以嵌套 8 层。

在数据块 _1 的第 1 行生成一个名为"电动机"的结构，在第 2～5 行生成结构的 4 个元素。可以用"电动机"左边的按钮显示或隐藏结构的元素。如图 4-2 所示。

在用户程序中，可以用符号地址"数据块 _1".电动机.电流访问结构中的元素。

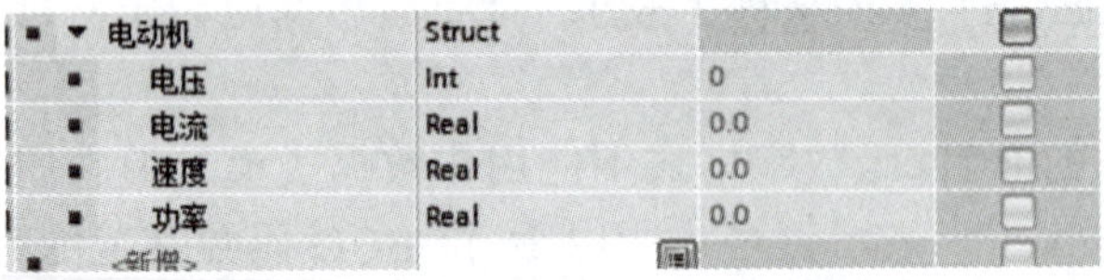

▼ 电动机	Struct	
■ 电压	Int	0
■ 电流	Real	0.0
■ 速度	Real	0.0
■ 功率	Real	0.0
■ ＜新增＞		

图 4-2　名为"电动机"的结构内部结构

5）Pointer 指针　指针中包含的是地址信息而不是实际的数值。Pointer 指针占 6 个字节，字节 0 和字节 1 中是数据块的编号，不是用于数据块时 DB 编号为 0。3 位字节地址用 x 表示，16 位字节地址用 b 表示。Pointer 指针的结构如图 4-3 所示。

	15　　　　　　　　　　　　　　　　　　　　　0	
字节0	DB编号或()	字节1
字节2	存储区　　0　0　0　0　0　b　b	字节3
字节4	b　b　b　b　b　b　b　b　b　b　b　b　b　×　×　×	字节5

图 4-3　Pointer 指针的结构

P#20.0 是内部区域指针，不包含存储区域。P#M20.0 是包含存储区域 M 的跨区域指针，P#DB10.DBX20.0 是指向数据块的 DB 指针。输入程序时可以省略"P#"。

6）Any 指针　指针数据类型 Any 指向数据区的起始位置，并指定其长度。Any 指针的结构如图 4-4 所示，字节 4～9 与 Pointer 指针的 0～5 号字节相同。

Any 指针可以表示一片连续的数据区，例如 P#DB2.DBX10.0 BYTE 8；也可以用来指向一个地址，例如 DB2.DBW30 和 Q12.5。

	15								0	
字节0	10H(保留)				数据类型					字节1
字节2	重复因子(数据长度)									字节3
字节4	DB编号或()									字节5
字节6	存储区			0	0	0	0	0	b b b	字节7
字节8	b	b	b	b	b	b	b	b	b b × × ×	字节9

图 4-4　Any 指针的结构

7）Variant 指针　Variant 数据类型可以指向各种数据类型或参数类型的变量；也可以指向结构和结构中的单个元素，它不会占用任何存储器的空间。

使用绝对地址的 Variant 数据类型的例子：P#DB5.DBX10.0 INT 12 和 %MW10。

8）创建 PLC 新数据类型　PLC 数据类型用来定义可以在程序中多次使用的数据结构。打开项目树的"PLC 数据类型"文件夹，双击"添加新数据类型"，可以创建 PLC 数据类型。定义好以后可以在用户程序中作为数据类型使用，用得少。

9）访问一个变量数据类型的"片段"　可以用符号方式按位、按字节或按字访问 PLC 变量表和数据块中某个符号变量的一部分。

例如在 PLC 变量表中，"状态"是一个声明为双字数据类型的变量，"状态.x11"是"状态"的第 11 位，"状态.b2"是"状态"的第 2 号字节，"状态.w0"是"状态"的第 0 号字。

（4）访问带有一个 AT 覆盖的变量

通过关键字"AT"，可以将一个已声明的变量覆盖为其他类型的变量，如通过 Bool 型数组访问 Word 变量的各个位。

生成名为"函数块1"的函数块 FB1，用右键单击项目树中的"函数块1"，取消"优化的块访问"属性。打开"函数块1"的接口区，生成数据类型为 Word 的变量"状态字"。在下面的空行输入变量名称"状态位"，设置数据类型为"AT"，在"状态位"右边出现 AT"状态字"。在"数据类型"列，声明变量"状态位"的数据类型为数组 Array[0..15] of Bool。单击"状态位"左边的按钮，显示出数组"状态位"的各个元素，可以在程序中使用数组"状态位"的各个元素，即 Word 变量"状态字"的各位。如图 4-5 所示。

		函数块1				
		名称		数据类型	偏移量	默认值
1	▼	Input				
2	■	状态字		Word	0.0	16#0
3	■	▼ 状态位	AT "状态字"	Array[0..15] of Bool	0.0	
4	■	状态位[0]		Bool	0.0	
5	■	状态位[1]		Bool	0.1	

图 4-5　在块的接口区声明 AT 覆盖变量

3. 数据的存取方式

SIMATIC S7 CPU 中可以按照位、字节、字和双字对存储单元进行寻址。位、字节、字和双字的结构如图 4-6 所示。

① 二进制数的 1 位（bit）只有 0 和 1 两种不同的取值，可以用来表示数字量的两种不同状态，如触点的断开和接通，线圈的通电和断电等。

② 8 位二进制数组成 1 个字节（Byte），其中的第 0 位为最低位（LSB），第 7 位为最高位（MSB）。

③ 2 个字节组成 1 个字（Word），其中的第 0 位为最低位（LSB），第 15 位为最高位（MSB）。

④ 2 个字组成 1 个双字（Double Word），其中的第 0 位为最低位（LSB），第 31 位为最高位（MSB）。

S7-1200 CPU 不同的存储单元，都是以字节为单位。如图 4-7 所示。

对位数据的寻址由字节地址和位地址组成，如 I3.2，其中的区域标识符 I 表示输入映像区，字节地址为 3，位地址为 2，这种寻址方式称为"字节.位"寻址方式，如图 4-8 所示。

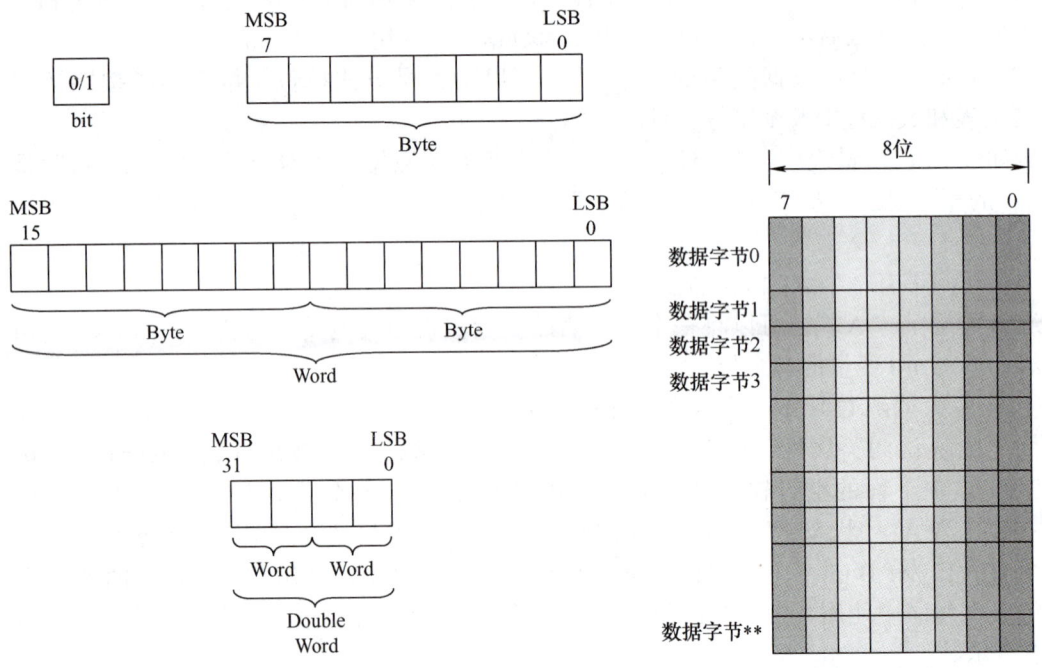

图 4-6　位、字节、字和双字的结构图

图 4-7　存储单元示意图

对字节的寻址，如 MB2，其中的区域标识符 M 表示位存储器区，2 表示寻址单元的起始字节地址，B 表示寻址长度为 1 个字节，即寻址位存储区的第 2 个字节，如图 4-9 所示。

对字的寻址，如 MW2，其中的区域标识符 M 表示位存储器区，2 表示寻址单元的起始字节地址，W 表示寻址长度为 1 个字即 2 个字节，也就是寻址位存储区中从第 2 个字节开始的 1 个字即字节 2 和字节 3，如图 4-9 所示。请注意，2 个字节组成 1 个字时，遵循的是低地址高字节的原则。以 MW2 为例，MB2 为 MW2 的高字节，MB3 为 MW2 的低字节。

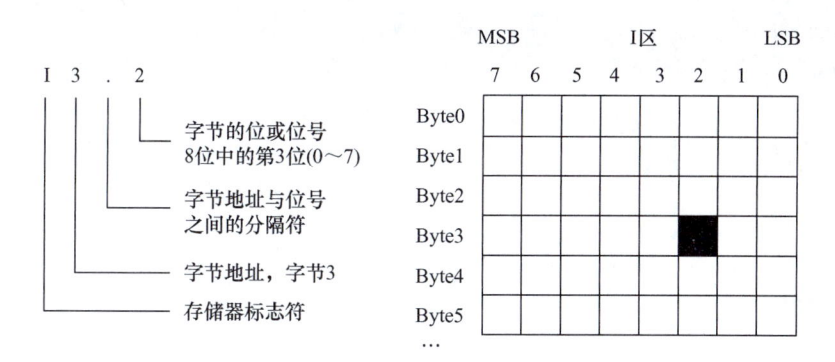

图 4-8 位寻址举例

对双字的寻址，如 MD0，其中的区域标识符 M 表示位存储器区，0 表示寻址单元的起始字节地址，D 表示寻址长度为 1 个双字即 2 个字 4 个字节。也就是寻址位存储区中第 0 个字节开始的 1 个双字，即字节 0、字节 1、字节 2 和字节 3，如图 4-9 所示。

CPU 的寻址有两点需要注意：

① 两个字节组成 1 个字，或者 4 个字节组成 1 个双字时，都遵循"低地址高字节"的原则。例如将 16#12 送入 MB200，将 16#34 送入 MB201，则 MW200=16#1234。

② 位、字节、字和双字地址有重叠现象，例如 M200.2，MB200，MW200 和 MD200 都包含 M200.2 这一位。在使用时一定注意，以免引起错误。

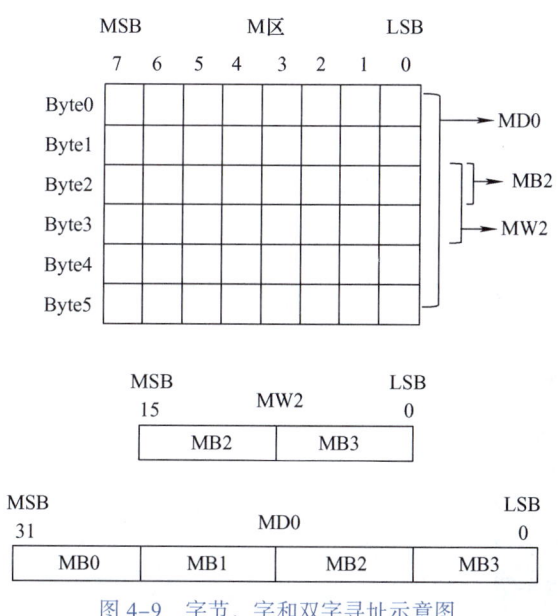

图 4-9 字节、字和双字寻址示意图

4. 微课资料

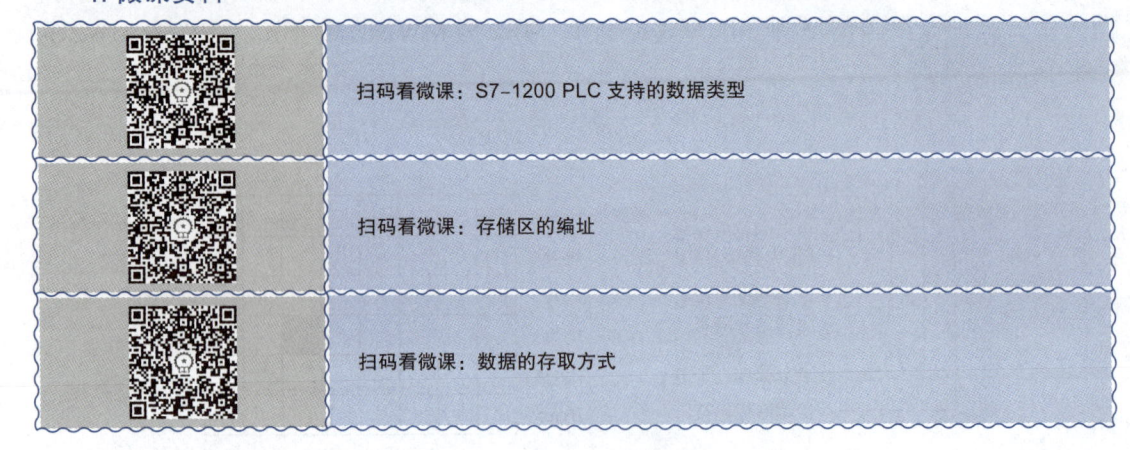

[QR]	扫码看微课：S7-1200 PLC 支持的数据类型
[QR]	扫码看微课：存储区的编址
[QR]	扫码看微课：数据的存取方式

六、工作计划与决策

按照任务书要求和获取的信息，制定认识 S7-1200 PLC 的数据与存储任务的工作方案，对各组的实施方案进行对比分析，整合完善，形成决策方案，作为工作实施的依据。请将工作实施的决策方案列入表 4-3。

表 4-3 认识 S7-1200 PLC 的数据与存储工作实施决策方案

步骤名称	工作内容	负责人

七、任务实施

1. 创建项目

打开编程软件 TIA PORTAL，在 PORTAL 视图下，单击"创建新项目"，默认项目名称，单击"创建"按钮，开始创建项目。如图 4-10 所示。

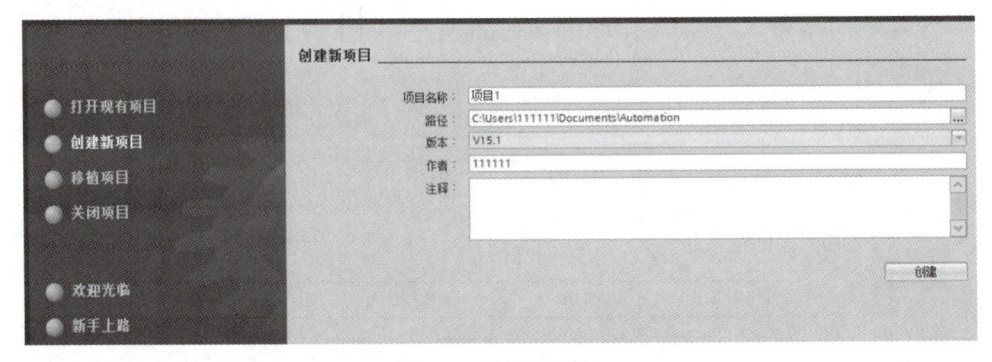

图 4-10 创建新项目

2. 添加 CPU

在"新手上路"处单击组态设备选项。点开组态设备，选择添加新设备。单击控制器图标，添加一个 PLC。在设备树中，选中 S7-1200 下一 CPU，单击"确定"按钮，则添加一个 CPU，自动进入项目视图，如图 4-11 所示。

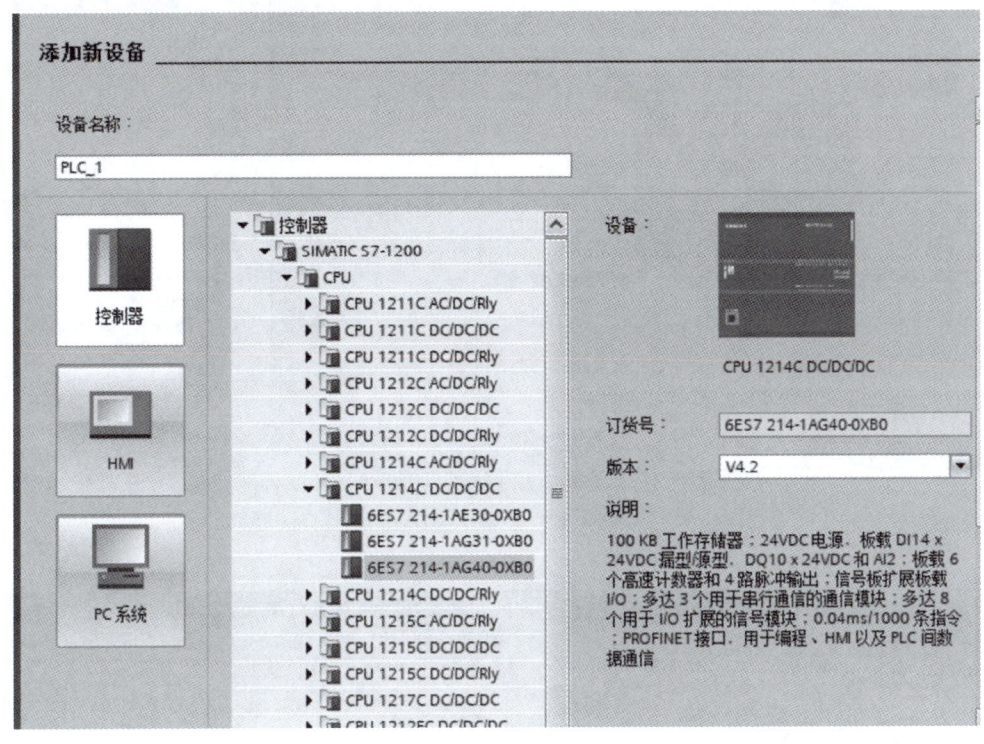

图 4-11　添加一个 CPU

3. 添加 HMI

在项目树的项目名称下，单击"添加新设备"，则出现添加新设备的窗口，单击"HMI"，选择精简系列面板，选择一个触摸屏，单击"确定"按钮，则添加一台 HMI，如图 4-12 所示。自动出现图 4-13 所示的 HMI 与 PLC 连接界面。单击"浏览"，选择组态好的 PLC 与 HMI 进行连接，单击"完成"，则完成连接。

4. 添加通信模块

点开 PLC_1 的设备组态窗口，单击 CPU 左侧 101 位置，点开右侧的硬件目录→通信模块→PROFIBUS→CM1242-5，双击通信模块，则选中的通信模块自动添加到导轨的 101 位置。

5. 添加数字量输入模块

在 PLC_1 的设备组态窗口，单击 CPU 右侧 2 号槽位，点开右侧的硬件目录→DI→DI 8×24VDC，选中一个数字量输入模块，双击模块，则选中的模块自动添加到导轨的 2 号位置。如图 4-14 所示。

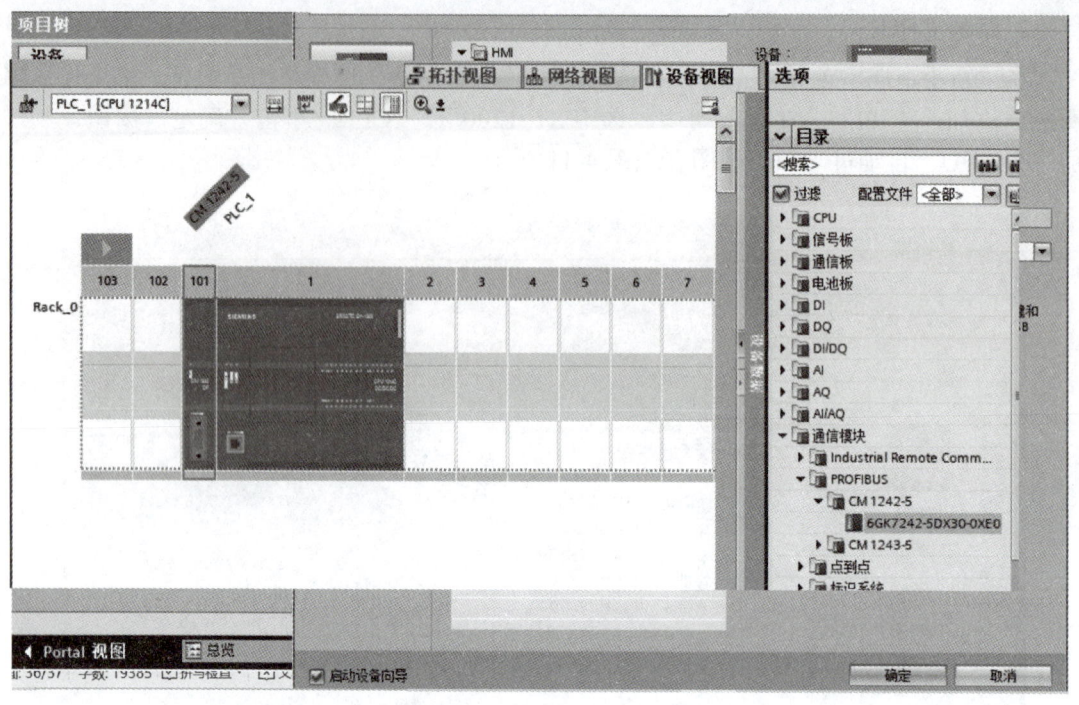

图 4-12 添加一台 HMI

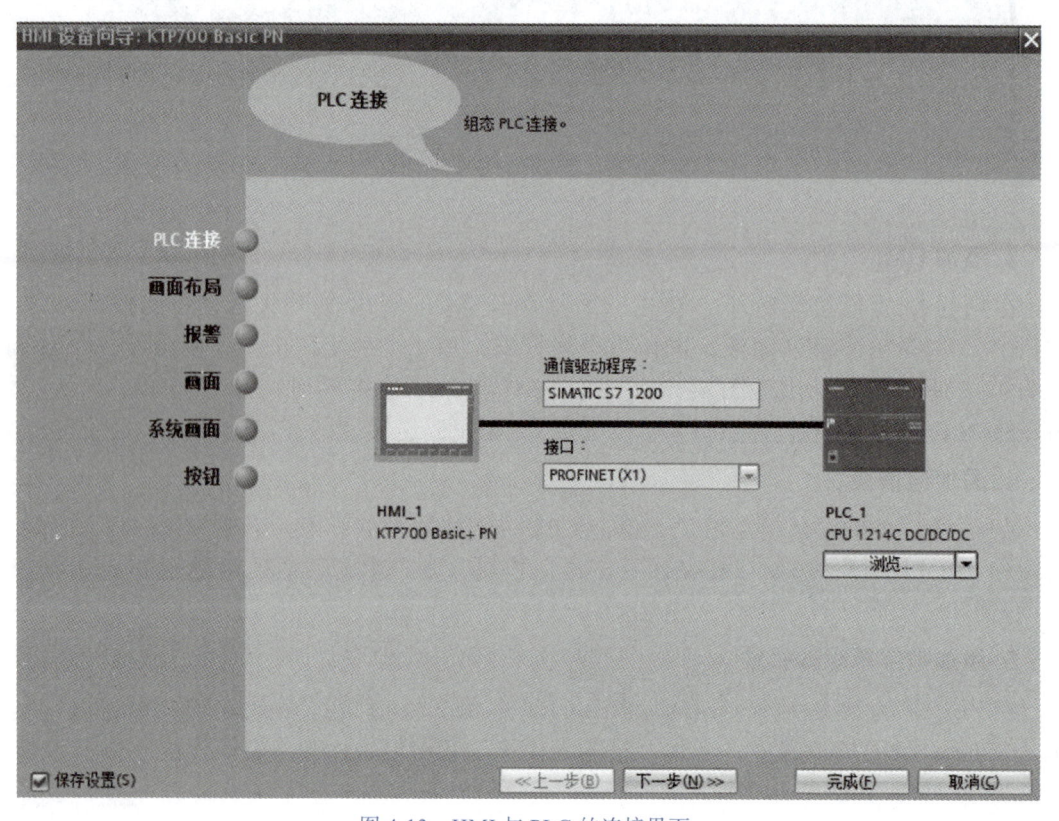

图 4-13 HMI 与 PLC 的连接界面

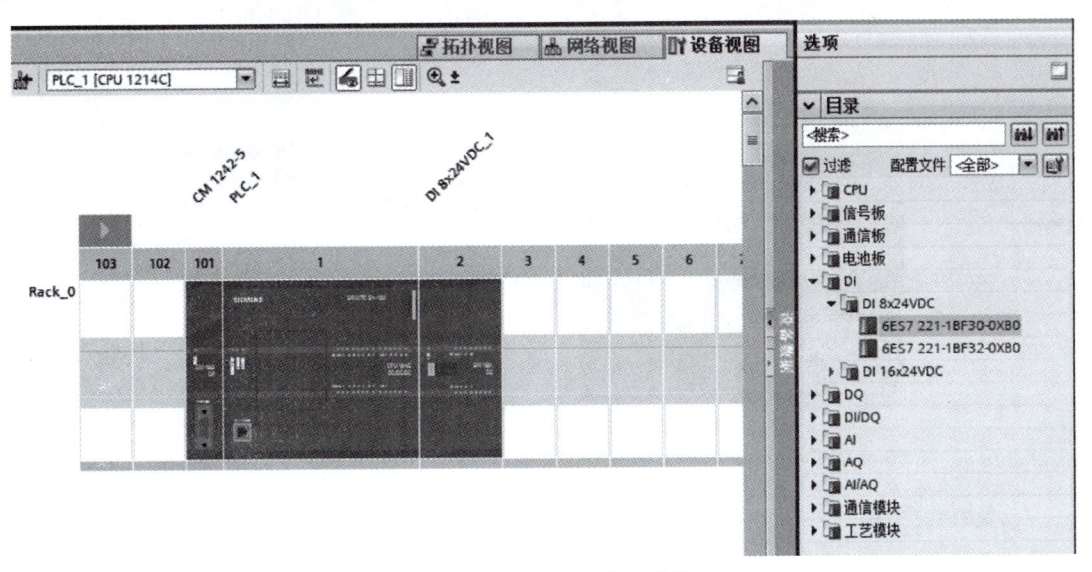

图 4-14 添加数字量输入模块

双击输入模块,在巡视窗口,进行其属性设置。修改其起始地址为"2",如图 4-15 所示。

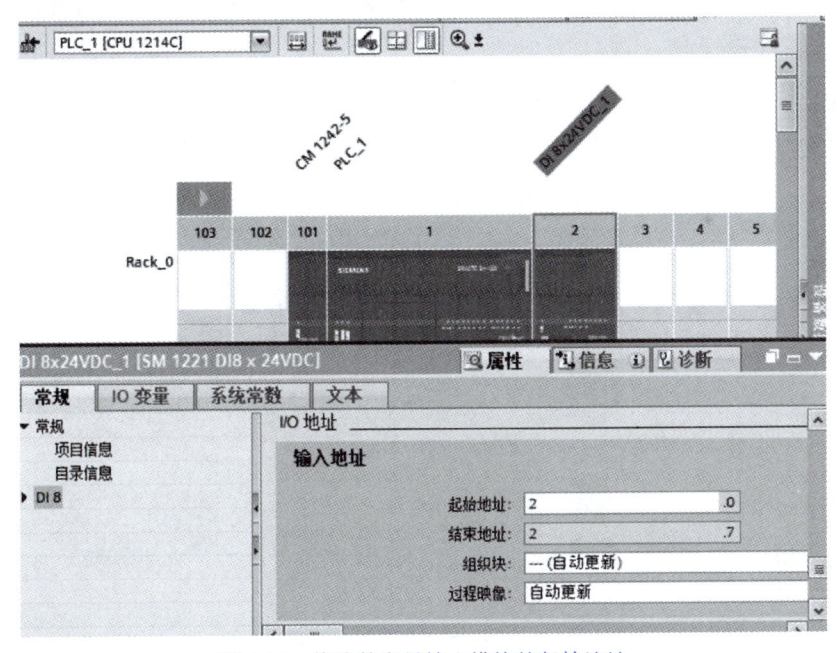

图 4-15 修改数字量输入模块的起始地址

6. 添加信号板

在 PLC_1 的设备组态窗口,单击 CPU 面板上的信号板位置,点开右侧的硬件目录→信号板→DI→DI 4×5VDC,选中一个信号板,双击信号板,则选中的信号板自动添加到 CPU 上。如图 4-16 所示。

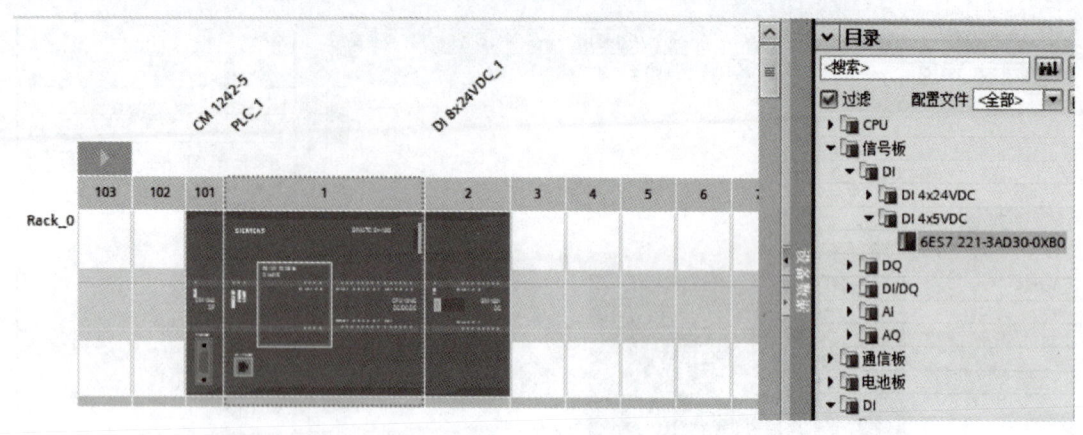

图 4-16　添加信号板

7. 添加数据块

点开项目树下的程序块，双击"添加新块"，出现添加新块对话框，选中"数据块"，修改名称为"control"，单击"确定"按钮，即添加了一个名称为"control"的数据块。如图 4-17 所示。

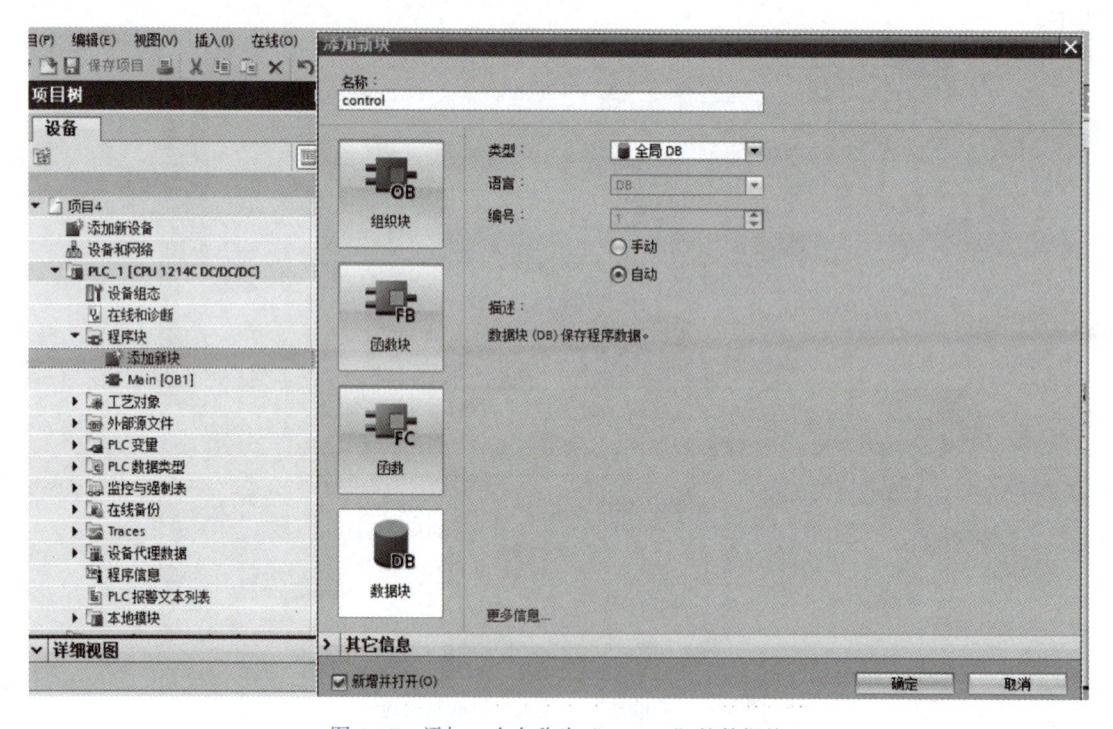

图 4-17　添加一个名称为"control"的数据块

8. 生成数组 current

在数据块 control 中，生成一个数组 current，如图 4-18 所示。

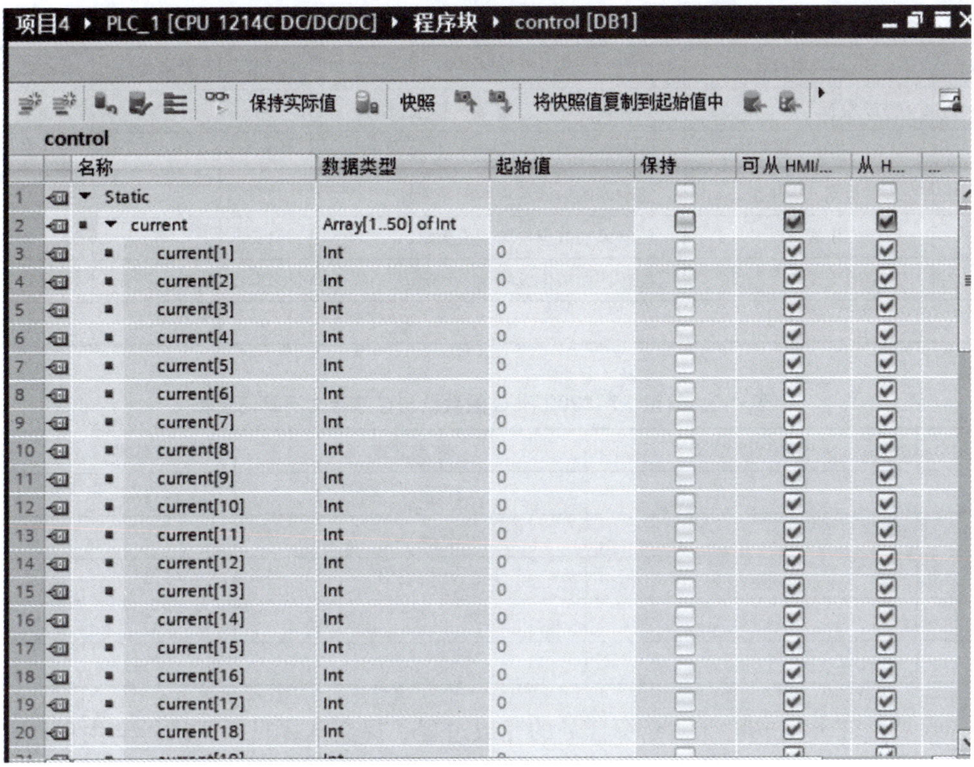

	名称	数据类型	起始值	保持	可从 HMI/...	从 H...
1	▼ Static			☐	☐	☐
2	▼ current	Array[1..50] of Int		☐	☑	☑
3	current[1]	Int	0	☐	☑	☑
4	current[2]	Int	0	☐	☑	☑
5	current[3]	Int	0	☐	☑	☑
6	current[4]	Int	0	☐	☑	☑
7	current[5]	Int	0	☐	☑	☑
8	current[6]	Int	0	☐	☑	☑
9	current[7]	Int	0	☐	☑	☑
10	current[8]	Int	0	☐	☑	☑
11	current[9]	Int	0	☐	☑	☑
12	current[10]	Int	0	☐	☑	☑
13	current[11]	Int	0	☐	☑	☑
14	current[12]	Int	0	☐	☑	☑
15	current[13]	Int	0	☐	☑	☑
16	current[14]	Int	0	☐	☑	☑
17	current[15]	Int	0	☐	☑	☑
18	current[16]	Int	0	☐	☑	☑
19	current[17]	Int	0	☐	☑	☑
20	current[18]	Int	0	☐	☑	☑

图 4-18　数组 current 组成图

9. 生成结构 motor

在数据块 control 中，生成一个结构 motor，结构中包含两个 Bool 变量：Start 和 Stop，一个 Real 变量：speed。结构 motor 组成如图 4-19 所示。

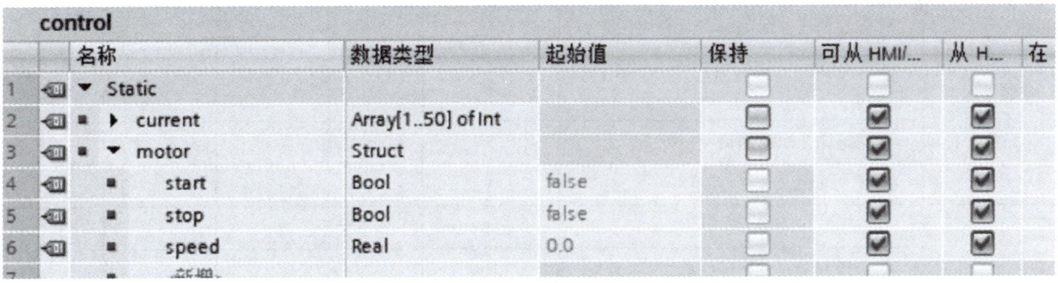

	名称	数据类型	起始值	保持	可从 HMI/...	从 H...	在
1	▼ Static			☐	☐	☐	
2	▸ current	Array[1..50] of Int		☐	☑	☑	
3	▼ motor	Struct		☐	☑	☑	
4	start	Bool	false	☐	☑	☑	
5	stop	Bool	false	☐	☑	☑	
6	speed	Real	0.0	☐	☑	☑	

图 4-19　结构 motor 组成图

八、检查与评价

根据对认识 S7-1200 PLC 的数据与存储任务的实施情况，按照验收标准，对任务完成情况进行检查和评价，并将验收问题及其整改措施、完成时间进行记录。验收标准及评分表见表 4-4，验收问题记录表见表 4-5。

表 4-4 认识 S7-1200 PLC 的数据与存储工作任务验收标准及评分表

序号	验收项目	验收标准	分值	教师评分	备注
1	CPU 组态	正确组态硬件,添加要求的模块	30		
2	HMI 与 PLC 的连接	正确添加 HMI,并与 PLC 连接	25		
3	数字量输入模块组态	正确修改输入模块的起始地址	15		
4	数组的生成	能够添加数据块和生成数组	15		
5	结构的生成	能按照要求生成结构	15		
		合计	100		

表 4-5 认识 S7-1200 PLC 的数据与存储验收问题记录表

序号	验收问题记录	整改措施	完成时间	备注

各组展示任务完成情况,介绍任务的完成过程并提交阐述材料,进行学生自评、学生组内互评、教师评价,完成考核评价表 4-6。

表 4-6 认识 S7-1200 PLC 的数据与存储工作任务考核评价表

评价项目	评价内容	分值	自评 20%	互评 20%	师评 60%	合计
职业素养 25 分	爱岗敬业,安全意识、责任意识、服务意识、集体主义精神	5				
	积极参加任务活动,按时完成任务	5				
	团队合作、交流沟通能力,语言表达能力	5				
	劳动纪律,职业道德	5				
	现场 6s 标准,行为规范	5				
专业能力 55 分	专业技能应用能力	15				
	制定计划能力,严谨认真	10				
	操作符合规范,精益求精	10				
	工作效率,分工协作	10				
	任务验收质量,质量意识	10				
创新能力 20 分	创新性思维和行动	20				
	总计	100				

教师签名: 学生签名:

九、习题与自测题

1. S7-1200 PLC 中的存储区有哪些？
2. S7-1200 PLC 中的数据类型有哪些？
3. S7-1200 PLC 中用户可以编辑修改的块有哪些？
4. S7-1200 PLC 中组织块包括哪些类型？

任务5　S7-1200 PLC 控制电动机起保停运行

一、学习任务描述

用 S7-1200 PLC 控制电动机起保停是学习 S7-1200 PLC 应用技术的第一个具有实践操作功能的任务。通过这个学习任务来掌握用博图软件建立项目的步骤，同时也熟悉项目的下载与上传方法、项目的调试方法，为后续 S7-1200 PLC 指令的学习和任务的实施打好基础。因为在后续的课程学习过程中，会使用到数据块存储数据，所以本任务也会讲解组织块和数据块的使用方法。

二、学习目标

1. 掌握用博图软件建立项目的步骤。
2. 掌握程序下载和上传的方法。
3. 掌握变量表的使用方法。
4. 掌握程序调试的方法。
5. 掌握 S7-1200 PLC 的程序结构和块的分类。
6. 掌握数据块的使用方法。
7. 通过小组合作，制定电动机起保停的控制方案，培养团队协作精神。
8. 根据任务要求和工作规范，完成电动机起保停的调试与运行。
9. 通过项目结果的检查验收，解决电动机起保停调试与运行过程中的问题，注重过程性评价，注重安全、环保意识的养成，注重综合素养的提升。

三、任务书

图 5-1 是电动机起保停电气控制电路原理图。按下起动按钮 SB2，交流接触器 KM 线圈得电，三相异步电动机主电路中 KM 主触点闭合，电动机接入三相电，电动机起动运行；松开起动按钮 SB2，由于 KM 常开辅助触点已闭合，KM 线圈保持得电，电动机继续运行；按下停止按钮 SB1，KM 线圈失电，主电路中 KM 主触点断开，电动机失电，停止运行。

按照表 5-1 的 I/O 分配地址，使用 S7-1200 PLC 实现控制电动机的起保停。

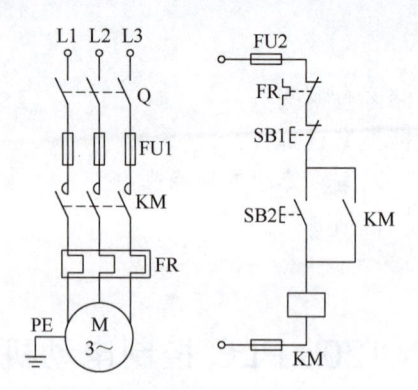

图 5-1 电动机起保停电气控制电路原理图

表 5-1 S7-1200 PLC 控制电动机起保停运行 I/O 分配表

输入		输出	
SB1	I0.0	KM	Q0.0
SB2	I0.1		

四、获取信息

? 引导问题 1：查询资料，使用博图软件建立项目的步骤是什么。

? 引导问题 2：查询资料，了解 S7-1200 PLC 的程序结构是什么。

? 引导问题 3：小组讨论，S7-1200 PLC 的数据类型有哪些？存储器分类有哪些。

? 引导问题 4：小组讨论，S7-1200 PLC 的数据块的作用是什么。

? 引导问题 5：小组讨论，怎么根据控制要求，正确组态 PLC 硬件。

五、知识准备

1. 变量表的使用

在 S7-1200 PLC 的编程中，特别强调符号寻址的使用，在开始编写程序之前，用户应当为输入变量、输出变量、中间变量编写相应的符号名称。这能够大大提高编程和调试的效率，使程序便于阅读和理解。

（1）在 PLC 变量表中声明变量

在项目视图的项目树下，打开项目下面"PLC_1"文件夹，再打开"PLC 变量"文件夹，双击打开"默认变量表"。在默认变量表的第一行第一列，双击变量名，输入变量"stop"，按 Enter 键确认；在数据类型列，选择该变量的数据类型"Bool"型；在地址列中，输入地址"I0.0";在注释列中，根据需要添加注释，如添加注释"电动机 M1 的停止按钮"。这样就完成了对 stop 变量的声明。按照同样的方法，声明 start 变量和 motor1 变量。如图 5-2 所示。

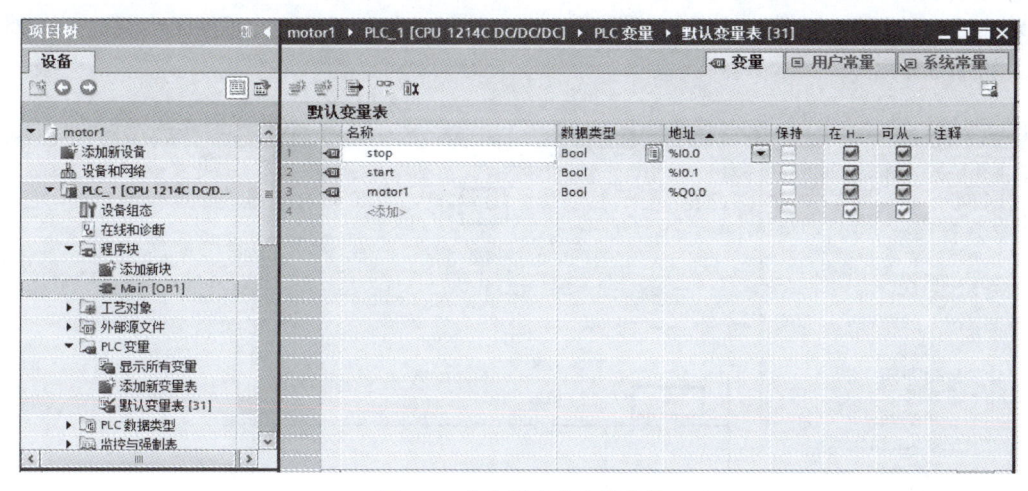

图 5-2 在变量表中声明变量

（2）在程序编辑器中选用和显示变量

1）选用变量 在项目树下打开 PLC_1 下的程序块文件夹，双击"Main"主程序块，打开程序编辑器，在程序段 1 中拖放触点和线圈指令，编写电动机起保停控制程序。双击常开触点上面的地址，在出现的输入框中，单击旁边的地址域，就会出现已定义的 PLC 变量的下拉列表，从中选择"start"，按照同样的方法，对所有指令完成操作数的输入。如图 5-3 所示。

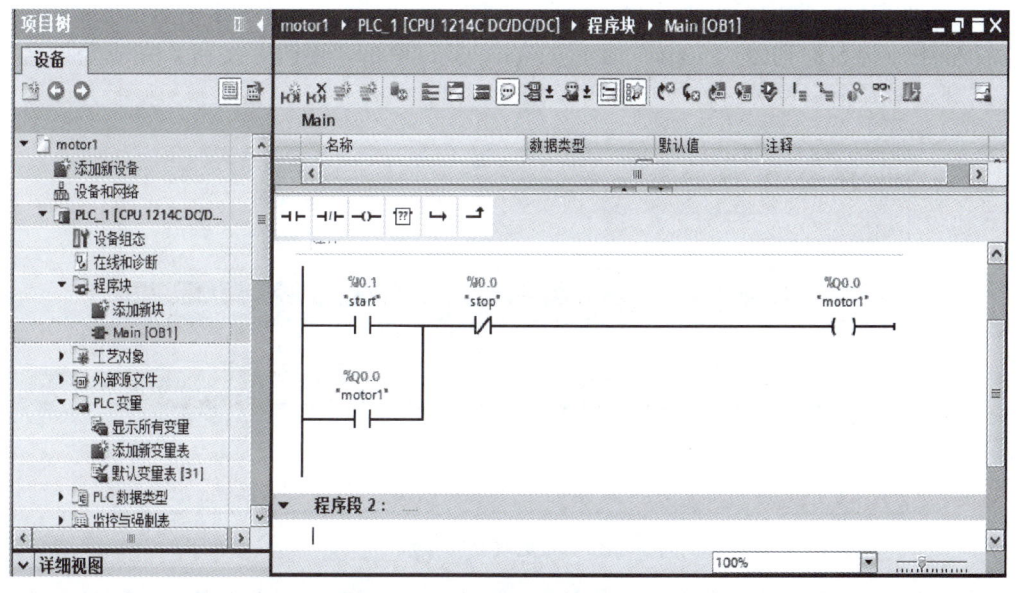

图 5-3 在指令中选用和输入变量

2）显示变量 在工具栏中单击启动或禁用绝对/符号命令"▣"可以切换显示绝对地址或符号地址，也可以单击"▾"进行选择显示绝对地址或显示符号地址或符号地址和绝对地址同时显示。如果选择符号和绝对值，则程序中同时显示符号地址和绝对地址；如果选择"符号"，则程序中只显示符号地址；如果选择"绝对"，则程序中只显示绝对地址。如图 5-4 所示。

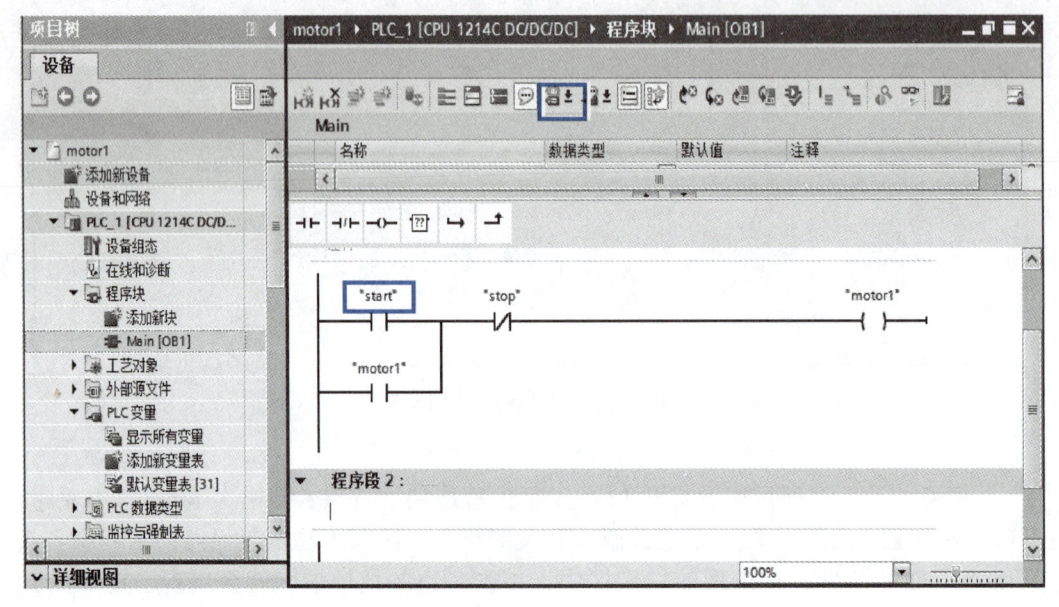

图 5-4 设置变量显示方式

（3）在程序编辑器中定义和更改 PLC 变量

1）修改变量 选中常开触点"start"，单击鼠标右键，选择"重命名变量"，在弹出的对话框中，将名称列的"start"改为"start_1"，单击"更改"按钮，完成变量名的更改；同理，对其余变量进行修改。也可以修改变量连接的地址，如图 5-5 所示。

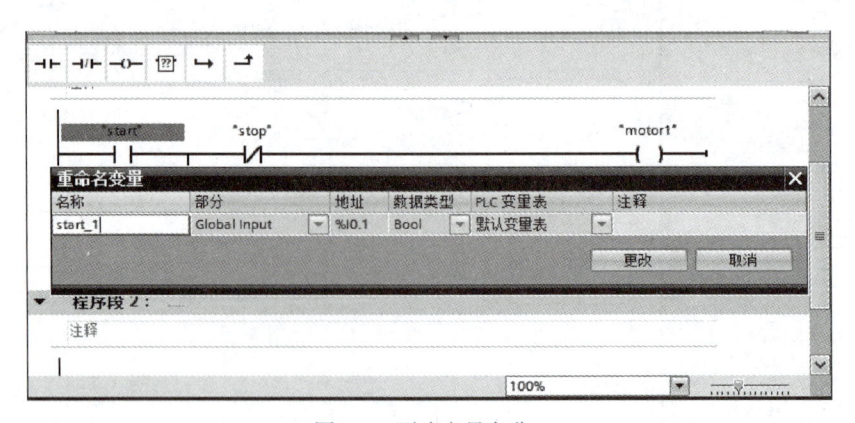

图 5-5 更改变量名称

2）升降序显示变量 单击变量表某一列表头，该单元出现向上的三角形，各变量按第一个字母从 A 到 Z 升序排列。再单击一次该单元，三角形的方向向下，各变量按地址降序排列。可以根据变量的名称、数据类型和地址来排列变量。

3）快速生成变量　用鼠标右键单击某个变量，可以进行插入行、添加行或删除操作。也可以批量添加变量，单击某个变量行的任意一列，则该单元右下角出现小的正方形，将光标放到该单元右下角的小正方形上，光标变为深蓝色的小十字。按住鼠标左键不放，向下拖动鼠标，在空白行生成新的变量，符号名称自动编号，对应地址也自动递增。用这种方法可以快速生成多个同类型的变量。

（4）设置变量的保持型功能

单击工具栏上的保持型按钮"🔒"，可以用打开的对话框设置 M 区从 MB0 开始的具有保持性功能的字节数，如果设置为 10，则表示从 MB0 开始的连续 10 个字节具有断电保持功能。如图 5-6 所示。

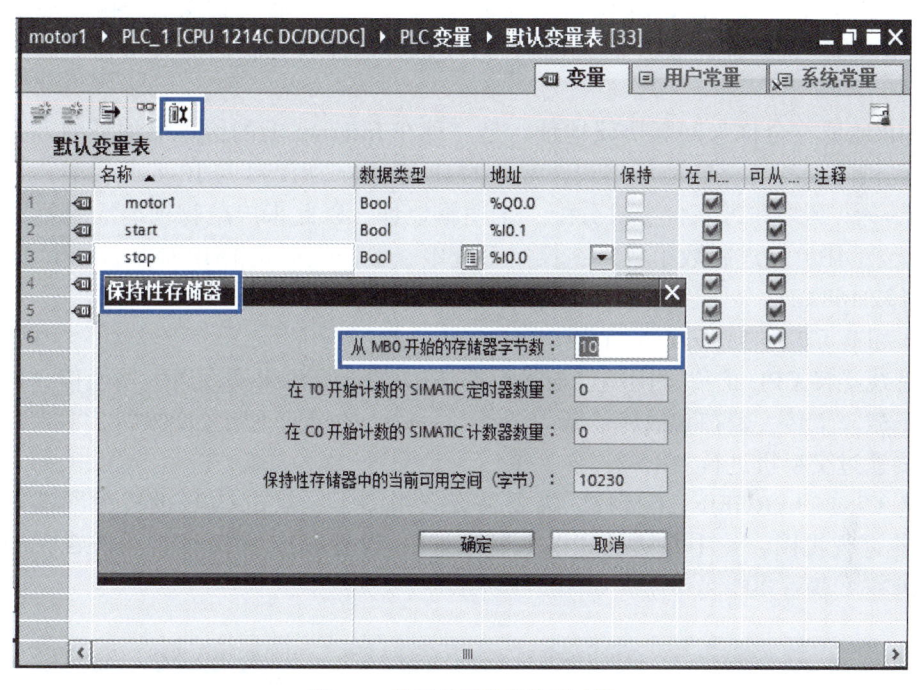

图 5-6　设置变量的保持型功能

（5）全局变量与局部变量

PLC 变量表中的变量可以用于整个 PLC 中所有的代码块，在所有的代码块中具有相同的意义和唯一的名称，这些变量称为全局变量。在程序中，全局变量被自动添加双引号，例如"start"。

局部变量只能在它被定义的块中使用，同一变量名称可以在不同的块中分别使用一次，可以在块的接口区定义块的输入/输出参数和临时数据，以及 FB 的静态数据。在程序中，局部变量被自动添加 # 号，例如"#启动按钮"。

（6）变量表的监视

可以通过单击工具栏的全部监视按钮"👁"监视变量表中各变量的状态，但不能修改变量的状态。监视必须在 PLC 通信正常的情况下进行。

2. 项目的下载与上传

S7-1200 PLC 一般都有两个通信端口，一个是 RS485 通信端口，一个是以太网通信端口。目前都是采用以太网通信端口进行程序的下载和上传。

（1）以太网设备的地址

1）MAC 地址 又称局域网地址、以太网地址，是用来确认网络设备位置的位址。MAC 地址是以太网接口设备的物理地址，用于在网络中唯一标识。一台设备若有一个或多个以太网端口，则每个端口都会有一个唯一的 MAC 地址。通常由设备生产厂家将 MAC 地址写入 EEPROM 或闪存芯片中，在网络底层的物理传输过程中，通过 MAC 地址来识别发送和接收数据的主机。MAC 地址是 48 位二进制数，分为 6 个字节，一般用十六进制数表示，例如这台 PLC 的 MAC 地址是 28-63-36-9A-85-DD。前 3 个字节是网络硬件制造商的编号，它由 IEEE（国际电气与电子工程师协会）分配，后 3 个字节是该制造商生产的某个网络产品的序列号，MAC 地址就像我们的身份证号码，具有全球唯一性。

2）IP 地址 全称为网际协议地址，是一种在 Internet 上的给主机编址的方式。它是 IP 协议提供的一种统一的地址格式，常见的 IP 地址分为 IPv4 与 IPv6 两大类，它为互联网上的每一个网络和每一台主机分配一个逻辑地址，以此来屏蔽物理地址的差异。IP 地址由 32 位（4B）二进制数组成，在控制系统中一般使用固定的 IP 地址。CPU 默认的 IP 地址为 192.168.0.1。

（2）组态 CPU 的 PROFINET 接口

用网线连接 CPU 的以太网端口与运行 STEP7 的计算机来实现以太网通信，可以执行项目的下载、上传、监控和故障诊断等任务。一对一的通信不需要交换机，两台以上设备通信需要通过交换机进行。

设置 CPU 的 PROFINET 接口，需要在设备视图下，双击 CPU 的以太网端口。打开该接口的巡视视图，选中左边的"以太网网址"，设置相应的 IP 地址为 192.168.0.2。设置的地址在下载后才能起作用。如图 5-7 所示。

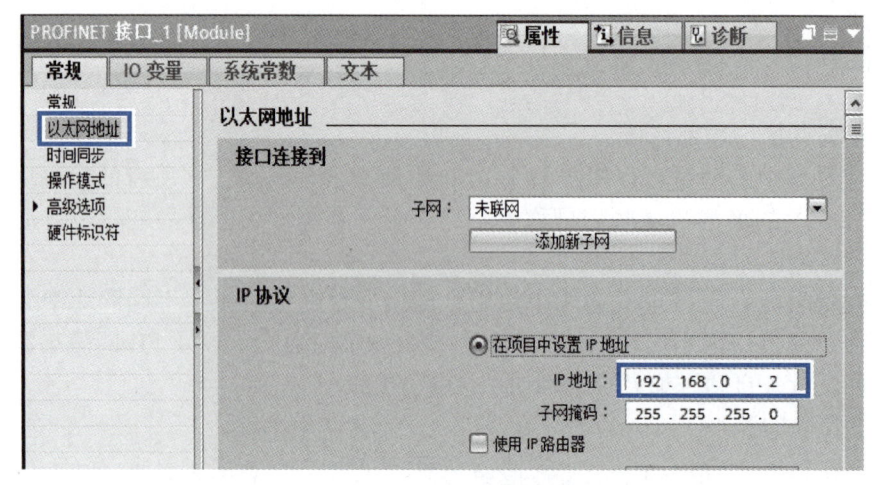

图 5-7 设置以太网地址

项目 2　S7-1200 PLC 的工作原理与程序调试

（3）设置计算机网卡的 IP 地址

如果操作系统是 Windows7，用以太网电缆连接计算机与 PLC，打开"网络与共享中心"，选择更改适配器设置，双击本地连接，打开"本地连接状态"对话框。单击其中的"属性"按钮，在"本地连接属性"对话框中双击"此连接使用下列项目"列表框中的"Internet 协议版本 4（TCP/IPv4）"，打开"Internet 协议版本 4（TCP/IPv4）属性"对话框。

用单选框选中"使用下面的 IP 地址"，键入 PLC 以太网接口默认的子网地址 192.168.0（应与 CPU 的子网地址相同），IP 地址的第 4 个字节是子网内设备的地址，可以取 0 ~ 255 中的某个值，但是不能与子网中其他设备的 IP 地址重叠。单击"子网掩码"输入框，自动出现默认的子网掩码 255.255.255.0。一般不用设置网关的 IP 地址。设置结束后，单击对话框中的"确定"按钮。如图 5-8 所示。

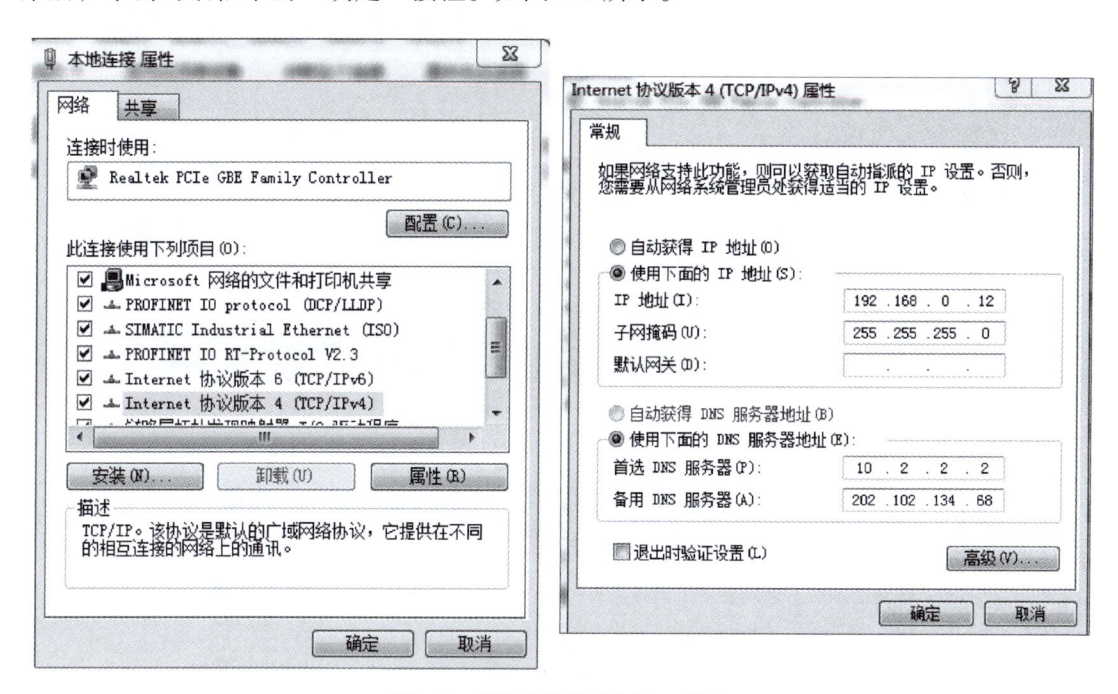

图 5-8　设置计算机网卡的 IP 地址

（4）下载项目

做好上述准备工作后，接通 PLC 的电源。选中项目树中的 PLC_1，单击工具栏上的"下载"按钮，出现"扩展的下载到设备"对话框。设置 PG /PC 接口类型和接口后，可以执行下载。如图 5-9 所示。

也可以用"在线"菜单中的命令或右键快捷菜单中的命令启动下载操作。也可以在打开某个代码块时，单击工具栏上的"下载"按钮，下载该代码块。如图 5-10 所示。

（5）上传设备作为新站

做好计算机与 PLC 通信的准备工作后，生成一个新项目"motor2"，单击"创建"，选中项目树中的项目名称，执行菜单命令"在线"→"将设备作为新站上传（硬件和软件）"，出现"将设备上传至 PG/PC"对话框。用"PG/PC 接口"下拉式列表选择实际使用的网卡。

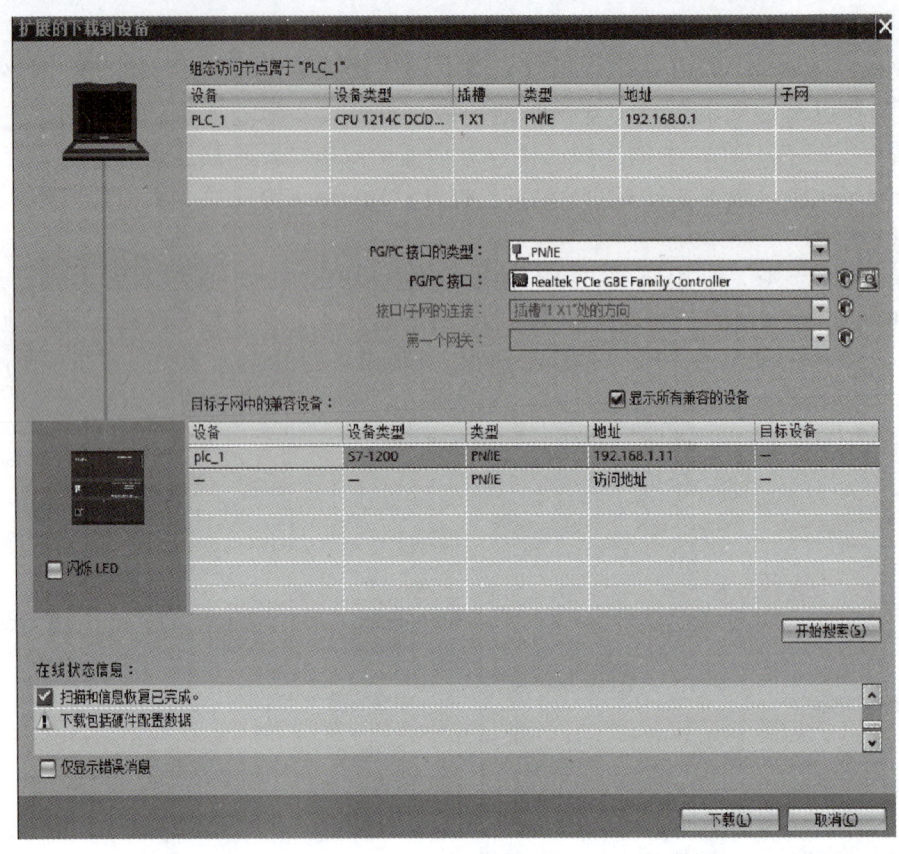

图 5-9　下载项目

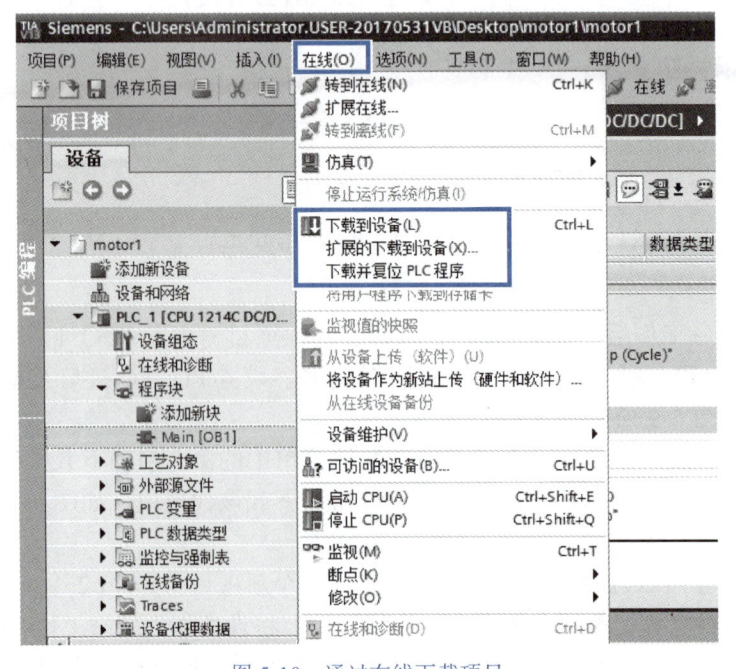

图 5-10　通过在线下载项目

单击"开始搜索"按钮,经过一定的时间后,在"所选接口的可访问节点"列表中,出现连接的 CPU 和它的 IP 地址。选中可访问节点列表中的 CPU,单击对话框下面的"从设备上传"按钮,上传成功后,可以获得 CPU 完整的硬件配置和用户程序。

3. 用户程序的调试

PLC 的控制程序在应用于工程实践之前,需要进行调试,以解决不符合控制逻辑的情况。S7-1200 PLC 的程序调试有仿真软件调试和 STEP7 在线调试两种调试方式。STEP7 在线调试程序的方法有三种,分别是程序状态调试、监控表调试和强制表调试。

(1)仿真软件调试

1)S7-1200/S7-1500 的仿真软件介绍 仿真调试适用于固件为 V4.0 及以上版本,仿真软件安装 S7-PLCSIM 为 V13 SP1 及以上版本。仿真软件调试不支持计数、PID、运动控制工艺模块和运动控制工艺对象。如果正确安装了 PLCSIM 仿真软件,则工具栏上的开始仿真按钮 " " 呈现亮色。

2)下载程序至仿真 选中项目树中的 PLC_1,单击工具栏上的开始仿真按钮 " ",出现启动仿真的对话框,单击"确定"按钮。则启动 S7-PLCSIM,会出现 S7-PLCSIM 的精简视图。出现"启动仿真将禁用所有其它的在线接口"对话框按钮,单击"确定"按钮即可。如图 5-11 所示。

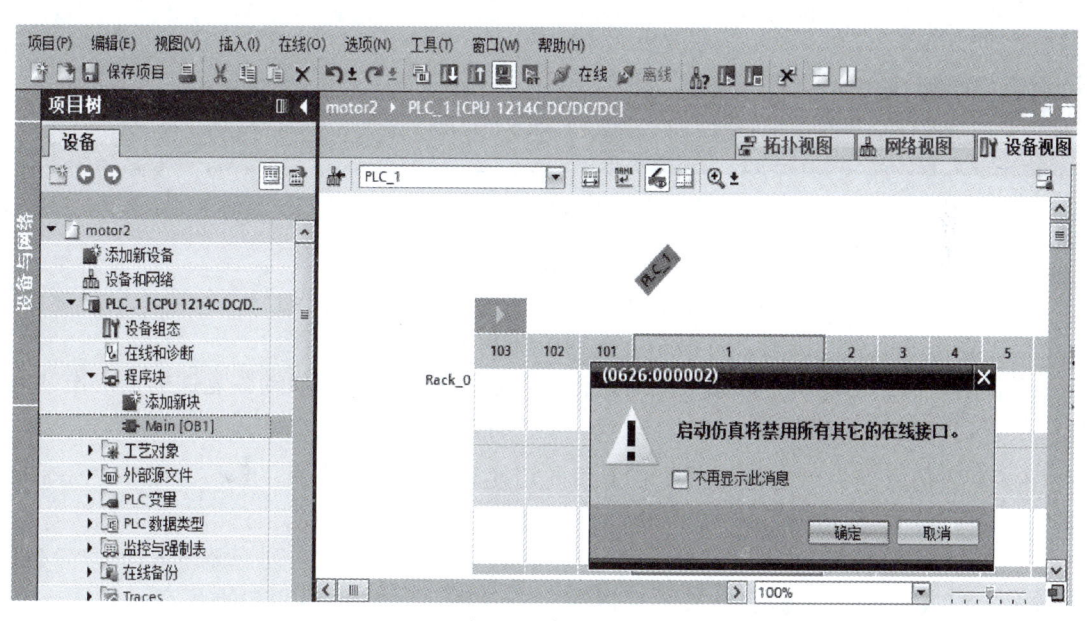

图 5-11 启动仿真

单击"下载"按钮,出现"扩展的下载到设备"对话框,设置 PG/PC 接口的类型为"PLCSIM S7-1200/S7-1500",如果是 V15 以上版本,则选择"PLCSIM"即可。单击"开始搜索"按钮,"目标子网中的兼容设备"列表中显示出搜索到的仿真 CPU 的以太网接口的 IP 地址。如图 5-12 所示。

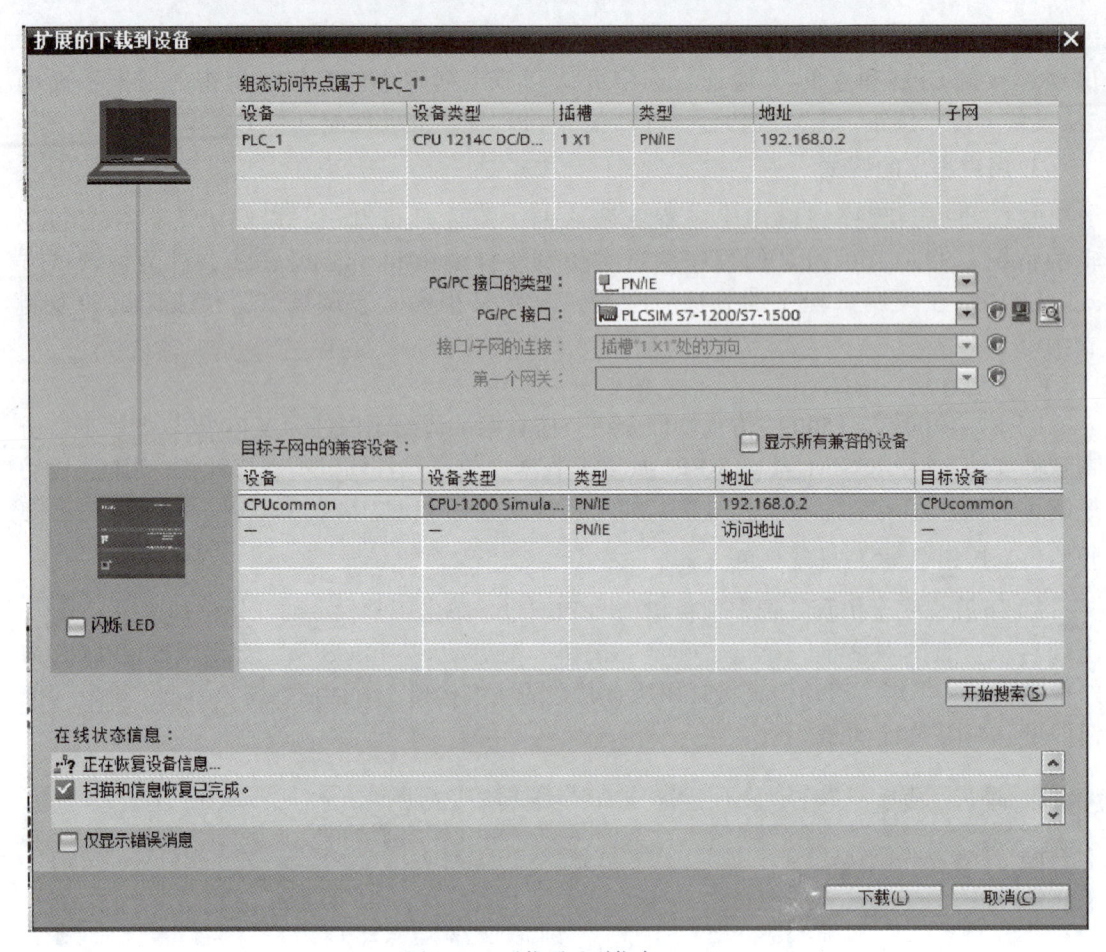

图 5-12 下载项目到仿真 PLC

单击"下载"按钮,出现"下载预览"对话框,编译组态成功后,勾选"全部覆盖"复选框,单击"下载"按钮,将程序下载到仿真 PLC。

下载结束后,出现"下载结束"对话框。勾选其中的"全部启动"复选框,单击"完成"按钮,仿真 PLC 被切换到 RUN 模式,RUN 指示灯亮。

3)生成仿真表 单击精简视图右下角的切换到项目视图按钮" ",则将 PLCSIM 切换到项目视图。双击项目树的"SIM 表"文件夹的"SIM 表 1",打开该仿真表。

在"地址"列输入 IB0 和 QB0。单击表格的空白行"名称"列隐藏的按钮,将 IB0 中的 8 个位 I0.0 ~ I0.7 显示出来,可以用一行来显示 Q0.0 ~ Q0.7 的状态。如图 5-13 所示。

4)用仿真表调试程序 两次单击 I0.1 对应的小方框,方框中出现勾又消失,I0.1 变为 1 后又变为 0,模拟按下和放开起动按钮。由于程序的作用,Q0.0 变为 TRUE,对应的小方框中出现勾,表示电动机起动。单击 I0.0 的小方框,模拟停止按钮按下,Q0.0 失电,电动机停止。

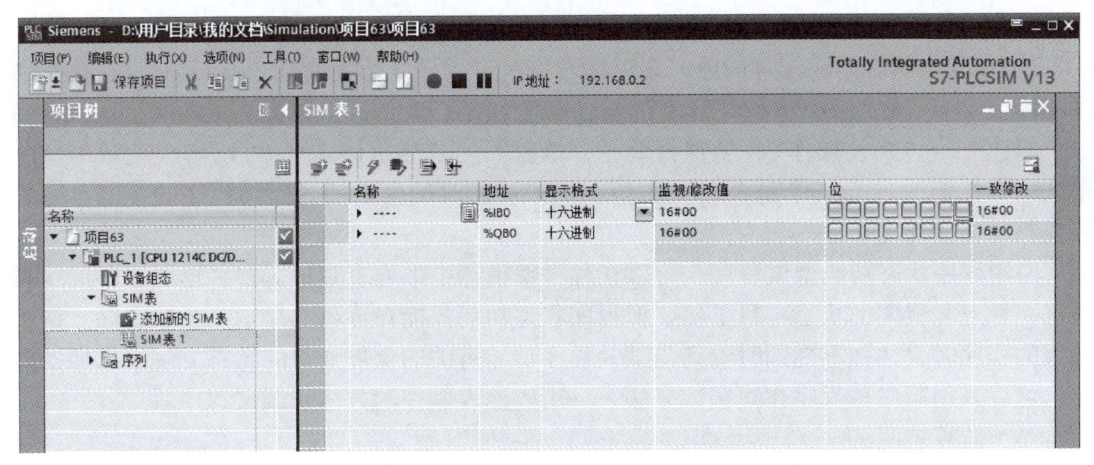

图 5-13　仿真表

（2）程序状态调试

1）启动程序状态监视　将程序下载到 PLC，与 PLC 建立好在线连接后，打开需要监视的代码块，单击程序编辑器工具栏上的"启用/禁用监视"按钮，启动程序状态监控。如果在线程序与离线程序不一致，项目树中的项目、站点、程序块和有问题的代码块的右边会出现表示故障的符号。需要重新下载有问题的块，使在线、离线的块一致，项目树对象右边均出现绿色的表示正常的符号后，才能启动程序状态功能。进入在线模式后，程序编辑器最上面的标题栏变为橙黄色。如图 5-14 所示。

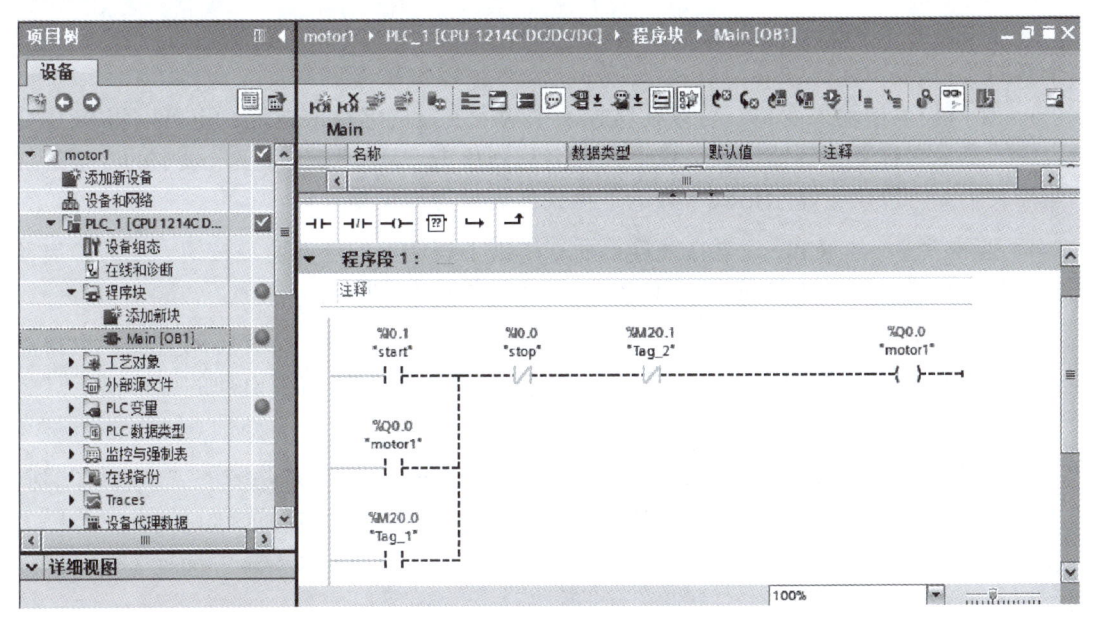

图 5-14　程序状态监视程序

2）程序状态的显示　启动程序状态监视后，梯形图左侧垂直的"电源"线和与它连接的水平线均为连续的绿线，表示有能流从"电源"线流出。有能流流过的处于闭合状态的触点、指令方框、线圈和"导线"均用连续的绿色线表示。用蓝色虚线表示没有能流。

用灰色连续线表示状态未知或程序没有执行,黑色表示没有连接。如图 5-14 所示。

3)在程序状态修改变量的值　用鼠标右键单击程序状态中的某个 Bool 变量,执行命令"修改"→"修改为 1"或"修改"→"修改为 0";对于其他数据类型的变量,执行命令"修改"→"修改操作数"。执行命令"修改"→"显示格式",可以修改变量的显示格式。不能修改过程映像输入(I)的值。如果被修改的变量同时受到程序的控制,则程序控制的作用优先。

使用程序状态功能调试程序,可以在程序编辑器中形象直观地监视梯形图程序的执行情况,触点和线圈的状态一目了然。但程序状态功能只能在屏幕上显示一小块程序,调试较大的程序时,往往不能同时看到与某一程序功能有关的全部变量的状态。解决这样的问题,可以采用第二种程序在线调试方法——用监控表监控的方法来调试程序。

(3)监控表调试

使用监控表调试程序可以在工作区同时监视、修改和强制用户感兴趣的全部变量。监控表可以赋值或显示的变量包括过程映像输入寄存器 I 和过程映像输出寄存器 Q,外设输入 I:P,外设输出 Q:P,位存储区 M 和数据块 DB 内的存储单元。

1)监控表的功能　可以监视变量,在计算机上显示用户程序或 CPU 中变量的当前值。

可以修改变量,将固定值分配给用户程序或 CPU 中的变量。

可以对外设输出赋值,允许在 STOP 模式下将固定值赋给 CPU 的外设输出点,这一功能可以用于硬件调试时检查接线正确与否。

2)生成监控表

打开项目树中 PLC 的"监控与强制表"文件夹,双击其中的"添加新监控表",生成一个新的监控表。

3)在监控表中输入变量　可以在监控表中输入变量的名称或地址;也可以将 PLC 变量表中的变量名称复制到监控表;也可以在名称列单击"地址域"将变量表中的变量添加到监控表中。可以用"显示格式"列的下拉式列表设置显示格式。

4)监视变量　与 CPU 建立在线连接后,单击工具栏上的全部监视按钮"　",启动或关闭监视功能,将在"监视值"列连续显示变量的动态实际值。

单击工具栏上的立即一次性监视所有变量按钮"　",即使没有启动监视,也将立即读取一次变量值,并在监控表中显示。位变量为 TRUE 时,监视值列的方形指示灯为绿色。反之为灰色。

5)修改变量　单击显示/隐藏所有修改列按钮"　",会出现隐藏的"修改值"列。在出现的"修改值"列输入变量新的值,并勾选要修改的变量的复选框。单击工具栏上的立即一次性修改所有选定值按钮"　",复选框打勾的"修改值"被立即送入指定的地址。如图 5-15 所示。

可以选中某个地址,单击鼠标右键,在出现的菜单中选择"修改"命令,通过选择"修改为 0""修改为 1"命令来修改位变量的值。在 RUN 模式修改变量时,各变量同时又受到用户程序的控制。在 RUN 模式不能改变 I 区变量的值,因为 I 区的变量状态的变化取决于外部输入电路的通/断电状态。

图 5-15 程序状态监视程序

6）在 STOP 模式下改变外设输出的状态　在调试设备时，用此功能检查设备的接线是否正确。

以 Q0.0 为例，操作步骤如下：首先在监控表中输入 Q0.0:P；然后将 CPU 切换到 STOP 模式；再单击监控表工具栏上的显示/隐藏扩展模式列按钮"📋"，显示扩展模式列，出现与"触发"器有关的两列。

单击监控表工具栏上的按钮"📺"，启动监视功能。

单击工具栏上的启用外设输出按钮"⚡"，出现"启用外围设备输出"对话框，单击"是"按钮确认，如图 5-16 所示。

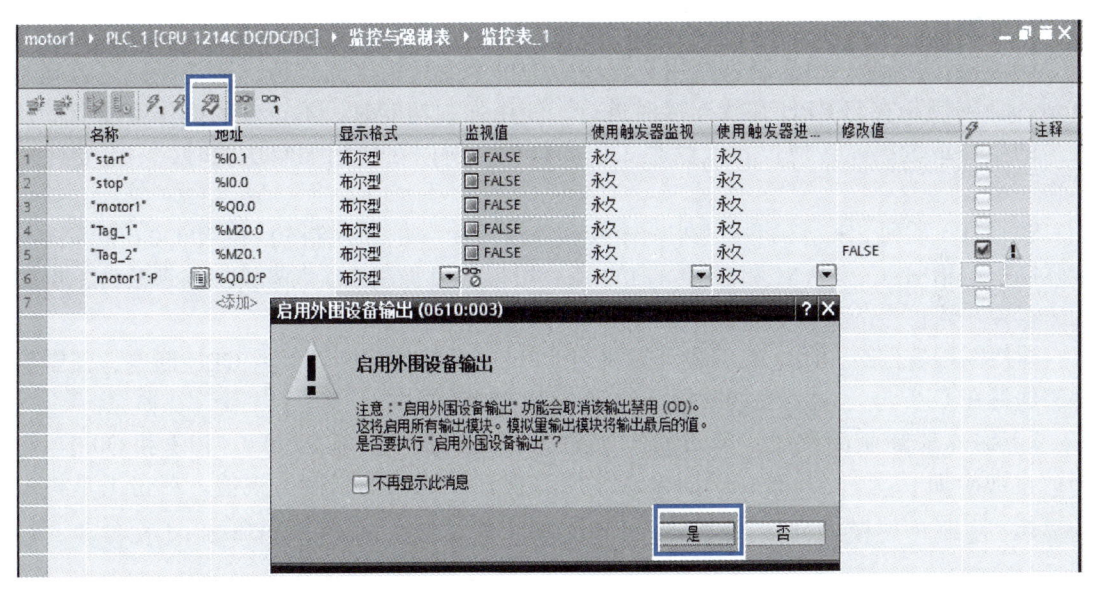

图 5-16 启动外设输出

用鼠标右键单击 Q0.0:P 所在的行，执行出现的快捷菜单中的"修改"→"修改为 1"或"修改为 0"命令，CPU 上 Q0.0 对应的状态指示灯亮或灭，监控表中 Q0.0:P 的修改值变成 TRUE 或 FALSE。

CPU 切换到 RUN 模式后，工具栏上的启用外设输出按钮"⚡"变成灰色，该功能被禁止，Q0.0 受用户程序的控制。如果有输入点或输出点被强制，则不能使用这一功能。为了在 STOP 模式下允许外设输出，应取消强制功能。

7）定义监控表的触发器　触发器用来设置在扫描循环的哪一点来监视或修改选中的变量。单击监控表工具栏上的显示/隐藏扩展模式列按钮"　"，切换到扩展模式，出现"使用触发器监视"和"使用触发器进行修改"列。单击这两列的某个单元，再单击单元右边出现的下拉选择按钮"　"，则出现触发方式选择，可以选择"仅一次"或"永久（每个循环扫描周期触发一次）"。如果设置为触发一次，则单击一次工具栏上的按钮，执行一次相应的操作。如图 5-17 所示。

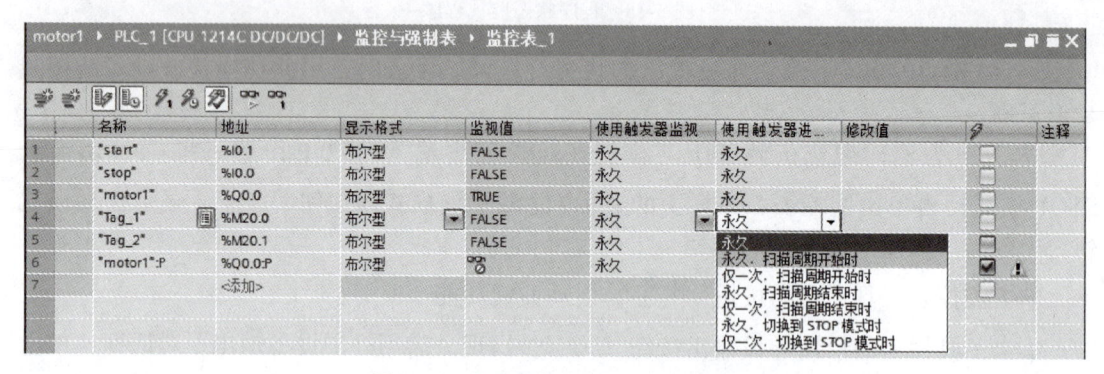

图 5-17　启动监控表的触发器示意图

（4）强制表调试

1）强制的概念　用强制表给用户程序中的单个变量指定固定值，这功能称之为强制（force）。强制是在与 CPU 在线连接时进行，使用强制功能时，不正确的操作可能会危及人员的生命或健康，造成设备或整个工厂的损失，所以在使用强制功能时，一定要谨慎操作。

S7-1200 系列 PLC 只能强制外设输入和外设输出，例如强制 I0.0:P 和 Q0.0:P 等；不能强制指定给 HSC、PWM 和 PTO 的 I/O 点；可以通过强制 I/O 点来模拟物理条件，例如用来模拟输入信号的变化。强制功能不能仿真。

即使编程软件被关闭，或编程计算机与 CPU 的在线连接断开，或 CPU 断电，强制值都被保持在 CPU 中，直到在线时用强制表停止强制功能。

2）输入要强制的变量　双击打开项目树中的强制表，输入 I0.0、I0.1 和 Q0.0，它们被自动添加":P"。只有在扩展模式才能监视外设输入的强制监视值。单击工具栏上的显示/隐藏扩展模式列按钮"　"，切换到扩展模式，将 CPU 切换到 RUN 模式。如图 5-18 所示。

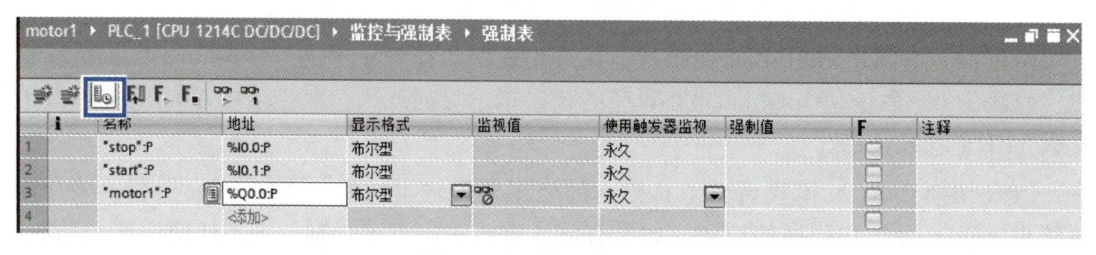

图 5-18　强制变量示意图

同时打开 OB1 和强制表，用"窗口"菜单中的命令，水平拆分编辑器空间，同时显示 OB1 和强制表，启动程序状态功能。

单击强制表工具栏上的启用/禁用监视按钮"　"，启动监视功能。

3）强制输入 选中强制表中的 I0.1，单击鼠标右键，出现快捷菜单命令，选中"强制"，选择强制为 1，出现对话框，单击"是"按钮确认将 I0.1:P 强制为 TRUE。如图 5-19 所示。

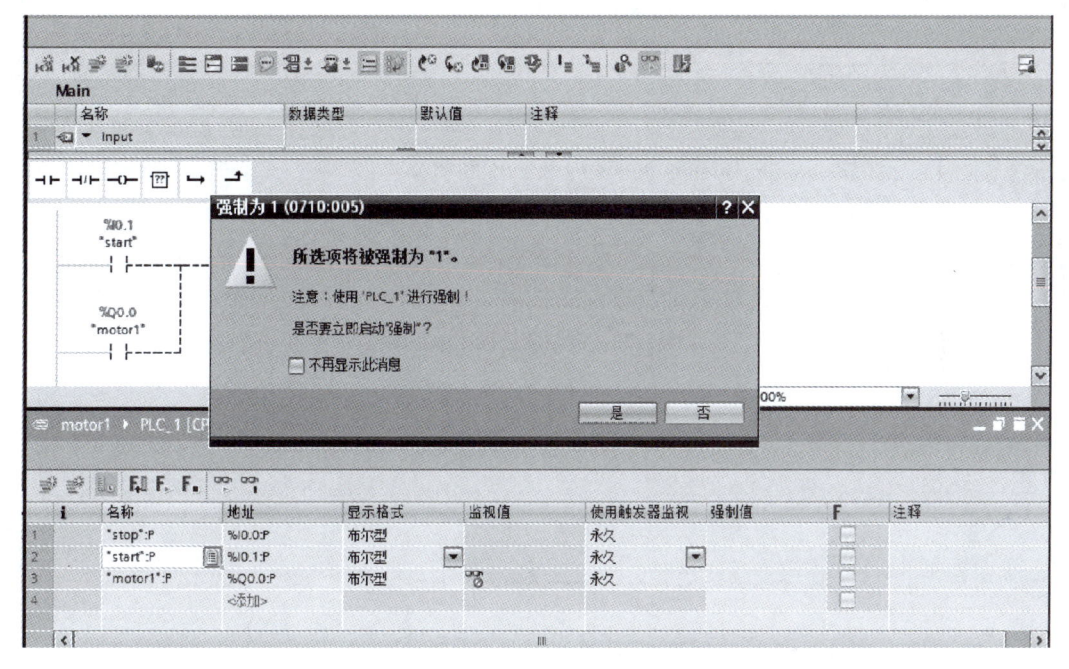

图 5-19 强制输入对话框

强制表中 I0.1 所在行出现表示被强制的标有"F"的小方框，所在行"F"列的复选框中出现勾。PLC 面板上 I0.1 对应的 LED 不亮，梯形图中 I0.1 的常开触点接通，上面出现被强制的符号，由于 PLC 程序的作用，梯形图中 Q0.0 的线圈通电，PLC 面板上 Q0.0 对应的 LED 亮。如图 5-20 所示。

为什么 PLC 面板上 I0.1 的指示灯不亮呢？

在执行用户程序之前，强制值被写入输入过程映像，在处理程序时，使用的是输入点的强制值；输入端子的状态指示灯指示的是对应的外部输入接口电路的导通情况，所以，输入端子的强制不影响相应状态指示灯的亮灭。

4）强制输出 在强制表中选中 Q0.0，用鼠标右键单击快捷菜单命令，将 Q0.0:P 强制为 FALSE。Q0.0 所在行出现表示被强制的符号。梯形图中 Q0.0 线圈上面出现表示被强制的符号，PLC 面板上 Q0.0 对应的 LED 熄灭。如图 5-21 所示。

将 Q0.0 强制为 FALSE，Q0.0 线圈一直保持为 1，思考一下，为什么呢？

因为在写外设输出点时，强制值被送给过程映像输出，输出值被强制值覆盖，所以 Q0.0 状态指示灯灭。在程序状态中，由于 I0.1 强制为 1，程序执行的结果使 Q0.0 线圈一直保持为 1。

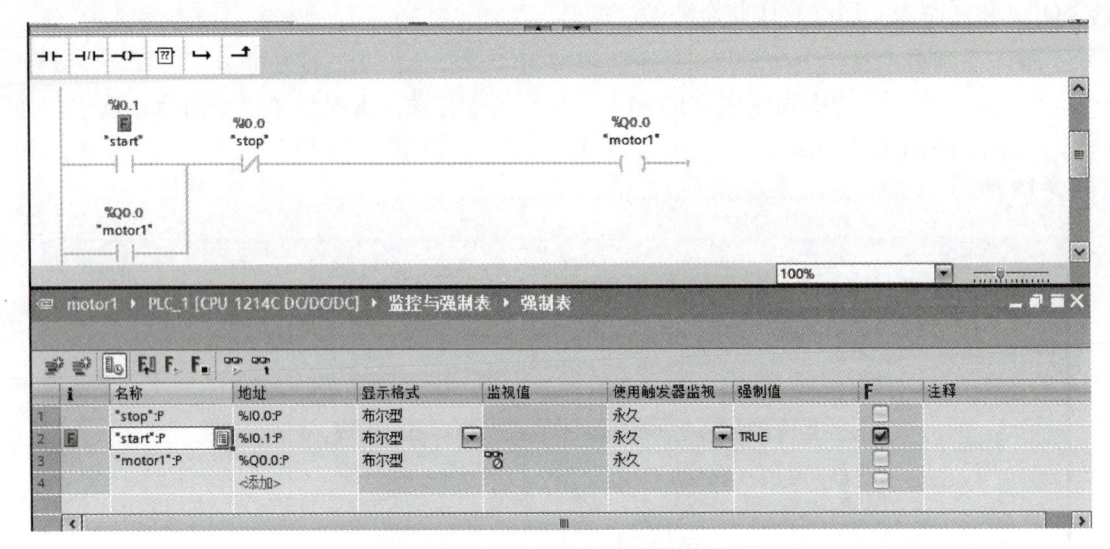

图 5-20 强制变量程序示意图

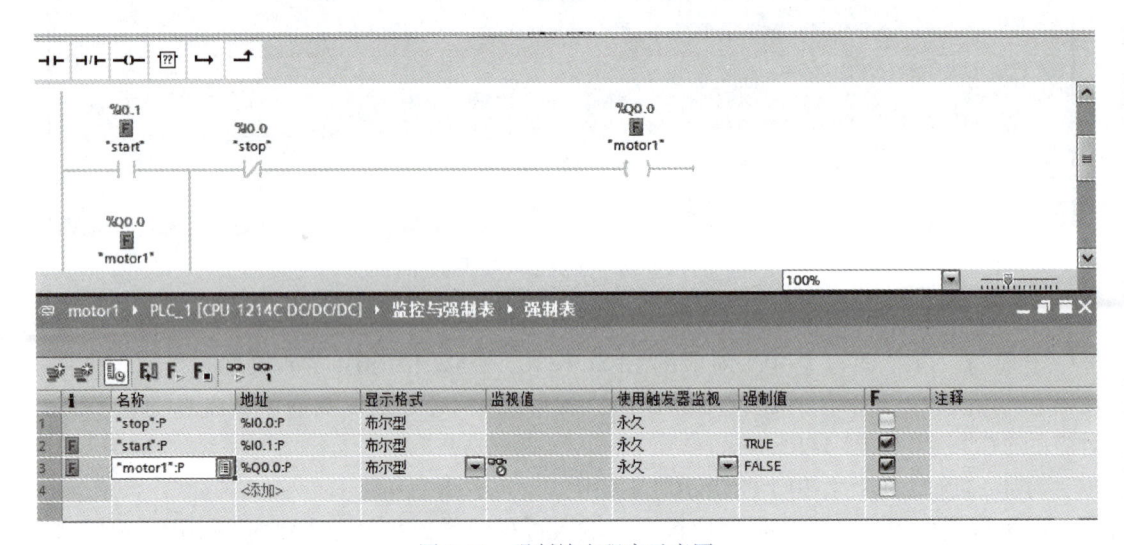

图 5-21 强制输出程序示意图

变量被强制的值不会因为用户程序的执行而改变。被强制的变量只能读取，不能用写访问来改变其强制值。

5）取消强制变量　单击强制表工具栏上的停止强制按钮"![F]"，停止对所有地址的强制。强制表和程序中标有"F"的小方框消失，表示强制被停止。如图 5-22 所示。

强制任何变量后，结束调试时，一定要取消强制。

调试程序的这 4 种方法，适用于不同的应用场合。在任何应用领域，保障安全生产是生产实践的最基本也是最重要的要求，在程序运行时如果修改变量值出错，可能导致人身或财产的损害，所以在执行修改功能之前，应确认不会有危险情况出现。

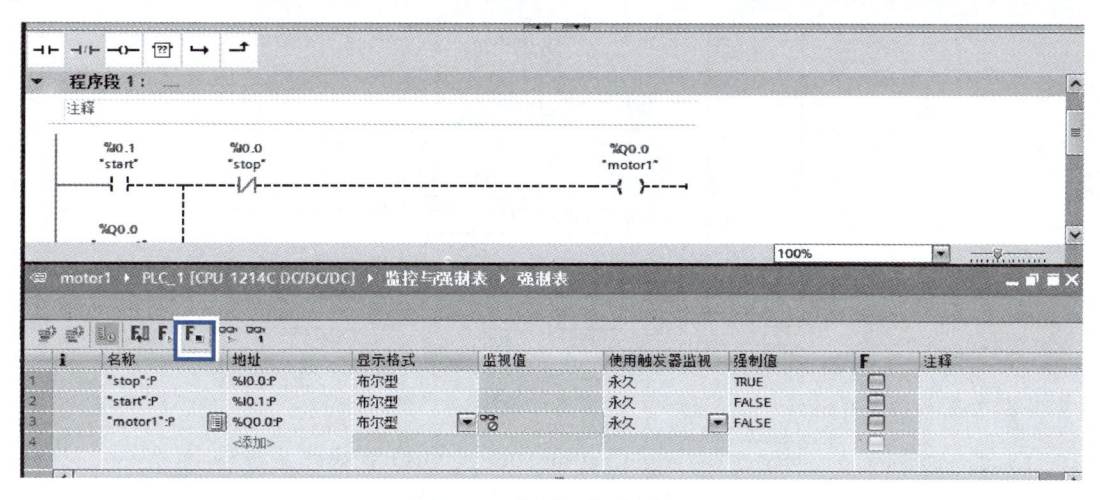

图 5-22 取消强制示意图

4. 块概述与组织块的应用

（1）程序中的块

1）块的概念　在 S7-1200 PLC 的程序设计中，通常将复杂的自动化任务划分为对应于生产过程的技术功能的子任务，每个子任务对应于一个称为"块"的子程序，通过块与块之间的相互调用来组织程序。这样的程序易于修改、查错和调试。块结构显著地增加了 PLC 程序的组织透明性、可理解性和易维护性。

2）块的分类　S7-1200 PLC 为用户提供了不同类型的块来执行自动化系统中的任务，主要有组织块 OB、功能块 FB、功能 FC、数据块 DB。数据块又分为背景数据块与全局数据块。OB、FB、FC 统称为代码块。S7-1200 PLC 程序中的块见表 5-2。

表 5-2　S7-1200 PLC 程序中的块

块	简要描述
组织块（OB）	操作系统与用户程序的接口，决定用户程序的结构
功能块（FB）	用户编写的包含经常使用的功能的子程序，有专用的背景数据块
功能（FC）	用户编写的包含经常使用的功能的子程序，没有专用的背景数据块
背景数据块（DB）	用于保存 FB 的输入变量、输出变量和静态变量，其数据在编译时自动生成
全局数据块（DB）	存储用户数据的数据区域，供所有的代码块共享

3）块的调用　在块调用中，调用者可以是各种代码块，被调用的块是 OB 之外的代码块。调用功能块 FB 时需要为它指定一个背景数据块 DB。被调用的块应该是已经存在的块，即应先创建被调用的块及其背景数据块。

被调用的代码块可以嵌套调用别的代码块。从程序循环 OB 或启动 OB 开始，嵌套深度为 16；从中断 OB 开始，嵌套深度为 6。如图 5-23 所示。

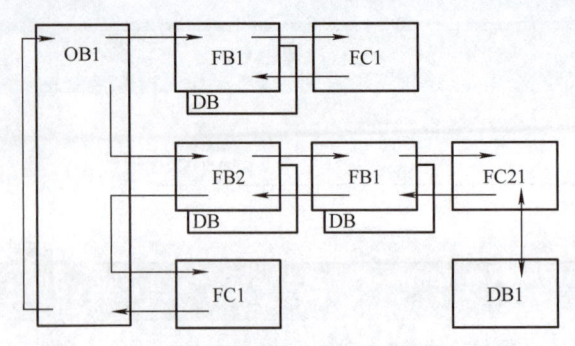

图 5-23 块的调用示意图

（2）组织块

1）组织块的概念　组织块（Organization Block，OB）是操作系统与用户程序的接口，可以通过组织块的编程来控制 PLC 的动作。组织块由操作系统调用，用组织块可以创建在特定时间执行的程序以及影响特定事件的程序，用于控制循环扫描和中断程序的执行、PLC 的启动和错误处理等。组织块的程序是用户编写的。

2）组织块的分类　按照组织块控制操作的不同，S7-1200 PLC 共有 13 种组织块，主要有程序循环组织块、启动组织块、延时中断组织块、循环中断组织块、硬件中断组织块、时间错误中断组织块、诊断错误中断组织块以及其他中断组织块等。

每个组织块必须有唯一的 OB 编号，200 之前的某些编号是保留的，其他 OB 的编号应大于等于 200。没有可以调用 OB 的指令，S7-1200 CPU 具有基于事件的特性，只有发生了某些特定事件，相应的 OB 才会被执行。

3）组织块的优先级　组织块共分为三个优先等级组。每个组织块都有自己的优先级。高优先级的组织块会中断低优先级的组织块，相同优先级的组织块不会对自己产生中断，会按照优先级增加到队列中，然后按照优先级由高到低顺序执行。

（3）最常用的组织块

组织块有很多，本任务主要学习最常用的两种组织块：程序循环组织块与启动组织块。

1）程序循环组织块 OB1　OB1 是用户程序中的主程序，CPU 循环执行操作系统程序，在每一次循环中，操作系统调用一次 OB1。因此 OB1 中的程序也是循环执行的。允许有多个程序循环 OB，默认的是 OB1，其他程序循环 OB 的编号应大于等于 200。OB1 的优先等级是 1，是最低的优先等级。任何其他类别的事件都可以中断 OB1 的程序执行。循环组织块在每个扫描周期不停地执行，直到另外的组织块对它产生中断。

2）启动组织块　当 CPU 的工作模式从 STOP 切换到 RUN 时，执行一次启动（Startup）组织块，来初始化程序循环 OB 中的某些变量。执行完启动组织块后，开始执行程序循环 OB。可以有多个启动组织块，默认的为 OB100，其他启动 OB 的编号应大于等于 200。在项目视图的项目树中，打开"程序块"文件夹，双击"添加新块"。选择"组织块"，出现组织块的类型，选中"Startup"，则自动添加一个编号为 100 的启动组织块，也可以选择手动修改启动组织块的编号。

单击"确定"，即增加了一个启动组织块 OB100。双击 OB100 组织块，打开它的编程窗口，就可以编写 PLC 由 STOP 到 RUN 的第一个扫描周期要执行的初始化程序了。

5. 数据块的应用

数据块（Data block，DB）是用于存放执行代码块时所需的数据的数据区。数据块是 S7-1200 PLC 内存结构中的重要部分，数据块的正确使用能提高编程效率。

（1）数据块的分类

数据块有两种类型：全局数据块和背景数据块。

① 全局（Global）数据块：用于存储全局数据。存储供所有的代码块使用的数据，所有的 OB、FB 和 FC 都可以访问。全局数据块只包含静态变量，用户可以在声明表中编辑定义要包含的变量。

② 背景数据块：用于存储只供某个 FB 使用的数据。是特定分配给 FB 的私有存储区，仅限特定的 FB 访问。背景数据块的结构完全取决于指定功能块的接口声明，包含接口声明中的参数和静态变量。**注意**：用户不能自行编辑修改背景数据块的结构。

S7-1200 CPU 中，除了一般的 FB 使用背景数据块外，还有专为定时器指令和计数器指令使用的背景数据块。

（2）数据块的"优化的块访问"属性

用户在编辑生成数据块后，通过数据块的属性设置，可以指定是否启用"优化的块访问"选项。此特性在数据块生成后无法更改。当用户不启用"优化的块访问"时，S7-1200 CPU 将采用传统的使用绝对地址存储方式，不同数据类型的数据被定义在一起时，它们之间可能存在被浪费的地址空间，当用户启用"优化的块访问"时，S7-1200 CPU 将优化存储，变量之间即使类型不同，也不会出现空隙，减少地址空间。

启用"优化的块访问"时，用户只能采用符号方式访问其中的数据。采用符号方式访问时，需要指明数据块的符号名称，以及定义的变量名称。

不启用"优化的块访问"时，用户可以采用符号或绝对地址两种方式访问其中的数据。

绝对地址访问时，需要指明数据块的编号，以及变量在数据块中的绝对地址。如 DB6.DBX0.0，DB6.DBW2，DB6.DBX4.0，DB6.DBD6。DBX 用于位变量，DBW 用于字变量，DBD 用于双字或实数变量，DBB 用于字节变量。

（3）数据块的保持性设置

当全局数据块不启用"优化的块访问"时，保持性设置对该数据块的所有变量都有效，无法单独指定各个变量的保持性。

当启动"优化的块访问"时，可以为各个变量单独指定其保持性。

背景数据块的"优化的块访问"选项，和保持性是否可编辑，完全取决于指定功能块的"优化的块访问"选项设置。

如果指定功能块不启用"优化的块访问"选项，则背景数据块保持性设置可编辑，并且对该数据块的所有变量都有效。

如果指定功能块启用"优化的块访问"选项，则背景数据块保持性设置不可编辑，并且采用指定功能块中所有变量的保持性设置。

（4）数据块建立变量的实例

1）创建数据块　在项目树中打开 PLC_1 下面的程序块文件夹，双击打开"添加新块"对话框，单击"数据块（DB）"按钮，输入数据块名称 MYDB，单击"类型"下拉框,选择"全局 DB",手动或自动分配数据块编号,默认为 1,单击"确定"按钮,则在程序块文件夹下增加了新数据块 DB1。如图 5-24 所示。

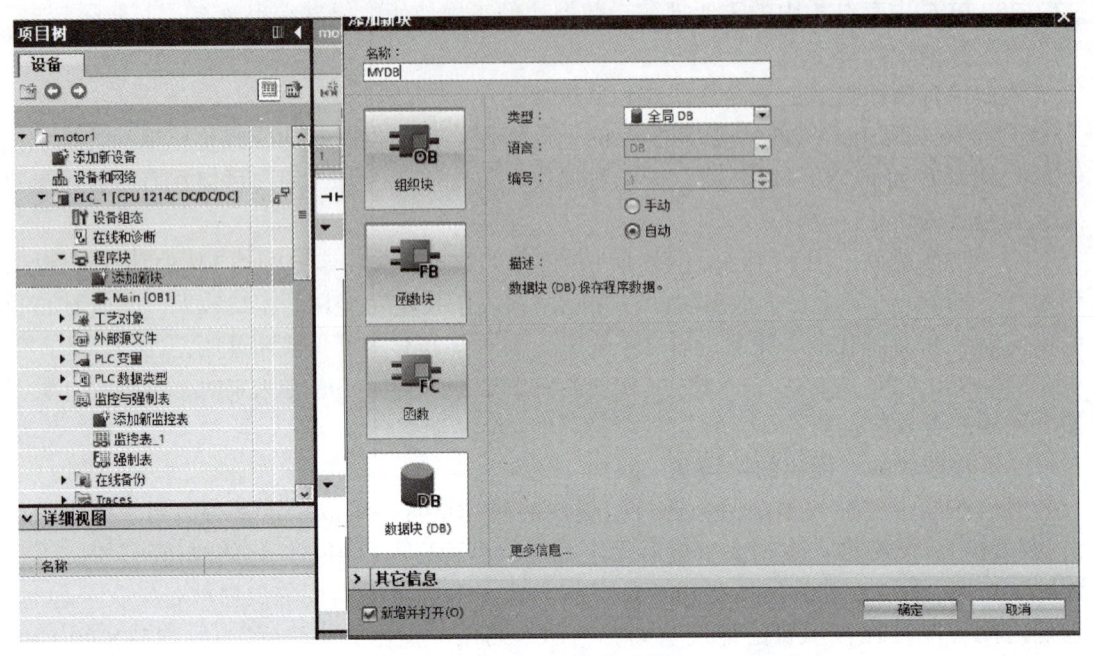

图 5-24 创建数据块示意图

选中 DB1,右击属性,打开 DB1 的属性设置对话框,勾选"优化的块访问",则只能通过符号地址访问变量。如图 5-25 所示。

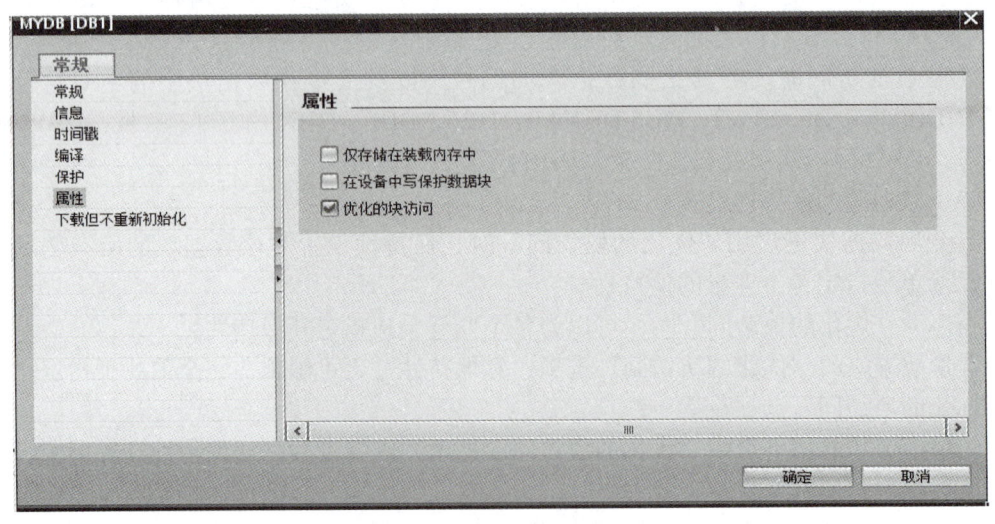

图 5-25 设置数据块"优化的块访问"

2)定义数据块的数据结构 在数据块编辑器的工作区中,单击名称列,输入变量名称 A,数据类型选择"Array[lo..hi]of type",输入"Array[1..10]OF INT",表示 1 维数组 10 个变量,且是整形数。展开数组 A,会看到 A 下面包含了 A[1],A[2],……A[10]。继续在空白行单击名称列，输入变量名称 B，数据类型选择 INT。这样数据块的数据结构就设置完成了，单击"保存项目"按钮，保存项目。

6. 微课资料

扫码看微课：S7-1200 PLC 控制电动机起保停

扫码看微课：S7-1200 PLC 数据块的概述与使用示例

扫码看微课：用户程序的下载与上传

扫码看微课：程序状态调试

扫码看微课：监控表调试

六、工作计划与决策

按照任务书要求和获取的信息，制定 S7-1200 PLC 控制电动机起保停运行的工作方案，包括硬件组态、FB 的设计、FB 的变量声明表、FB 的调用、程序下载调试等工作内容和步骤，对各组的设计方案进行对比、分析、论证，整合完善，形成决策方案，作为工作实施的依据。请将工作实施的决策方案列入表 5-3。

表 5-3 S7-1200 PLC 控制电动机起保停运行实施决策方案

步骤名称	工作内容	负责人

七、任务实施

S7-1200 PLC 控制电动机起保停运行的工作实施步骤如下。

1. 组态设备

（1）创建项目 motor1

打开编程软件 TIA PORTAL，在 PORTAL 视图下单击"创建新项目"，输入项目名称"motor1"，单击"创建"按钮，开始创建项目。

（2）添加 CPU

在新手上路处单击组态设备选项。点开组态设备，选择添加新设备。单击控制器图标，添加一个 PLC。在设备树中，单击 CPU1214C。在显示的三种 PLC 型号中，根据实际情况选择 CPU，订货号与版本号要与实际硬件相一致。

（3）设置 CPU 的 IP 地址

在打开的设备视图中，双击 CPU 上的以太网端口，在巡视窗口出现 PROFINET 接口 1 的设置窗口，设置 CPU 的 IP 地址与电脑的 IP 地址在同一个网段，但地址不冲突。本示例中，将 CPU 的 IP 地址设置为 192.168.0.2，电脑的 IP 地址设置为 192.168.0.12。

2. 编写程序

（1）打开 Main 组织块

单击项目视图左下角的 PROTAL 视图，则进入博图视图，选择"PLC 编程"项，显示所有对象中，双击显示列表中的 Main 组织块，进入程序编辑界面。

（2）输入程序

拖入常开触点指令、常闭触点指令、线圈指令，打开分支，拖入常开触点指令，关闭分支，作为自锁。给指令输入与 I/O 分配一致的地址。启动 I0.1，停止 I0.0，线圈 Q0.0，线圈自锁 Q0.0。如图 5-26 所示。

（3）编译

在项目视图的项目树中，选择站"PLC_1"，通过单击菜单中的"编辑"按钮，选择其中的"编译"，或者单击工具栏中的按钮"▇"，对该站下的所有数据进行编译，也可以选择 PLC 站下的某个组件进行编译，如可以选择程序块进行编译，编译无错误，就可以将项目下载到 PLC。

3. 下载项目

在项目视图的项目树中，选择站"PLC_1"，单击工具栏中的"下载"按钮，出现下载窗口。

PG/PG 接口类型选择以太网连接"PN/IE"，如果要通过以太网口将项目下载到真实 S7-1200 PLC 中，则 PG/PC 接口选择计算机网卡，如果要通过仿真来调试项目，则 PG/PC 接口选择"PLCSIM1200/1500"，根据安装的仿真软件版本选择。本例是通过下载到真实 PLC 进行调试。

找到计算机所连接的 PLC，选择 PLC，单击"下载"按钮，则将项目下载到所选择 PLC 中。下载前检查，要使 PLC 能够进入下载状态，现在停止模块处于"无动作"，勾选动作"全部停止"，这样 PLC 就符合下载条件，可以下载了。单击"下载"按钮，将项目下载到 PLC 中。勾选"全部启动",单击"完成"按钮。

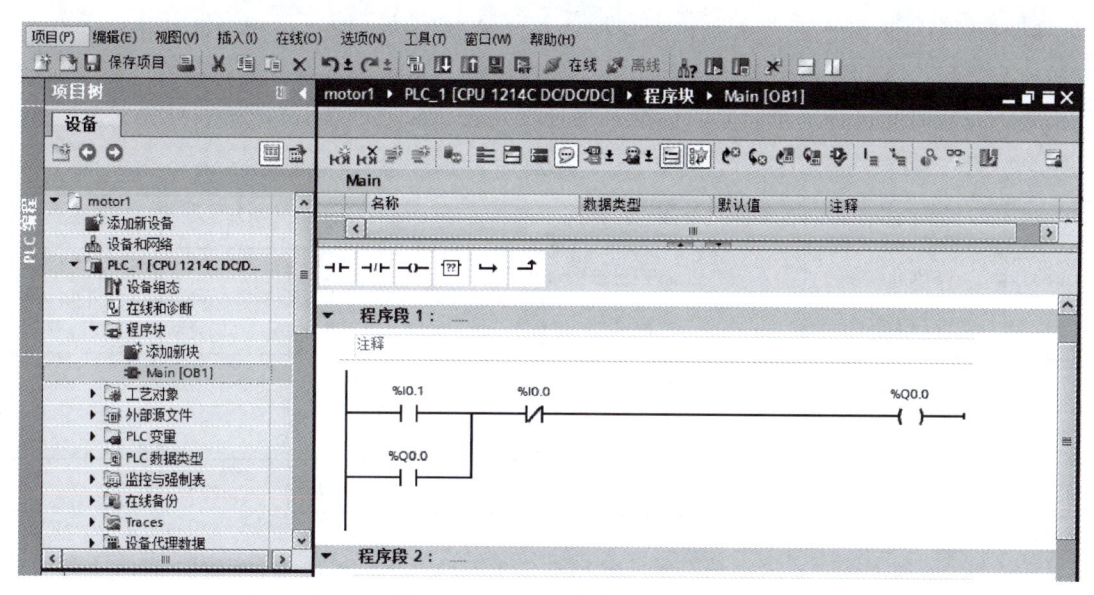

图 5-26 电动机起保停控制程序

4. 监视运行

在项目视图中打开 OB1 块,单击工具栏中的"启动/禁用监视"按钮,可以在线监视程序的运行。可以看到,当按钮 I0.1 未按下时,Q0.0 不亮,表示电动机没有起动;按下 I0.1,Q0.0 亮,表示电动机起动运行;松开按钮 I0.1,Q0.0 保持得电,表示接触器 KM 自锁。按下 I0.0,Q0.0 失电,表示电动机停止。如图 5-27 所示。

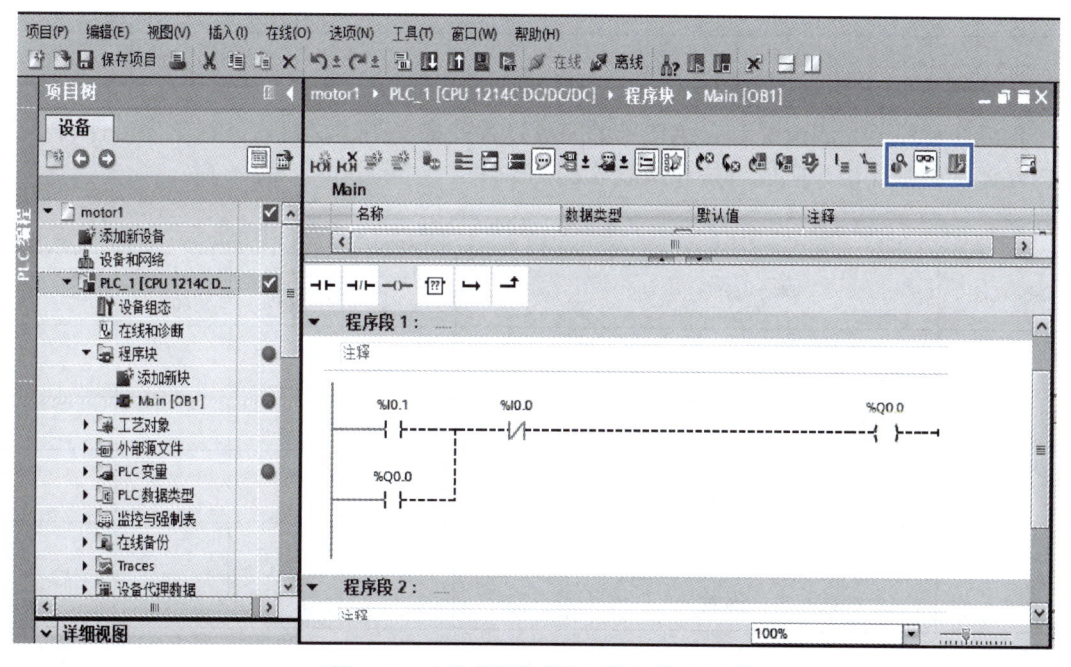

图 5-27 电动机起保停控制的调试示意图

八、检查与评价

根据 S7-1200 PLC 控制电动机起保停运行的控制运行情况，按照验收标准，对任务完成情况进行检查和评价，包括硬件组态、程序设计、系统调试等，并将验收问题及其整改措施、完成时间进行记录。验收标准及评分表见表 5-4，验收问题记录表见表 5-5。

表 5-4　S7-1200 PLC 控制电动机起保停运行工作任务验收标准及评分表

序号	验收项目	验收标准	分值	教师评分	备注
1	硬件组态	正确组态 S7-1200	20		
2	程序设计	OB1 设计准确	25		
3	程序下载	能正确设置 IP 地址，完成程序下载	35		
4	调试程序	程序功能调试能满足任务要求	20		
		合计	100		

表 5-5　S7-1200 PLC 控制电动机起保停运行工作任务验收问题记录表

序号	验收问题记录	整改措施	完成时间	备注

各组展示任务完成情况，介绍任务的完成过程并提交阐述材料，进行学生自评、学生组内互评、教师评价，完成考核评价表 5-6。

表 5-6　S7-1200 PLC 控制电动机起保停运行工作任务考核评价表

评价项目	评价内容	分值	自评 20%	互评 20%	师评 60%	合计
职业素养 25 分	爱岗敬业，安全意识、责任意识、服务意识、集体主义精神	5				
	积极参加任务活动，按时完成任务	5				
	团队合作、交流沟通能力，语言表达能力	5				
	劳动纪律，职业道德	5				
	现场 6s 标准，行为规范	5				

（续）

评价项目	评价内容	分值	自评 20%	互评 20%	师评 60%	合计
专业能力 55 分	专业技能应用能力	15				
	制定计划能力，严谨认真	10				
	操作符合规范，精益求精	10				
	工作效率，分工协作	10				
	任务验收质量，质量意识	10				
创新能力 20 分	创新性思维和行动	20				
	总计	100				

教师签名：　　　　　　　　　　　　　　　　　　　　　　学生签名：

九、习题与自测题

1. 变量表的作用是什么？局部变量和全局变量的区别是什么？
2. 什么是 MAC 地址和 IP 地址？子网掩码有什么作用？
3. 计算机与 S7-1200 PLC 通信时，怎样设置网卡的 IP 地址和子网掩码？
4. 程序状态监控有什么优点？什么情况应使用监控表？
5. 修改变量和强制变量有什么区别？
6. 强制某个输入位为 1 时，为什么 PLC 面板上 I0.1 对应的 LED 不亮？
7. 数组元素的下标的下限值和上限值分别为 0 和 5，数组元素的数据类型为 Word，写出数组的数据类型表达式。
8. 怎样将 Q0.5 的值立即写入到对应的输出模块？
9. 怎样切换程序中地址的显示方式？
10. 采用块的"优化的块访问"的优点是什么？
11. S7-1200 PLC 的程序中都有哪些程序块？

项目 3

S7-1200 PLC 基本指令应用

任务 6　电动机正反转控制

一、学习任务描述

本学习任务要求掌握基本位逻辑指令、置位/复位指令、上升沿/下降沿指令的功能及应用。掌握电动机不同控制方式的编程方法。

二、学习目标

1. 掌握基本逻辑指令的功能及应用。
2. 掌握置位/复位指令功能及应用。
3. 掌握上升沿/下降沿指令功能及应用。
4. 根据任务要求和工作规范，完成电动机正反转控制，培养应用能力。
5. 通过程序功能结果的检查验收，解决编程过程中的问题，注重过程性评价，注重安全、环保意识的养成，注重综合素养的提升。

三、任务书

编写电动机正反转控制程序。电动机正反转电气控制原理图如图 6-1 所示。

控制要求：合上电源开关 Q 后，按下正转起动按钮 SB2，正转接触器 KM1 线圈得电，主电路 KM1 主触点闭合并自锁，电动机 M 正转运行；按下停止按钮 SB1，电动机停止运行。按下反转起动按钮 SB3，反转接触器 KM2 线圈得电，主电路 KM2 主触点闭合并自锁，电动机 M 反转运行；按下停止按钮 SB1，电动机停止运行。

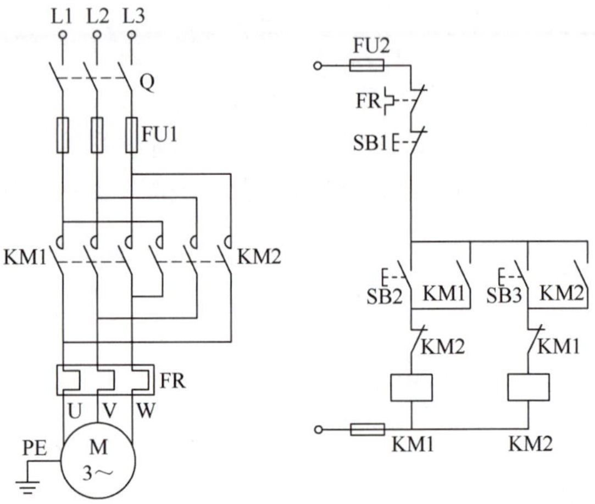

图 6-1　电动机正反转电气控制原理图

四、获取信息

? 引导问题 1：查询资料，简述电动机的工作原理。
? 引导问题 2：查询资料，简述电动机正反转的工作过程。

? 引导问题 3：查询资料，了解继电 – 接触器控制电动机正反转的优缺点。
? 引导问题 4：小组讨论，如何应用 S7-1200 PLC 实现电动机正反转的控制。

_____
_____
_____
_____
_____

五、知识准备

S7-1200 PLC 的指令从功能上大致可分为三类：基本指令、扩展指令和全局库指令。基本指令包括位逻辑指令、定时器、计数器、比较指令、数学运算指令、移动指令、转换指令、程序控制指令、逻辑运算指令以及移位和循环移位指令等。

位逻辑指令是 PLC 编程中最基本、使用最频繁的指令。位逻辑指令可以分为以下几类：基本位逻辑指令、置位/复位指令、上升沿/下降沿指令。

1. 基本位逻辑指令

基本位逻辑指令包括常开触点、常闭触点、逻辑取反、输出线圈和反向输出线圈。

（1）常开触点与常闭触点

触点指令符号如图 6-2 ~ 图 6-3 所示，图 6-2 为常开触点，图 6-3 为常闭触点。触点指令参数说明表见表 6-1。

表 6-1 触点指令参数说明表

参数	声明	数据类型	存储区	说明
bit	Output	BOOL	I、Q、M、D、L 或常量	要查询其信号状态的操作数

① 常开触点指令功能：当存储器某位地址的位（bit）值为 1，则与之对应的常开触点位值为 1，表示该常开触点闭合；当存储器某位地址的位（bit）值为 0，则与之对应的常开触点位值为 0，表示该常开触点断开。

② 常闭触点指令功能：当存储器某位地址的位（bit）值为 1，则与之对应的常闭触点位值为 0，表示该常闭触点断开；当存储器某位地址的位（bit）值为 0，则与之对应的常闭触点位值为 1，表示该常开触点闭合。

也就是说指令执行时，CPU 从指定的位读取位数据，当该位数据为 0 时，常开触点断开，常闭触点闭合；当该位数据为 1 时，常开触点闭合，常闭触点断开。

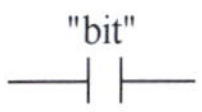

图 6-2 常开触点  图 6-3 常闭触点

（2）输出线圈与反向输出线圈

线圈指令符号如图 6-4 ~ 图 6-5 所示，图 6-4 为输出线圈，图 6-5 为反向输出线圈。指令参数说明表见表 6-2。

指令执行时，CPU 根据能流流入线圈的情况向指定的存储器位写入新值，如果有能流流入，输出线圈 bit 位置 1，反向输出线圈 bit 位置 0；如果无能流流入，输出线圈 bit 位置 0，反向输出线圈 bit 位置 1。

```
      "bit"                                "bit"
     —( )—                                —( / )—
```

图 6-4　输出线圈　　　　　　　　　　　图 6-5　反向输出线圈

表 6-2　输出线圈指令参数说明表

参数	声明	数据类型	存储区	说明
bit	Output	BOOL	Q、M、D、L	要赋值给 RLO 的操作数

例 6-1：触点和线圈指令应用如图 6-6 所示。

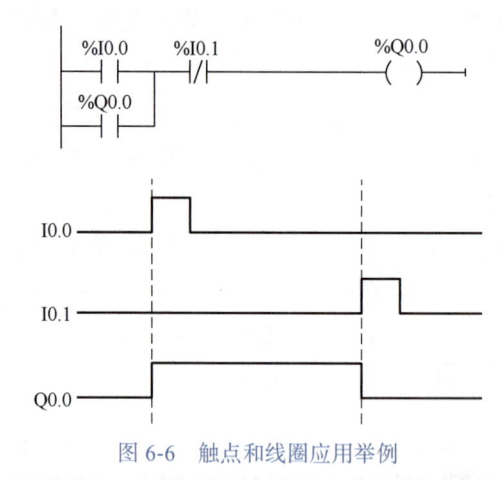

图 6-6　触点和线圈应用举例

当 I0.0=1，I0.1=0 时，Q0.0=1，Q0.0 的常开触点闭合自锁；此时若 I0.0=0，由于自锁，Q0.0=1；当 I0.1=1，常闭触点断开，Q0.0=0。

（3）逻辑取反指令

逻辑取反指令符号如图 6-7 所示，该指令执行时对能流输入的逻辑状态取反，如果没有能流流入 NOT 触点，则会有能流流出；如果有能流流入 NOT 触点，则没有能流流出。

```
      —|NOT|—
```

图 6-7　逻辑取反指令

2. 置位/复位指令

置位和复位指令包括置位线圈、复位线圈、置位位域、复位位域、复位优先触发器 SR、置位优先触发器 RS。

（1）置位线圈与复位线圈

置位线圈指令符号如图 6-8 所示，复位线圈指令符号如图 6-9 所示，bit 为 BOOL 型变量。只要有能流流入，就执行置位线圈或复位线圈指令。

指令功能：执行置位线圈指令时，指令操作数 bit 指定的地址被置位为"1"且保持，置位后，即使能流断开，仍保持置位。执行复位线圈指令时，指令操作数 bit 指定的地址被复位为"0"且保持，复位后，即使能流断开，仍保持复位。

```
     "bit"                          "bit"
    —( S )—                        —( R )—
```

图 6-8　置位线圈　　　　　　　　　图 6-9　复位线圈

例 6-2：置位/复位指令应用如图 6-10 所示。

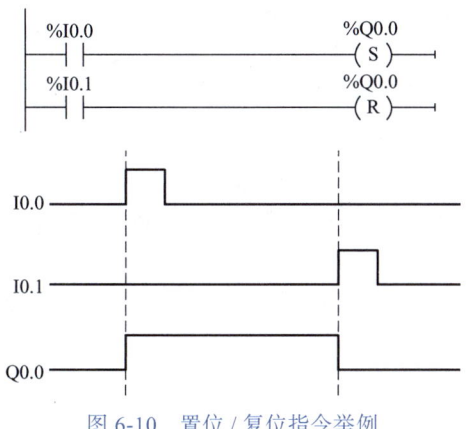

图 6-10　置位/复位指令举例

（2）置位位域与复位位域

置位位域指令符号如图 6-11 所示，复位位域指令符号如图 6-12 所示。指令参数见表 6-3。

指令功能：执行置位位域指令时，把从指令操作数 bit 指定的地址开始的 n 个数据位被置位为"1"，置位后，即使能流断开，仍保持置位。执行复位位域指令时，把从指令操作数 bit 指定的地址开始的 n 个数据位被复位为"0"，复位后，即使能流断开，仍保持复位。

```
     "bit"                          "bit"
   —( SET_BF )—                   —( RESET_BF )—
      "n"                            "n"
```

图 6-11　置位位域　　　　　　　　　图 6-12　复位位域

表 6-3　置位位域与复位位域指令参数说明表

参数	声明	数据类型	存储区	说明
bit	output	BOOL	I、Q、M、DB 或 IDB，BOOL 类型的 ARRAY [..] 中的元素	指向要置位或复位的第一个位的指针
n	input	UINT	常数	要置位或复位的位数

例 6-3：置位位域与复位位域指令应用如图 6-13 所示。

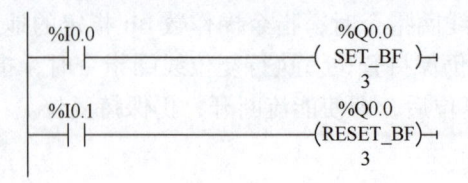

```
    %I0.0                    %Q0.0
─────┤ ├───────────────────( SET_BF )─
                                3
    %I0.1                    %Q0.0
─────┤ ├───────────────────( RESET_BF )─
                                3
```

图 6-13　置位位域与复位位域指令应用

I0.0=1，从 Q0.0 开始的连续 3 个位被置位为 1；当 I0.1=1，从 Q0.0 开始的连续 3 个位被复位为 0。

（3）复位优先触发器 SR 与置位优先触发器 RS

触发器指令也可以实现置位或复位功能，SR 指令为复位优先触发器，指令符号如图 6-14 所示；RS 指令为置位优先触发器，指令符号如图 6-15 所示，其中 S、S1 为置位信号，R1、R 为复位信号，1 表示优先。指令参数说明表见表 6-4。

SR 指令的功能：当置位、复位信号都为 0 时，输出保持原状态不变；当复位信号为 1 时，输出被设置为 0；当置位信号为 1 时，输出被设置为 1；当置位和复位信号同时为 1 时，输出为 0。

RS 指令的功能是：当置位、复位信号都为 0 时，输出保持原状态不变；当复位信号为 1 时，输出被设置为 0；当置位信号为 1 时，输出被设置为 1；当置位和复位信号同时为 1 时，输出为 1。

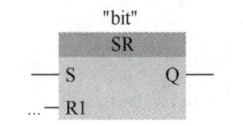

```
    "bit"                         "bit"
     SR                            RS
  ─ S    Q ─                    ─ R    Q ─
  ─ R1                          ─ S1
```

图 6-14　复位优先触发器 SR 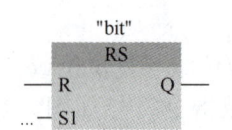　　　　　图 6-15　置位优先触发器 RS

表 6-4　置位优先与复位优先指令参数说明表

参数	声明	数据类型	存储区	说明
S（S1）	Input	BOOL	I、Q、M、D、L 或常量	使能置位
R1（R）	Input	BOOL	I、Q、M、D、L 或常量	使能复位
bit	InOut	BOOL	I、Q、M、D、L 或常量	待置位或复位的操作数
Q	Output	BOOL	I、Q、M、D、L 或常量	操作数的信号状态

3. 上升沿 / 下降沿检测指令

在上升沿 / 下降沿检测指令中，P 代表上升沿指令、N 代表下降沿指令，包括扫描操作数信号的上升沿 / 下降沿指令、在信号的上升沿 / 下降沿置位操作数指令、P 触发器 /N 触发器指令、检查信号上升沿 / 下降沿指令四类指令。

（1）扫描操作数信号的上升沿 / 下降沿指令

扫描操作数信号的上升沿指令符号如图 6-16 所示。

指令功能：当检测到 bit 处的位数据值由 "0" 变 "1" 正跳变时，该触点接通一个扫描周期。

扫描操作数信号的下降沿指令符号如图 6-17 所示。

指令功能：当 N 触点指令检测到 bit 处的位数据值由"1"变"0"负跳变时，该触点接通一个扫描周期。其中 bit、M-bit 处均为布尔型变量，M-bit 为边沿存储位，用来存储上一个扫描周期操作数 bit 的状态。

```
      "bit"                              "bit"
    ——| P |——                          ——| N |——
     "M-bit"                            "M-bit"
```

图 6-16 P 触点　　　　　　　　　　　图 6-17 N 触点

例 6-4：扫描操作数信号的上升沿指令应用如图 6-18 所示，程序时序图如图 6-19 所示。

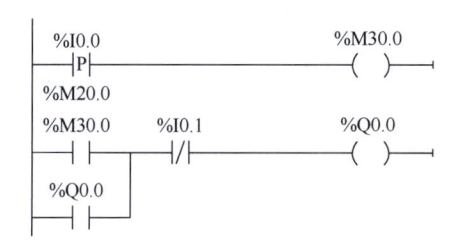

```
  %I0.0                              %M30.0
——|P|————————————————————————————————( )——
  %M20.0
  %M30.0      %I0.1                  %Q0.0
——| |————————|/|—————————————————————( )——
  %Q0.0
——| |——
```

图 6-18 扫描操作数信号的上升沿指令应用

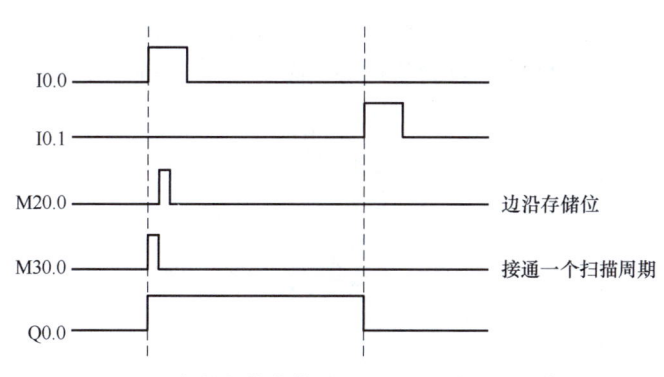

图 6-19 扫描操作数信号的上升沿指令应用时序图

（2）在信号的上升沿 / 下降沿置位操作数指令

在信号的上升沿置位操作数指令符号如图 6-20 所示。

指令功能：当检测到逻辑运算结果（RLO）从"0"变为"1"时，则将指定位"bit"处的位数据值设置为"1"，只保持一个扫描周期。其余任何时刻，bit 位都为 0。

在信号的下降沿置位操作数指令符号如图 6-21 所示。

指令功能：当检测到逻辑运算结果（RLO）从"1"变为"0"时，则将指定位"bit"处的位数据值设置为"1"，只保持一个扫描周期。其余任何时刻，bit 位都为 0。

其中 bit 处为 BOOL 型变量，指示检测其跳变沿的输出位。M-bit 为 BOOL 型变量，是边沿存储位，用于保存上一个扫描周期 RLO 的值。这两条指令可以放置在程序段中的任何位置。

```
     "bit"                                    "bit"
   —( P )—                                  —( N )—
    "M-bit"                                  "M-bit"
```

图 6-20　在信号的上升沿置位操作数指令　　　图 6-21　在信号的下降沿置位操作数指令

（3）P 触发器与 N 触发器

P 触发器指令符号如图 6-22 所示，N 触发器指令符号如图 6-23 所示。

P 触发器指令功能为当指令检测到 CLK 输入的逻辑状态由"0"变"1"正跳变时，在一个扫描周期内 Q 输出为"1"。N 触发器指令功能为当指令检测到 CLK 输入的逻辑状态由"1"变"0"负跳变时，Q 输出为"1"一个扫描周期。M-bit 为 BOOL 型变量，保存 CLK 端上一个扫描周期的状态。

P 触发器与 N 触发器不能放在程序段的开始处和结束处。

```
   ┌─────────┐                    ┌─────────┐
   │ P_TRIG  │                    │ N_TRIG  │
  ─┤CLK    Q ├─                  ─┤CLK    Q ├─
   └─────────┘                    └─────────┘
     "M-bit"                         "M-bit"
```

图 6-22　P 触发器指令　　　　　　　　　图 6-23　N 触发器指令

（4）检测信号上升沿 / 下降沿指令

如图 6-24 所示。R_TRIG 是检测信号上升沿指令，F_TRIG 是检测信号下降沿指令。它们是函数块，在调用时应为它们指定背景数据块。这两条指令将输入 CLK 的当前状态与背景数据块中的边沿存储位保存的上一个扫描周期的 CLK 的状态进行比较。如果指令检测到 CLK 的上升沿或下降沿，将会通过 Q 端输出一个扫描周期的脉冲。

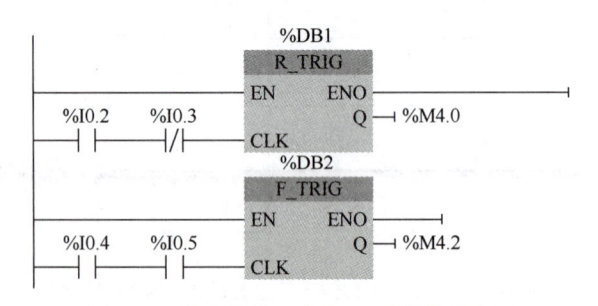

```
                    %DB1
                  ┌────────┐
                  │ R_TRIG │
                  │EN   ENO│
  %I0.2  %I0.3    │        │    %M4.0
  ──┤├───┤/├──────┤CLK    Q├────( )
                  └────────┘
                    %DB2
                  ┌────────┐
                  │ F_TRIG │
                  │EN   ENO│
  %I0.4  %I0.5    │        │    %M4.2
  ──┤├───┤├───────┤CLK    Q├────( )
                  └────────┘
```

图 6-24　检查信号上升沿 / 下降沿指令应用

4. 微课资料

扫码看微课：基本位逻辑指令

六、工作计划与决策

按照任务书要求和获取的信息，制定电动机正反转控制的工作方案，包括硬件组态、参数设置、程序编写等工作内容和步骤，请将工作实施的决策方案列入表 6-5。

表 6-5　电动机正反转控制的工作方案

步骤名称	工作内容	负责人

七、任务实施

电动机正反转控制的工作实施步骤如下。

1. S7-1200 PLC 输入输出分配表

根据电动机正反转控制电气原理图，给输入输出分配地址，填写到表 6-6 中。

表 6-6　S7-1200 PLC 输入输出分配表

输入设备		输出设备	
SB1	I0.0	KM1	Q0.0
SB2	I0.1	KM2	Q0.1
SB3	I0.2		

2. 根据 I/O 分配地址，设计 PLC 端子接线图。

S7-1200 PLC 控制电动机正反转端子接线图

3. 组态设备

打开编程软件 TIA PORTAL，在 PORTAL 视图下，单击创建新项目 motor1，并组态 CPU。

4. 设计变量表

根据 I/O 分配填写变量表，如图 6-25 所示。

名称	数据类型	地址	保持	可从 ...	从 H...	在 H...
正转启动按钮	Bool	%I0.0	□	☑	☑	☑
反转启动按钮	Bool	%I0.1	□	☑	☑	☑
停止按钮	Bool	%I0.2	□	☑	☑	☑
正转接触器线圈	Bool	%Q0.0	□	☑	☑	☑
反转接触器线圈	Bool	%Q0.1	□	☑	☑	☑

图 6-25　电动机正反转控制程序变量表

5. 编写程序

参考程序如图 6-26 所示。

```
   %I0.0          %Q0.1          %I0.2                    %Q0.0
"正转启动按钮"  "反转接触器线圈" "停止按钮"             "正转接触器线圈"
   ──┤├───────────┤/├───────────┤/├─────────────────────( )──
   %Q0.0
"正转接触器线圈"
   ──┤├──


   %I0.1          %Q0.0          %I0.2                    %Q0.0
"反转启动按钮"  "正转接触器线圈" "停止按钮"             "正转接触器线圈"
   ──┤├───────────┤/├───────────┤/├─────────────────────( )──
   %Q0.1
"反转接触器线圈"
   ──┤├──
```

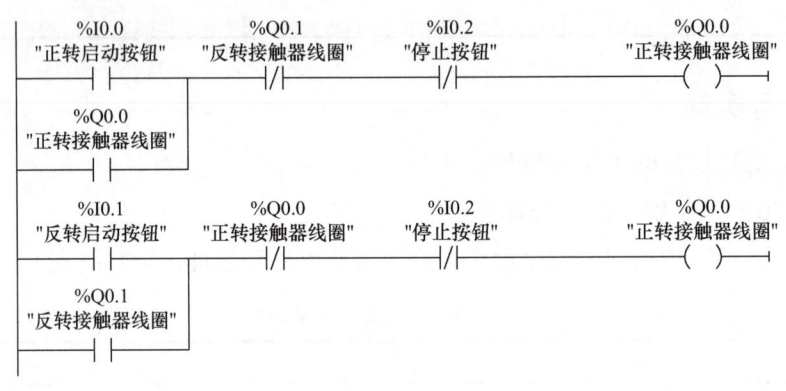

图 6-26　电动机正反转参考程序

6. 对程序进行编译

在项目视图的项目树中，选择站"PLC_1"，通过单击菜单中的编辑按钮，选择其中的"编译"或者单击工具栏中的" "按钮，对该站下的所有数据进行编译，也可以选择站下的某个组件进行编译，比如，可以选择程序块进行编译，编译无错误，就可以将项目下载到 PLC。

7. 对程序进行下载

在项目视图的项目树中，选择站"PLC_1"，单击工具栏中的" "按钮，出现下载窗口，PG/PG 接口类型选择以太网连接"PN/IE"，如果要通过以太网口将项目下载到真实 S7-1200 PLC 中，则 PG/PC 接口选择计算机网卡；如果要通过仿真来调试项目，则 PG/PC 接口选择"PLCSIM1200/1500"。单击"开始搜索"，找到计算机所连接的 PLC，选择 PLC，单击"下载"，则将项目下载到所选择的 PLC 中。

8. 监视运行

单击工具栏中的启动/禁用监视按钮" "，可以在线监视程序的运行。可以看到，按下正转启动按钮，Q0.0 接通，表示电动机正转；按下停止按钮，Q0.0 失电，电动机停止。按下反转启动按钮，Q0.1 接通，表示电动机反转；按下停止按钮，Q0.1 失电，电动机停止。

八、检查与评价

根据电动机正反转控制要求，按照验收标准，对任务完成情况进行检查和评价，包括安全配置、I/O 地址配置等，并将验收问题及其整改措施、完成时间进行记录。验收标准及评分表见表 6-7，验收问题记录表见表 6-8。

表 6-7　电动机正反转控制工作任务验收标准及评分表

序号	验收项目	验收标准	分值	教师评分	备注
1	正转控制	电动机正转运行	25		
2	反转控制	电动机反转运行	25		
3	停止控制	电动机停止运行	20		
4	互锁控制	正转运行时不能反转运行；反转运行时不能正转运行	30		
		合计	100		

表 6-8　电动机正反转控制工作任务验收问题记录表

序号	验收问题记录	整改措施	完成时间	备注

各组展示任务完成情况，介绍任务的完成过程并提交阐述材料，进行学生自评、学生组内互评、教师评价，完成考核评价表 6-9。

表 6-9　电动机正反转控制工作任务考核评价表

评价项目	评价内容	分值	自评 20%	互评 20%	师评 60%	合计
职业素养 25 分	爱岗敬业，安全意识、责任意识、服务意识、集体主义精神	5				
	积极参加任务活动，按时完成任务	5				
	团队合作、交流沟通能力，语言表达能力	5				
	劳动纪律、职业道德	5				
	现场 6s 标准，行为规范	5				
专业能力 55 分	专业技能应用能力	15				
	制定计划能力，严谨认真	10				
	操作符合规范，精益求精	10				
	工作效率，分工协作	10				
	任务验收质量，质量意识	10				
创新能力 20 分	创新性思维和行动	20				
	总计	100				

教师签名：　　　　　　　　　　　　　　　　　　　　　　　　　　　　学生签名：

九、习题与自测题

1. 在 RS 触发器中，什么是"置位优先"和"复位优先"，如何运用？

2. 设计一小车自动往返控制程序：小车的启动按钮为 SB1、停止按钮为 SB2，若按下左行按钮 SB3，小车左行，左行到左侧行程开关 SQ1 处，小车自动往返；若按下右行按钮 SB4，小车右行，右行到右侧行程开关 SQ2 处，小车自动往返。如此循环。

3. 设计一款 8 路抢答器：主持人按钮为 SB0，SB1～SB8 为 8 位选手的抢答按钮，SB9 为复位按钮。当主持人按下按钮 SB0 后，选手才可以抢答，此时最先按下抢答按钮的选手相应的指示灯点亮，抢答成功，其他选手即使按下抢答按钮，指示灯不亮，抢答无效；答题结束后按下复位按钮，所有指示灯熄灭，然后进行新一轮抢答。

4. 一个按钮控制一台电动机的启动停止。第一次按下按钮，电动机启动；再次按下按钮，电动机停止。

任务 7　传送带运输机分时启动控制

一、学习任务描述

本学习任务要求掌握定时器指令、计数器指令的功能及应用。掌握传送带运输机分时启动控制的编程方法。

二、学习目标

1. 掌握接通延时定时器 TON、保持型接通延时定时器 TONR、关断延时定时器 TOF、脉冲定时器 TP 指令的功能及应用。
2. 掌握加计数器 CTU、减计数器 CTD 和加减计数器 CTUD 指令的功能及应用。
3. 根据任务要求和工作规范，完成传送带运输机分时启动控制，培养应用能力。
4. 通过程序功能结果的检查验收，解决编程过程中的问题，注重过程性评价，注重安全、环保意识的养成，注重综合素养的提升。

三、任务书

传送带运输机在建材、化工、冶金、矿山、纺织机械等工业领域是不可缺少的工具。某矿山三条传送带顺序相连如图 7-1 所示，为了避免运送的物料在传送带上堆积，按下启动按钮 SB1，3 号传送带的电动机 Y2 开始运行，10s 后 2 号传送带的电动机 Y1 自动启动，再过 10s 后 1 号传送带的电动机 Y0 自动启动。停机的顺序与启动的顺序刚好相反，即按下停止按钮 SB2 后，1 号传送带停机，10s 后 2 号传送带停机，再过 10s 后 3 号传送带停机。

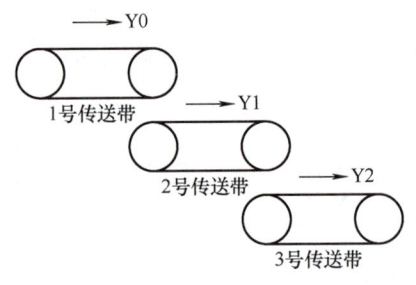

图 7-1　传送带运输机控制过程示意图

四、获取信息

? 引导问题 1：查询资料，简述定时、计数器的应用领域。
? 引导问题 2：查询资料，简述传送带运输机的应用领域。
? 引导问题 3：小组讨论，传送带运输机的工作过程。
? 引导问题 4：小组讨论，什么是多重背景？

_____
_____
_____
_____

五、知识准备

1. 定时器指令

在实际应用中，常常遇到关于时间的参数，如三相异步电动机的星－三角降压启动，是选择时间作为控制参数的，涉及按时间规则的控制方式，就必须采用定时器指令来完成。S7-1200 PLC 的定时器为 IEC 定时器，用户程序中可以使用的定时器数量仅仅受 CPU 的存储器容量限制。

使用定时器需要使用定时器相关的背景数据块或者数据类型为 IEC_TIMER（或 TP_TIME、TON_TIME、TOF_TIME、TONR_TIME）的 DB 块变量，不同的上述变量代表着不同的定时器。

注意：S7-1200 PLC 的 IEC 定时器没有定时器号（即没有 T0、T37 这种带定时器号的定时器）。

（1）定时器指令格式与功能

S7-1200 PLC 包含四种定时器：生成脉冲定时器（TP）、接通延时定时器（TON）、关断延时定时器（TOF）和时间累加器（TONR），此外还包含复位定时器（RT）和加载持续时间（PT）这两个指令。指令格式与功能见表 7-1。

表 7-1 定时器指令格式与功能表

定时器指令		格式	功能
生成脉冲定时器（TP）	线圈指令	"IEC_Timer_0_DB" —(TP Time)— <???>	当输入 IN 的逻辑运算结果（RLO）从"0"变为"1"（信号上升沿）时，启动指令，ET 从 T#0s 开始计时。无论后续输入信号的状态如何变化，都将输出 Q 置位由 PT 指定的一段时间；PT 持续时间正在计时时，即使检测到新的信号上升沿，输出 Q 的信号状态也不会受到影响
	方框指令	"IEC_Timer_0_DB" TP Time —IN Q— <???>—PT ET—T#0ms	

（续）

定时器指令		格式	功能
接通延时定时器（TON）	线圈指令	"IEC_Timer_0_DB" —(TON Time)— <???>	当输入 IN 的逻辑运算结果（RLO）从"0"变为"1"（信号上升沿）时，启动指令开始计时。ET 从 T#0s 开始计时，当 ET 超出 PT 设定时间之后，输出 Q 的信号状态将变为"1"；只要 IN 端为"1"，输出 Q 就保持置位。当启动输入的信号状态从"1"变为"0"时，将复位输出 Q，同时 ET 也复位。在启动输入检测到新的信号上升沿时，该定时器功能将再次启动
	方框指令	"IEC_Timer_0_DB_1" TON Time —IN Q— <???>—PT ET—T#0ms	
关断延时定时器（TOF）	线圈指令	"IEC_Timer_0_DB" —(TOF Time)— <???>	当输入 IN 的逻辑运算结果（RLO）从"0"变为"1"（信号上升沿）时，将置位 Q 输出。当输入 IN 处的信号状态变回"0"时，启动指令开始计时，ET 从 T#0s 开始增加，当 ET 超出 PT 设定时间之后，计时结束，将复位输出 Q；只要 PT 持续时间仍在计时，输出 Q 就保持置位。如果输入 IN 的信号状态在持续时间 PT 计时结束之前变为"1"，则复位定时器，输出 Q 的信号状态仍将为"1"，ET 输出复位为值 T#0s
	方框指令	"IEC_Timer_0_DB" TOF Time —IN Q— <???>—PT ET—T#0ms	
时间累加器（TONR）	线圈指令	"IEC_Timer_0_DB" —(TONR Time)— <???>	输入 IN 的信号状态从"0"变为"1"（信号上升沿）时，将执行指令，ET 从 T#0s 开始计时；当正在计时时，加上在 IN 输入的信号状态为"1"时记录的累加时间值将写入到输出 ET 中，并可以在此进行查询。持续时间 PT 计时结束后，输出 Q 的信号状态为"1"；即使 IN 参数的信号状态从"1"变为"0"（信号下降沿），Q 参数仍将保持置位为"1"。无论启动输入的信号状态如何，输入 R 都将复位输出 ET 和 Q
	方框指令	"IEC_Timer_0_DB" TONR Time —IN Q— …—R ET—T#0ms <???>—PT	
加载持续时间（PT）	线圈指令	"IEC_Timer_0_DB" —(PT)— <???>	输入逻辑运算结果（RLO）的信号状态为"1"，将指定时间写入指定 IEC 定时器的结构中
复位定时器（RT）	线圈指令	"IEC_Timer_0_DB" —[RT]—	当线圈输入的逻辑运算结果（RLO）为"1"时，将 IEC 定时器复位为"0"

（2）定时器指令的参数

定时器指令参数说明见表 7-2。

表 7-2　定时器指令参数说明表

参数	功能	声明	数据类型	存储区	说明
IN	输入位	Input	BOOL	I、Q、M、D、L 或常量	TP、TON、TONR：IN=0，禁用定时器，IN=1，启动定时器； TOF：IN=1，禁用定时器，IN=0，启动定时器

（续）

参数	功能	声明	数据类型	存储区	说明
Q	输出位	Output	BOOL	Q、M、D、L	TON：超出时间 PT 后，输出位置位； TOF：超出时间 PT 后，复位输出位； TONR：定时器 PT 内时间用完时，输出位保持置位状态； TP：在 PT 持续时间内保持置位状态
PT	设定时间	Input	Time	I、Q、M、D、L 或常量	TON：接通延时的持续时间； TOF：关断延时的持续时间； TONR：时间记录的最长持续时间； TP：脉冲的持续时间； PT 参数的值必须为正数
ET	当前时间	Output	Time	I、Q、M、D、L	当前时间值
R	复位位	Input	BOOL	I、Q、M、D、L 或常量	仅出现在 TONR 中，复位参数 ET 和 Q

定时器是用一个存储在数据块中的结构来保存定时器数据，在工作区中放置定时器指令时，要求分配该数据块，也就是说使用定时器时，要为其分配背景数据块。添加一个背景数据块后，该数据块自动添加到程序块→系统块→程序资源中，一个 TON 定时器的背景数据块结构如图 7-2 所示。

图 7-2 TON 定时器背景数据块

例 7-1：TON 定时器的应用。应用程序如图 7-3 所示，其工作时序图如图 7-4 所示。

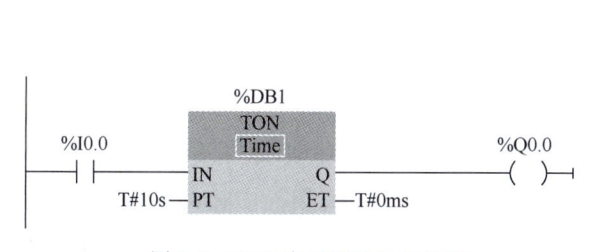

图 7-3 TON 定时器的应用程序

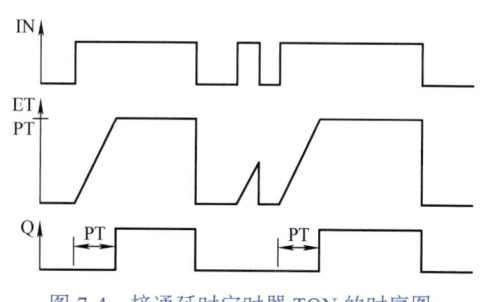

图 7-4 接通延时定时器 TON 的时序图

TON 定时器的工作过程为：当使能端 IN（I0.0）接通时，定时器开始定时，当前值 ET 递增，当当前值等于预设值 PT（10s）时，定时器的输出状态位 Q0.0 为 1，定时器停止计时，保持当前值。当使能端 IN（I0.0）断开时，定时器的当前值和输出状态位复位为 0。若使能端 IN（I0.0）断开时，定时器当前值小于预设值，定时器的当前值也复位为 0。

例 7-2：关断延时定时器 TOF 的应用。关断延时定时器 TOF 的应用程序如图 7-5 所示，其工作时序图如图 7-6 所示。

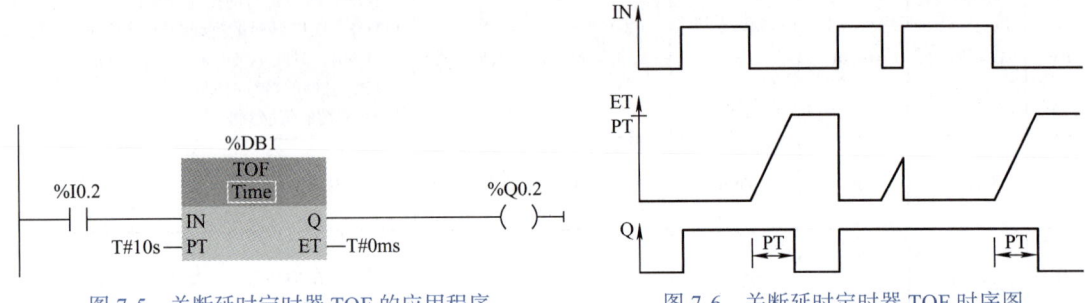

图 7-5 关断延时定时器 TOF 的应用程序

图 7-6 关断延时定时器 TOF 时序图

关断延时定时器 TOF 的工作过程为：当使能端 IN（I0.2）接通时，启动定时器，定时器当前值 ET 复位，输出接通，即输出状态位 Q0.2 为 1；当使能端 IN（I0.2）断开时，定时器开始定时，当前值 ET 递增，当前值 ET 等于预设值 PT（10s）时，定时器的输出状态位 Q0.2 复位为 0，定时器停止计时，保持当前值。

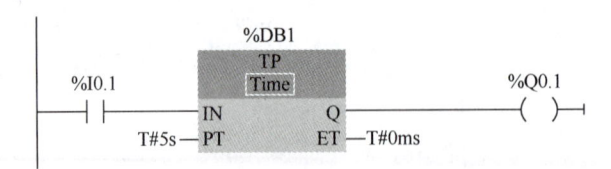

例 7-3：脉冲定时器 TP 的应用。脉冲定时器 TP 的应用程序如图 7-7 所示，其工作时序图如图 7-8 所示。

图 7-7 脉冲定时器 TP 的应用程序

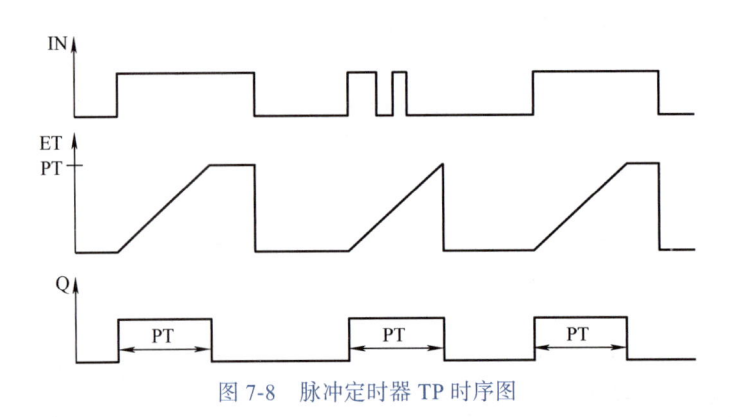

图 7-8 脉冲定时器 TP 时序图

脉冲定时器 TP 的工作过程为：当使能端 IN（I0.1）有上升沿时，定时器开始定时，当前值 ET 递增，同时输出状态位 Q0.1 置位为 1，当前值 ET 等于预设值 PT 时，定时器的输出复位为 0，定时器停止计时，若此时使能端 IN（I0.1）为高电平，则保持当前计数值，若使能端 IN（I0.1）为低电平时，当前值清零。在定时器的定时过程中，使能端对新来的上升沿信号不起作用。

例 7-4：保持型接通延时定时器 TONR 的应用。应用程序如图 7-9 所示，其工作时序图如图 7-10 所示。

TONR 定时器的工作过程为：当使能端 IN（I0.0）接通时，定时器开始定时，当前值 ET 递增；当使能端 IN 断开时，定时器停止定时，并保持当前值。当使能端 IN（I0.0）重新接通时，定时器继续加计时，当前值具有保持性。当当前值 ET 等于预设值 PT 时，定时器的输出状态位 Q0.0 置位为 1，定时器停止定时，保持当前计数值。当定时器的复位端 R（I0.1）接通时，定时器的当前值 ET 和输出状态位 Q0.0 复位为 0。

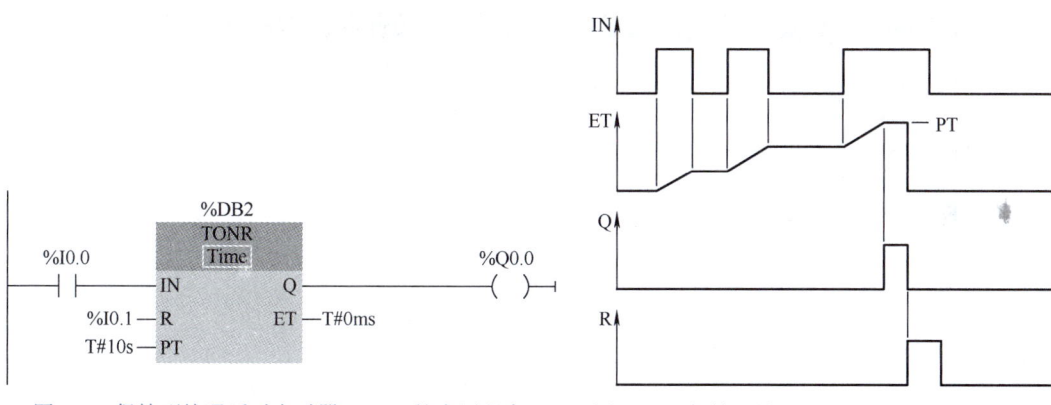

图 7-9　保持型接通延时定时器 TONR 的应用程序　　图 7-10　保持型接通延时定时器 TONR 时序图

例 7-5：用 TON 定时器设计从 Q0.0 端子输出占空比为 2∶5，周期为 5s 的脉冲。程序如图 7-11 所示。

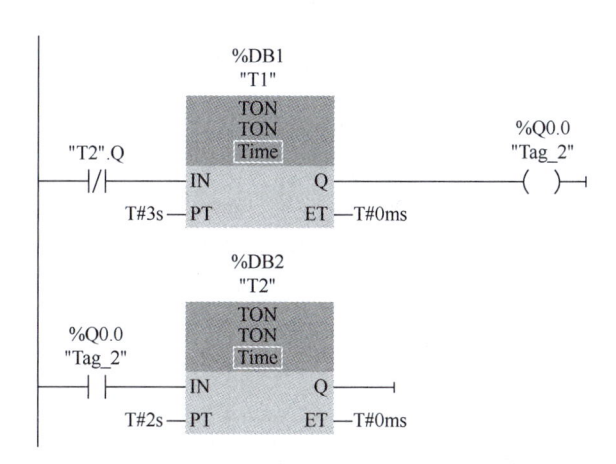

图 7-11　从 Q0.0 输出占空比为 2∶5，周期为 5s 的脉冲控制程序

分析：占空比 2∶5 是高电平占整个周期的比值。所以要求 Q0.0 为 1 的持续时间为 2s，为 0 的持续时间为 3s。使用第一个 TON 定时器，将其背景数据块的符号名字修改为 T1，定时 3s，3s 后 Q0.0 为 1，同时启动第二个 TON 定时器，将其背景数据块的符号名

字修改为 T2，定时 2s，即 Q0.0 保持 1 的时间是 2s，当 T2 定时器时间到，则用其输出位的常闭触点停止 T1，将 Q0.0 复位为 0，同时 T2 复位，其常闭触点闭合，重新启动 T1 开始定时，则从 Q0.0 持续输出周期为 5s、占空比为 2:5 的脉冲。

例 7-6：用数据类型为 IEC_TIMER 的变量为定时器提供背景数据块，实现例 7-5 的控制功能。

在例 7-5 中，使用了两个定时器，需要两个不同的背景数据块。如果需要的定时器数量多的话，则在程序资源会占用大量的数据块。这种情况下可以使用一个全局数据块，在其下生成数据类型为 IEC_TIMER 的多个变量，为定时器指令提供背景数据块。

① 新建全局数据块 DB，修改名称为定时器 DB，在数据块下建立两个变量 T1 和 T2，数据类型为 IEC_TIMER。如图 7-12 所示。

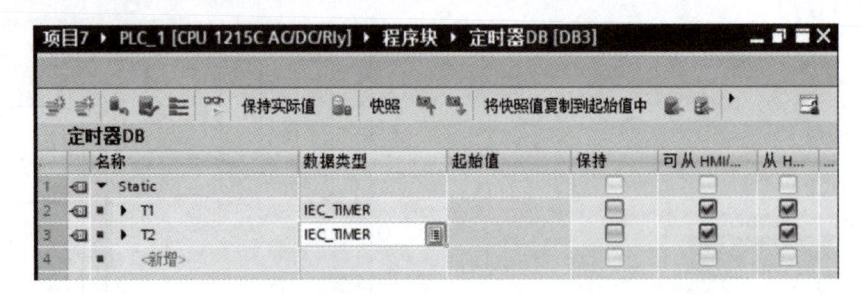

图 7-12 全局数据块"定时器 DB"的结构

② 编写例 7-5 控制程序，如图 7-13 所示。

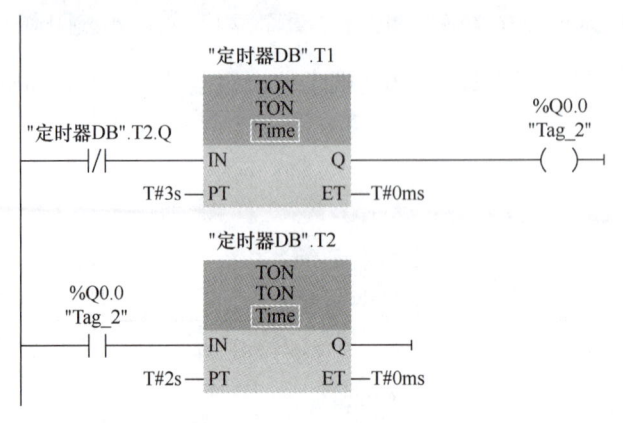

图 7-13 例 7-5 控制程序

控制程序中的定时器背景数据块，通过单击地址域，从定时器 DB 中选择 T1 或 T2。

2. 计数器指令

计数是日常生活中最常遇到的算术动作，在工业生产中，常常需要自动统计产品的数量，计数器是用来累计脉冲的个数。在 S7-1200 PLC 中有三种类型的计数器，分别是：加计数器（CTU）、减计数器（CTD）和加减计数器（CTUD）。它们属于软件计数器，每个计数器都使用存储块中存储的结构来保存计数器数据，调用计数器指令时，需要生成保存计数器数据的背景数据块，计数值的数据范围取决于所选的数据类型。

（1）计数器指令的格式与功能

S7-1200 PLC 包含三种计数器：加计数器（CTU）、减计数器（CTD）和加减计数器（CTUD）。其指令格式与功能见表7-3。

表7-3 计数器指令格式与功能表

计数器器指令	格式	功能
加计数器（CTU）	%DB1 "IEC_Counter_0_DB" CTU Int —CU Q— false—R CV—0 <???>—PV	当输入 CU 的信号状态从"0"变为"1"（信号上升沿），则输出 CV 的当前计数器值加1，直到达到输出 CV 中所指定数据类型的上限。达到上限时，输入 CU 的信号状态将不再影响该指令； 当 CV 值大于或等于参数 PV 的值，则将输出 Q 的信号状态置位为"1"。在其他任何情况下，输出 Q 的信号状态均为"0"； 输入 R 的信号状态变为"1"时，输出 CV 的值被复位为"0"。只要输入 R 的信号状态仍为"1"，输入 CU 的信号状态就不会影响该指令
减计数器（CTD）	%DB1 "IEC_Counter_0_DB" CTD Int —CD Q— false—LD CV—0 0—PV	当输入 CD 的信号状态从"0"变为"1"（信号上升沿），则输出 CV 的当前计数器值减1，直到达到指定数据类型的下限为止。达到下限时，输入 CD 的信号状态将不再影响该指令； 当 CV 值小于或等于"0"，则 Q 输出的信号状态将置位为"1"。在其他任何情况下，输出 Q 的信号状态均为"0"； 输入 LD 的信号状态变为"1"时，将输出 CV 的值设置为参数 PV 的值。只要输入 LD 的信号状态仍为"1"，输入 CD 的信号状态就不会影响该指令
加减计数器（CTUD）	%DB1 "IEC_Counter_0_DB" CTUD Int —CU QU— false—CD QD—false false—R CV—0 false—LD <???>—PV	当输入 CU 的信号状态从"0"变为"1"（信号上升沿），则当前计数器值加1并存储在输出 CV 中。如果输入 CD 的信号状态从"0"变为"1"（信号上升沿），则输出 CV 的计数器值减1。如果在一个程序周期内，输入 CU 和 CD 都出现信号上升沿，则输出 CV 的当前计数器值保持不变； 计数器值可以一直递增，直到其达到输出 CV 处指定数据类型的上限。达到上限后，即使出现信号上升沿，计数器值也不再递增。达到指定数据类型的下限后，计数器值便不再递减； 当输入 LD 的信号状态变为"1"时，将输出 CV 的计数器值置位为参数 PV 的值。只要输入 LD 的信号状态仍为"1"，输入 CU 和 CD 的信号状态就不会影响该指令； 当输入 R 的信号状态变为"1"时，将计数器置位为"0"。只要输入 R 的信号状态仍为"1"，输入 CU、CD 和 LD 信号状态的改变就不会影响"加减计数"指令； 当 CV 值大于或等于参数 PV 的值，则将输出 QU 的信号状态置位为"1"。在其他任何情况下，输出 QU 的信号状态均为"0"； 当 CV 值小于或等于"0"，则 QD 输出的信号状态将置位为"1"。在其他任何情况下，输出 QD 的信号状态均为"0"

（2）计数器指令的参数

计数器指令的参数说明见表7-4。

表 7-4 计数器指令的参数说明表

参数	功能	声明	数据类型	存储区	说明
CU	加计数输入	Input	BOOL	I、Q、M、D、L 或常数	加计数脉冲输入端，当 CU 端出现脉冲上升沿，则计数器当前值 CV 加 1
CD	减计数输入	Input	BOOL	I、Q、M、D、L 或常数	减计数脉冲输入端，当 CD 端出现脉冲上升沿，则计数器当前值 CV 减 1
R	复位输入	Input	BOOL	I、Q、M、D、L、P 或常数	复位计数器当前值
LD	装载输入	Input	BOOL	I、Q、M、D、L、P 或常数	LD 的信号状态变为"1"时，将输出 CV 的值设置为参数 PV 的值
PV	设定值	Input	整数	I、Q、M、D、L、P 或常数	计数器的设定值
QU	加计数器的状态	Output	BOOL	Q、M、D、L	加减计数器：当 CV 值大于或等于参数 PV 的值，则将输出 QU 的信号状态置位为"1"，在其他任何情况下，输出 QU 的信号状态均为"0"
QD	减计数器的状态	Output	BOOL	Q、M、D、L	加减计数器：当 CV 值小于或等于"0"，则 QD 输出的信号状态将置位为"1"，在其他任何情况下，输出 QD 的信号状态均为"0"
CV	当前值	Output	整数、CHAR、WCHAR、DATE	I、Q、M、D、L、P	当输入 CU 的信号状态从"0"变为"1"（信号上升沿），则当前计数器值加 1 并存在输出 CV 中。如果输入 CD 的信号状态从"0"变为"1"（信号上升沿），则输出 CV 的计数器值减 1

计数器是用一个存储在数据块中的结构来保存计数器数据，在工作区中放置计数器指令时，要求分配该数据块。添加一个背景数据块后，该数据块自动添加到程序块→系统块→程序资源中。CTUD 计数器的背景数据块结构如图 7-14 所示。

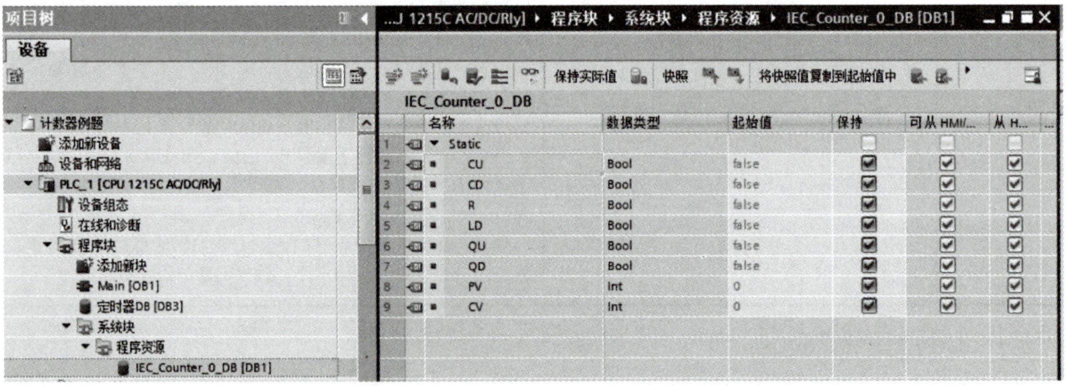

图 7-14 CTUD 计数器背景数据块结构

例 7-7：CTU 计数器的应用。应用程序如图 7-15 所示，计数器工作时序图如图 7-16 所示。

其工作过程为：当加计数器的输入端 CU（I0.0）从 0 跳变到 1 时，计数器的当前计数值 CV 加 1，当当前计数值 CV 大于或等于预设值 PV 时，则计数器输出端 Q 为 1。当复位端 R（I0.1）从 0 变为 1 时，当前计数值复位为 0。

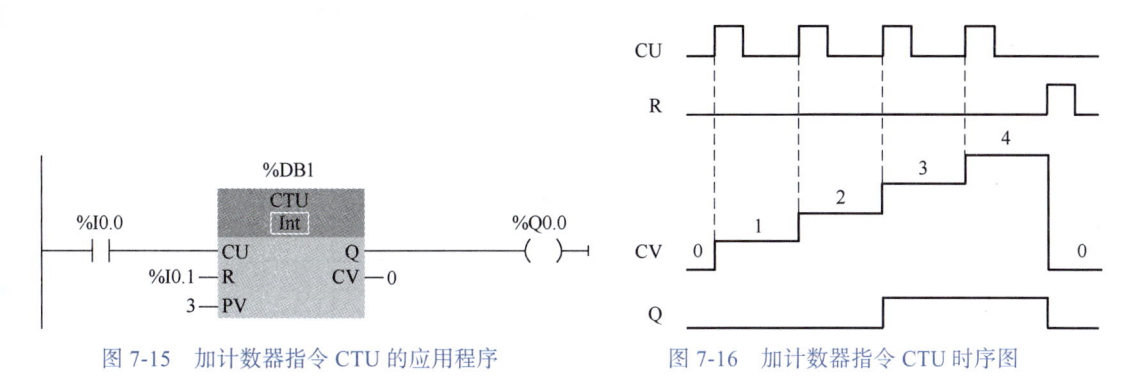

图 7-15 加计数器指令 CTU 的应用程序

图 7-16 加计数器指令 CTU 时序图

例 7-8：减计数器指令 CTD 的应用。应用程序如图 7-17 所示，工作时序图如图 7-18 所示。

其工作过程为：当减计数器的装载输入端 LD（I0.1）从 0 变为 1 时，将预设值 PV 的值装入计数器的当前值 CV 中，此时输出 Q 为 0。当减计数器输入端 CD（I0.0）从 0 跳变到 1 时，计数器的当前计数值 CV 减 1，当当前计数值 CV 等于或小于 0 时，则计数器输出端 Q 为 1。

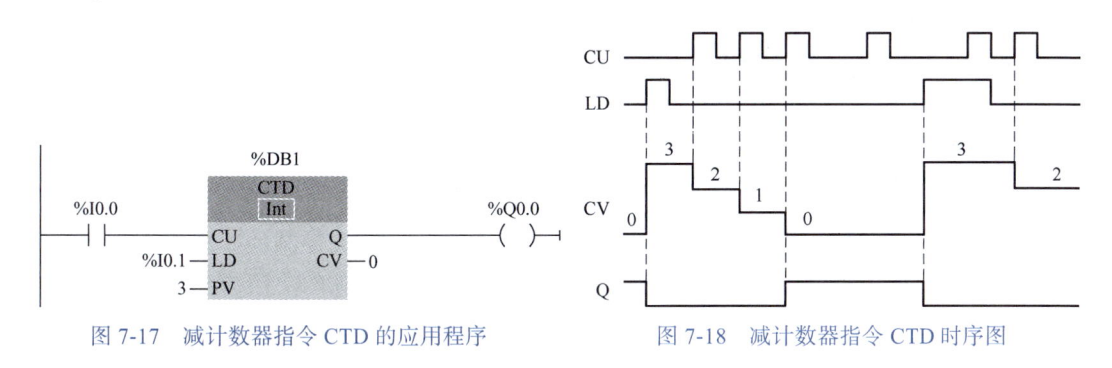

图 7-17 减计数器指令 CTD 的应用程序

图 7-18 减计数器指令 CTD 时序图

例 7-9：加减计数器 CTUD 的应用。应用程序如图 7-19 所示，工作时序图如图 7-20 所示。

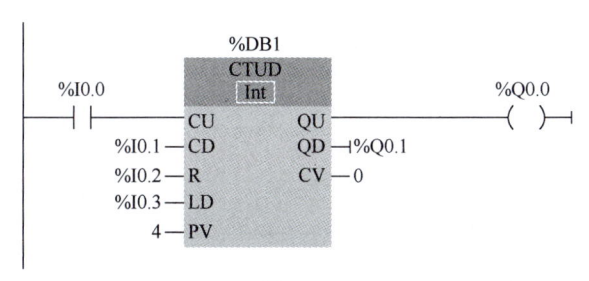

图 7-19 加减计数器指令 CTUD 的应用程序

其工作过程为：当加减计数器的加计数输入端 CU（I0.0）从 0 跳变到 1 时，计数器的当前计数值 CV 加 1，当减计数输入端 CD（I0.1）从 0 跳变到 1 时，计数器的当前计数值 CV 减 1，如果当前计数值 CV 大于或等于预设值 PV 时，则计数器输出端 QU（Q0.0）为 1，如果当前计数值 CV 小于或等于 0 时，则计数器输出端 QD（Q0.1）为 1。当装载输入端 LD（I0.3）从 0 变为 1 时，预设值 PV 的值将作为新的当前计数值 CV 的值装载到计数器中。当复位端 R（I0.2）从 0 变为 1 时，当前计数值复位为 0。

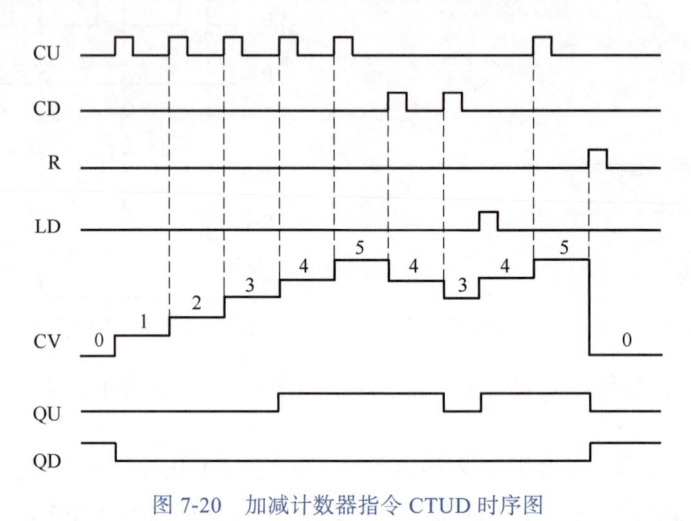

图 7-20　加减计数器指令 CTUD 时序图

3. 微课资料

扫码看微课：传送带运输机的分时启动控制

六、工作计划与决策

按照任务书要求和获取的信息，制定传送带运输机分时启动控制的工作方案，包括硬件组态、参数设置、程序编写等工作内容和步骤，请将工作实施的决策方案列入表 7-5。

表 7-5　传送带运输机分时启动控制

步骤名称	工作内容	负责人

七、任务实施

传送带运输机分时启动控制的工作实施步骤如下。

1. S7–1200 PLC 输入输出分配表

根据控制要求，S7–1200 PLC 输入输出分配表见表 7-6。

表 7-6　传送带运输机分时启动控制 PLC 输入输出分配表

输入设备		输出设备	
SB1	I0.1	Y0	Q0.1
SB2	I0.2	Y1	Q0.2
		Y2	Q0.3

2. 设计 PLC 端子接线图

传送带运输机分时启动控制端子接线图

3. 组态设备

打开编程软件 TIA PORTAL，在 PORTAL 视图下，单击"创建新项目"，并组态 CPU。

4. 编写程序

控制程序如图 7-21 所示。

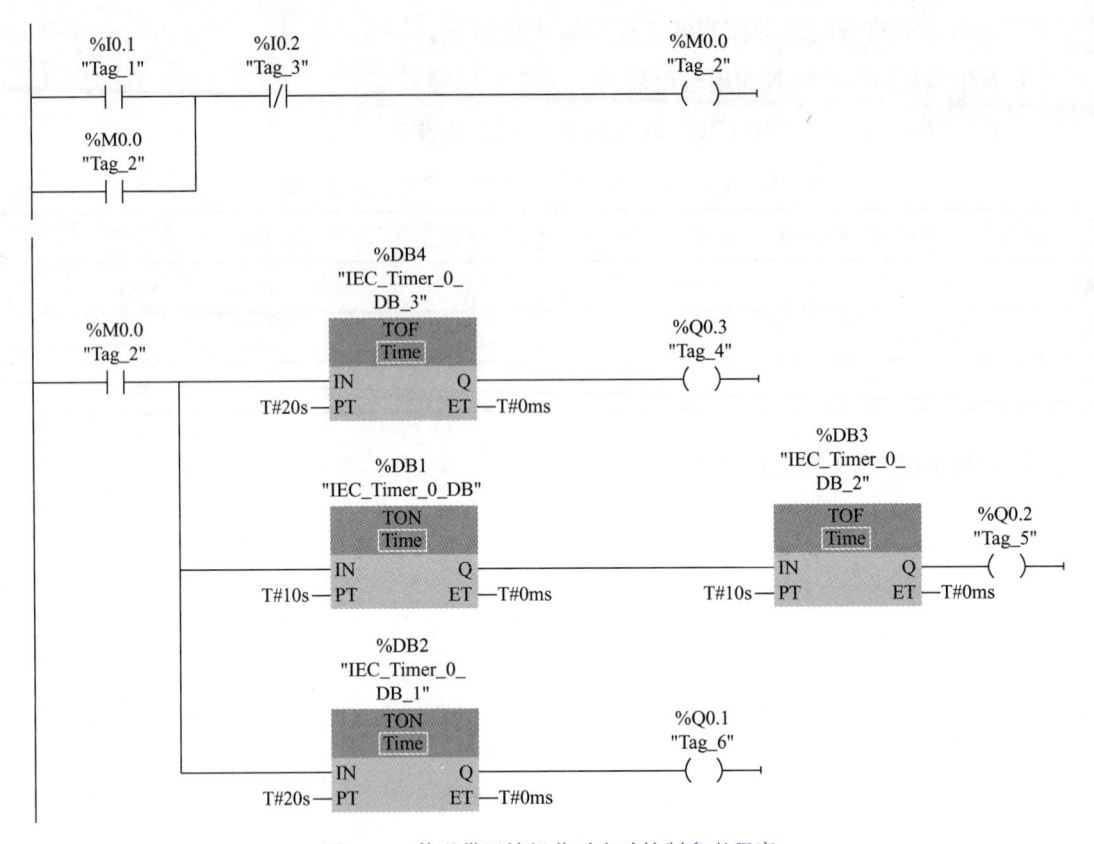

图 7-21 传送带运输机分时启动控制参考程序

5. 编译、下载与调试

在项目视图的项目树中，选择站"PLC_1"，通过单击菜单中的编辑按钮，选择其中的"编译"或者单击工具栏中的"▣"按钮，对该站下的所有数据进行编译，也可以选择站下的某个组件进行编译，比如，可以选择程序块进行编译，编译无错误，就可以将项目下载到 PLC。

在项目视图的项目树中，选择站"PLC_1"，单击工具栏中的"⬇"按钮，下载项目到仿真 PLC 或真实 PLC 中。

单击工具栏中的启动/禁用监视按钮"👁"，可以在线监视程序的运行。

八、检查与评价

根据传送带运输机分时启动控制要求，按照验收标准，对任务完成情况进行检查和评价，包括安全配置、I/O 地址配置等，并将验收问题及其整改措施、完成时间进行记录。验收标准及评分表见表 7-7，验收问题记录表见表 7-8。

表 7-7 传送带运输机分时启动控制工作任务验收标准及评分表

序号	验收项目	验收标准	分值	教师评分	备注
1	传送带运输机启动	3号电动机 Y2 运行	20		
2	传送带运输机启动	2号电动机 Y1 运行	15		
3	传送带运输机启动	1号电动机 Y0 运行	15		
4	传送带运输机停止	1号电动机 Y0 停止	15		
5	传送带运输机停止	2号电动机 Y1 停止	15		
6	传送带运输机停止	3号电动机 Y2 停止	20		
		合计	100		

表 7-8 传送带运输机分时启动控制工作任务验收问题记录表

序号	验收问题记录	整改措施	完成时间	备注

各组展示任务完成情况，介绍任务的完成过程并提交阐述材料，进行学生自评、学生组内互评、教师评价，完成考核评价表 7-9。

表 7-9 传送带运输机分时启动控制工作任务考核评价表

评价项目	评价内容	分值	自评 20%	互评 20%	师评 60%	合计
职业素养 25分	爱岗敬业，安全意识、责任意识、服务意识、集体主义精神	5				
	积极参加任务活动，按时完成任务	5				
	团队合作、交流沟通能力，语言表达能力	5				
	劳动纪律，职业道德	5				
	现场 6s 标准，行为规范	5				

（续）

评价项目	评价内容	分值	自评 20%	互评 20%	师评 60%	合计
专业能力 55 分	专业技能应用能力	15				
	制定计划能力，严谨认真	10				
	操作符合规范，精益求精	10				
	工作效率，分工协作	10				
	任务验收质量，质量意识	10				
创新能力 20 分	创新性思维和行动	20				
	总计	100				

教师签名：　　　　　　　　　　　　　　　　　　　　　学生签名：

九、习题与自测题

1. 下列指令中当前值既可以增加又可以减少的指令是哪个指令？
A. TON　　　　B. TONR　　　　C. CTU　　　　D. CTUD

2. 接通延时定时器的 IN 输入电路接通时开始定时，定时时间（　　）预设时间时，输出 Q 变为 1 状态。
A. 大于等于　　B. 大于　　C. 小于　　D. 小于等于

3. 用定时器指令设计输出脉冲周期为 10s、占空比为 70% 的振荡电路。

任务 8　小车呼叫系统控制

一、学习任务描述

通过学习 PLC 的移动操作指令、数据比较指令，完成小车呼叫系统的系统设计、项目组态与 I/O 配置，编写控制程序并运行调试，以实现小车呼叫系统的正常工作。

二、学习目标

1. 掌握移动操作指令的格式、功能及应用。
2. 掌握数据比较指令的格式、功能及应用。
3. 根据任务要求完成小车呼叫系统程序的设计，培养 PLC 程序设计能力。
4. 掌握程序编制的基本原则和步骤，掌握程序调试的步骤和方法。
5. 任务实施过程中培养工匠精神、团队精神及自主学习能力。

三、任务书

如图 8-1 所示，小车呼叫系统有 6 个工作位置，分别通过行程开关 SQ1～SQ6 来检测；每个工作位置设有一只呼叫按钮，它们分别是 SB1～SB6。工作时，首先应按下启动按钮启动该系统。然后，在任意位置按下呼叫按钮时，小车都会自动向这一位置运动，直到到达这一位置后，小车自动停止。工作过程中若遇紧急情况，可及时按下紧急停车按钮实现紧急停车。

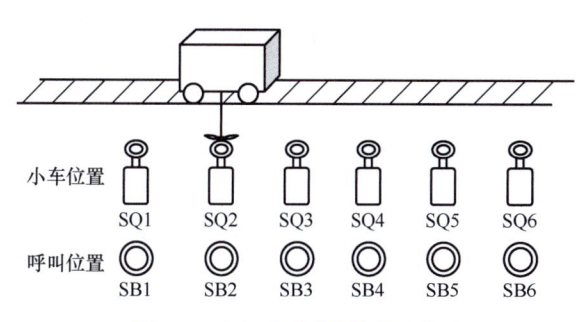

图 8-1　小车呼叫系统控制示意图

四、获取信息

? 引导问题 1：查询资料，了解移动操作指令。
? 引导问题 2：查询资料，了解数据比较指令。
? 引导问题 3：小组讨论，如何完成电路设计。
? 引导问题 4：小组讨论，如何编写 S7-1200 PLC 程序。

_____
_____
_____
_____
_____

五、知识准备

1. 移动操作指令

（1）移动值指令

移动值指令助记符为 MOVE，可实现相同数据类型（不包括位、字符串、Variant 类型）的变量间的传送。如图 8-2 所示。

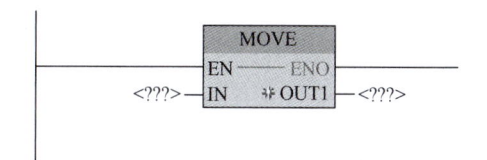

图 8-2　移动值指令格式

指令功能：当使能输入端 EN 条件满足时，将 IN 输入端的源输入数据传送给 OUT 端输出的目的地址，并且转换为 OUT 允许的数据类型，源输入数据保持不变。IN 和 OUT

的数据类型可以是位字符串、整数、浮点数、定时器、日期时间、CHAR、WCHAR、STRUCT、ARRAY、IEC 定时器/计数器数据类型、PLC 数据类型，IN 还可以是常数。

例 8-1：移动值指令应用如图 8-3 所示。

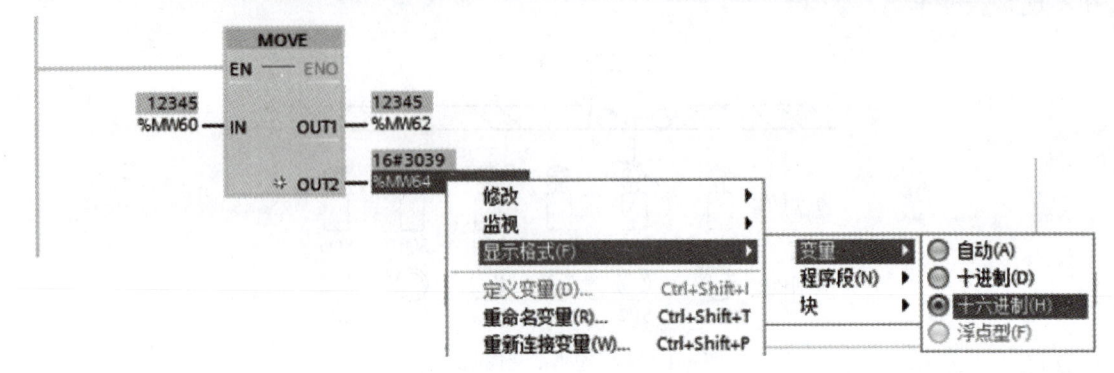

图 8-3　移动值指令应用

将 IN 端 MW60 中的数据，传输给 OUT 端 MW62 和 MW64 两个地址中，指令执行后，MW60 中的 12345 被同时传到了 MW62 和 MW64 地址中，也可以设置数据的显示格式。

提示：

在使用移动值指令时，如果输入 IN 端数据类型的位长度超出 OUT 数据类型的位长度，则源输入数据值的高位会丢失。如果输入 IN 端数据类型的位长度小于 OUT 数据类型的位长度，则目标值的高位会用 0 填充。

（2）存储区移动指令

存储区移动指令助记符 MOVE_BLK，实现相同数组之间部分元素的传送，如图 8-4 所示。

指令功能：当使能输入 EN 端条件满足时，将源存储区的数据移动到目标存储区，实现多个连续数据的传输。COUNT 用来设置要复制数据元素的个数。

例 8-2：存储区移动指令应用如图 8-5 所示。

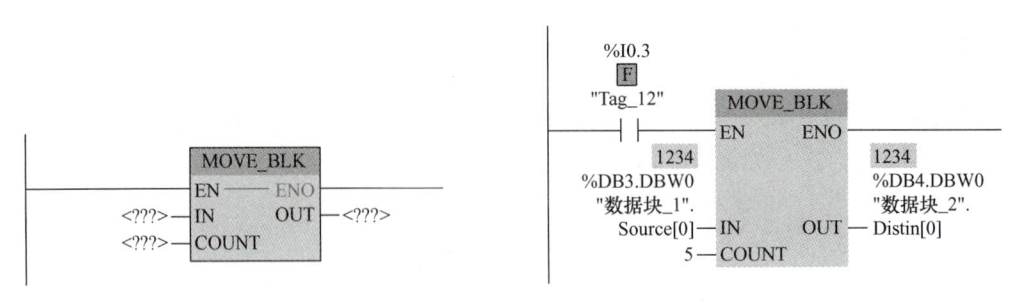

图 8-4　存储区移动指令格式　　　　图 8-5　存储区移动指令应用

当图中 I0.3 得电，EN 条件满足，MOVE_BLK 指令执行，DB3 中的数组 Source 的 5 个元素被传送给 DB4 中的数组 Distin 的 5 个元素中。

（3）填充存储区指令

填充存储区指令助记符 FILL_BLK，实现用输入变量批量填充输出区域的功能，如

图 8-6 所示。

指令功能：当使能输入端 EN 条件满足时，将输入参数 IN 设置的值填充到输出参数 OUT 指定起始地址的目标数据区，COUNT 为填充的数组元素的个数，源区域和目标区域的数据类型应相同。

例 8-3：填充存储区指令应用如图 8-7 所示。

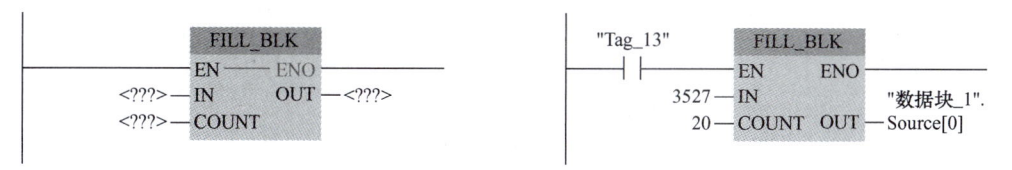

图 8-6　填充存储区指令格式

图 8-7　填充存储区指令应用

EN 条件满足时，FILL_BLK 指令将常数 3527 填充到数据块 _1 中的数组 Source 的前 20 个整数元素中。

2. 数据比较指令

比较指令用于比较两个数据的大小，并根据比较的结果使触点闭合，进而实现某种控制要求。格式如图 8-8 所示。

指令功能：这 6 条比较指令是用来比较数据类型相同的两个数 IN1 与 IN2 的大小，在触点上方的是 IN1，在触点下方的是 IN2。操作数可以是 I、Q、M、L、D 存储区的变量或常数，生成比较指令后，双击触点中间比较符号下面的问号，可以在下拉列表中设置要进行比较的数据类型，B、I、D、R、S 分别表示无符号字节、有符号整数、有符号双整数、有符号实数和字符串比较。比较符号可分为"=="" <>"">="" <="">"及"<"6 种。当满足比较关系式给出的条件时，等效触点接通。

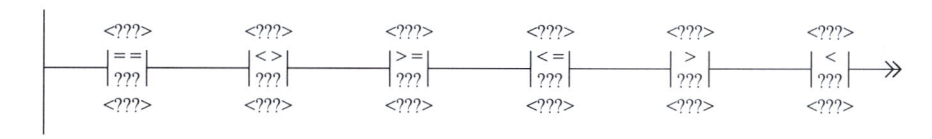

图 8-8　数据比较指令格式

例 8-4：数据比较指令应用如图 8-9 所示。

灯控按钮 I0.0 按下一次，灯 Q4.0 亮；按下两次，灯 Q4.0、Q4.1 全亮，按下三次灯全灭，如此循环。

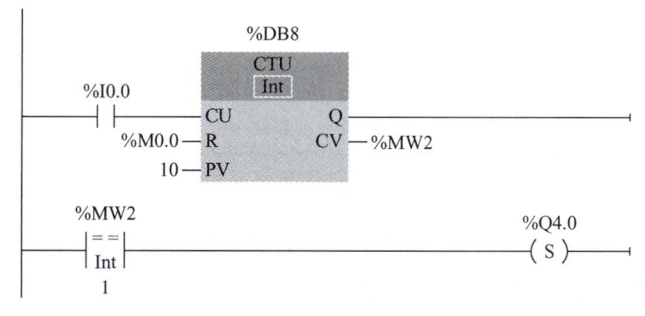

图 8-9　数据比较指令应用

```
        %MW2                              %Q4.0
         ==                               ( S )
         Int
          2                               %Q4.1
                                          ( S )

        %MW2                              %M0.0
         ==                               (   )
         Int
          3                               %Q4.0
                                        ( RESET_BF )
                                              2
```

图 8-9 数据比较指令应用（续）

3. 微课资料

扫码看微课：小车呼叫系统控制

六、工作计划与决策

按照任务书要求和获取的信息，制定小车呼叫控制系统的工作方案，包括 I/O 分配、电路设计、硬件组态、编写程序、运行调试等工作内容和步骤，对各组的工作方案进行对比、分析、论证及完善，最终形成决策方案，作为工作实施的依据，请将工作实施的决策方案列入表 8-1。

表 8-1 小车呼叫控制系统的工作实施决策方案

序号	步骤名称	工作内容	负责人

七、任务实施

小车呼叫控制系统的工作实施步骤如下。

1. 小车呼叫控制系统 I/O 分配（见表 8-2）

表 8-2 小车呼叫控制系统 I/O 分配表

输入				输出	
1# 位置	I0.1	1# 呼叫	I1.1	向左运动接触器	Q0.0
2# 位置	I0.2	2# 呼叫	I1.2		
3# 位置	I0.3	3# 呼叫	I1.3		

项目 3 S7-1200 PLC 基本指令应用

（续）

输入				输出	
4# 位置	I0.4	4# 呼叫	I1.4	向右运动接触器	Q0.1
5# 位置	I0.5	5# 呼叫	I1.5		
6# 位置	I0.6	6# 呼叫	I1.6		
启动按钮	I0.0	急停按钮	I1.0		

2. 控制程序设计

编写小车自动控制 PLC 程序的主要指导思想是解决小车位置与呼叫位置之间的关系问题。如小车位置及呼叫位置都采用数字号码表示，则只需对位置号码与呼叫号码进行比较便可得出小车的运动方向。为此，应设法让位置信号及呼叫信号与相应的数字号码一一对应。可考虑使用传送指令或编码指令来解决这一问题。

为了显示小车的位置，定义 PLC 的变量存储器字节 MW0 存储小车的位置；为了显示呼叫按钮位置，定义 PLC 的变量存储器字节 MW2 存储呼叫位置。

对应的梯形图程序如图 8-10 所示。

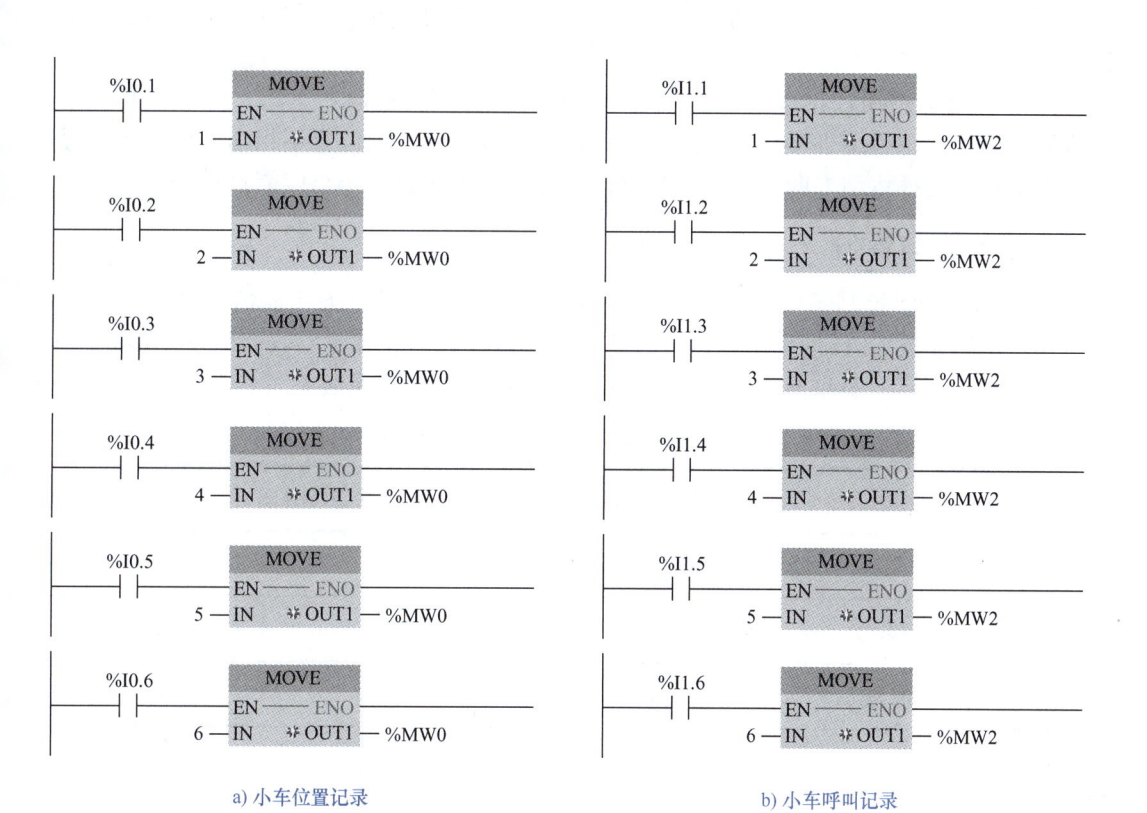

a) 小车位置记录　　　　　　　　b) 小车呼叫记录

图 8-10　小车呼叫控制梯形图

```
    %I0.0      %I1.0                                          %M10.0
  ───┤ ├───┬───┤/├──────────────────────────────────────────────( )───
            │
    %M10.0  │
  ───┤ ├───┘


    %M10.0    %MW0      %Q0.1                                  %Q0.0
  ───┤ ├─────┤ > ├─────┤/├──────────────────────────────────────( )───
              Int
             %MW2

    %M10.0    %MW0      %Q0.0                                  %Q0.1
  ───┤ ├─────┤ < ├─────┤/├──────────────────────────────────────( )───
              Int
             %MW2
```

c) 小车启动停止及运行方向判别控制

图 8-10 小车呼叫控制梯形图（续）

3. 程序下载与运行

① 根据题目要求，连接 PLC 输入输出接线。

② 启动编程软件，程序编译无误后，将程序下载到 PLC 中，并使 PLC 进入运行状态，观察小车位置存储器 MW0、呼叫位置存储器 MW2 的值，输出 Q0.0、Q0.1 的工作情况。

③ 按下启动按钮，小车会在没有选择呼叫的情况下自动向左运动，此时应及时按下需要的呼叫按钮，否则小车会移出显示器；在小车位置与呼叫位置不相同的情况下，程序应使小车自动选择运动方向。工作过程中，如按下急停按钮，小车应能自动停车。

八、检查与评价

根据小车呼叫控制系统的完成情况，按照验收标准，对任务完成情况进行检查和评价，包括电路设计、I/O 地址配置、硬件组态、程序设计等，并将验收问题及其整改措施、完成时间进行记录。验收标准及评分表见表 8-3，验收问题记录表见表 8-4。

表 8-3 小车呼叫控制系统工作任务验收标准及评分表

序号	验收项目	验收标准	分值	教师评分	备注
1	电路设计	PLC 控制电路设计规范	20		
2	硬件组态	PLC 组态正确	20		
3	I/O 地址配置	I/O 地址分配合理	20		
4	程序设计	正确选用指令，程序结构简练	30		
5	运行调试	能够顺利完成运行调试	10		
		合计	100		

表 8-4　小车呼叫控制系统工作任务验收问题记录表

序号	验收问题记录	整改措施	完成时间	备注

各组展示任务完成情况，介绍任务的完成过程并提交阐述材料，进行学生自评、学生组内互评、教师评价，完成考核评价表 8-5。

表 8-5　小车呼叫控制系统工作任务考核评价表

评价项目	评价内容	分值	自评 20%	互评 20%	师评 60%	合计
职业素养 25 分	爱岗敬业，安全意识、责任意识、服务意识、集体主义精神	5				
	积极参加任务活动，按时完成任务	5				
	团队合作、交流沟通能力，语言表达能力	5				
	劳动纪律，职业道德	5				
	现场 6s 标准，行为规范	5				
专业能力 55 分	专业技能应用能力	15				
	制定计划能力，严谨认真	10				
	操作符合规范，精益求精	10				
	工作效率，分工协作	10				
	任务验收质量，质量意识	10				
创新能力 20 分	创新性思维和行动	20				
	总计	100				

教师签名：　　　　　　　　　　　　　　　　　　　　　　　　　　学生签名：

九、习题与自测题

1. 编写多台电动机分时启动控制程序。要求：启动按钮按下后，3 台电动机每隔 3s 分别依次启动；按下停止按钮，三台电动机同时停止。

2. 在 MW2 等于 3592 或 MW4 大于 27369 时将 M6.6 置位，反之将 M6.6 复位。用比较指令设计出满足要求的程序。

3. 编写程序，I0.2 为 1 状态时求出 MW50～MW56 中最小的整数，存放在 MW58 中。

4. 编写简单的定尺裁剪控制程序。材料的定尺裁剪可通过对脉冲计数的方式进行控制。在电动机轴上装一多齿凸轮，用接近开关检测多齿凸轮，产生的脉冲输入至 PLC 的计数器。脉冲数的多少，反映了电动机转过的角度，进而间接地反映了材料前进的距离。要求：电动机启动后计数器开始计数，计数至 4900 个脉冲时，使电动机开始减速，计数到 5000 个脉冲时，使电动机停止，同时剪切机动作将材料切断，并使脉冲计数复位。

任务 9 彩灯循环控制

一、学习任务描述

通过学习 PLC 的移位指令、循环移位指令，完成彩灯循环系统的系统设计、项目组态与 I/O 配置，编写控制程序并运行调试，以实现彩灯循环系统的正常工作。

二、学习目标

1. 掌握移位指令的格式、功能及应用。
2. 掌握循环移位指令的格式、功能及应用。
3. 根据任务要求完成彩灯循环系统程序的设计，培养 PLC 程序设计能力。
4. 掌握程序编制的基本原则和步骤，掌握程序调试的步骤和方法。
5. 任务实施过程中培养工匠精神、团队精神及自主学习能力。

三、任务书

霓虹彩灯系统中有 8 只彩灯 Q0.0～Q0.7，当按下启动按钮后，第一只彩灯 Q0.0 点亮，1s 后 Q0.0 熄灭，Q0.1 点亮，再过 1s 后 Q0.1 熄灭，Q0.2 点亮，……8 只彩灯按照该规律依次循环点亮，每次只有一个彩灯是点亮的，按下系统停止按钮，所有彩灯熄灭。

四、获取信息

? 引导问题 1：查询资料，了解移位操作指令。
? 引导问题 2：查询资料，了解循环移位指令。
? 引导问题 3：小组讨论，如何完成电路设计。
? 引导问题 4：小组讨论，如何编写 S7-1200 PLC 程序。

_____
_____
_____
_____

五、知识准备

1. 移位指令

移位指令格式如图 9-1 所示，右移位指令助记符是 SHR，左移位指令助记符是 SHL。

项目 3　S7-1200 PLC 基本指令应用

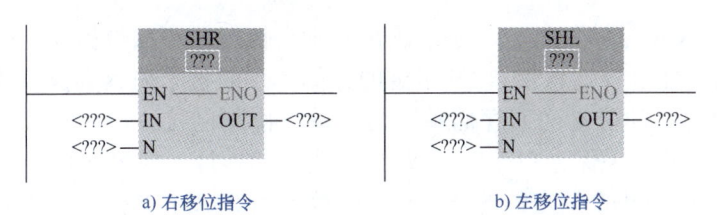

a) 右移位指令　　　　　　　　　b) 左移位指令

图 9-1　移位指令格式

指令功能：EN 端是使能端，条件满足时则会执行移位指令。移位指令是将输入参数 IN 端指定的存储单元的整个内容逐位右移或是逐位左移若干位，移位的位数由输入参数 N 来决定，移位的结果则保存在输出参数 OUT 指定的地址中。

说明：无符号数移位和有符号数左移空出来的位要填 0 进行补充，有符号整数右移空出来的位要用符号位也就是原来的最高位来填充，正数的符号位是 0，负数的符号位是 1。当移位位数 N 为 0 时不会移位，但是 IN 指定的输入值会被直接复制给 OUT 指定的地址。

例 9-1：左移位指令应用如图 9-2 所示。

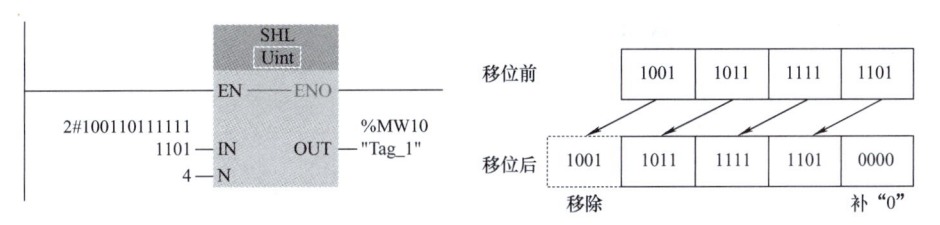

图 9-2　左移位指令应用

例 9-2：右移位指令应用如图 9-3 所示。

图 9-3　右移位指令应用

2. 循环移位指令

循环移位指令格式如图 9-4 所示。

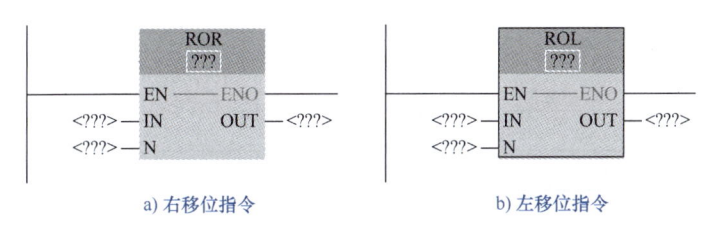

a) 右移位指令　　　　　　　　　b) 左移位指令

图 9-4　循环移位指令格式

113

指令功能：EN 端是使能端，当条件满足时则会执行循环移位指令。循环右移指令和循环左移指令的功能是将输入参数 IN 指定的存储单元的整个内容逐位循环右移或循环左移若干位，即移出来的位又送回存储单元另一端空出来的位，原始的位不会丢失。N 为移位的位数，移位的结果保存在输出参数 OUT 指定的地址。N 为 0 时不会移位，但是 IN 指定的输入值复制给 OUT 指定的地址。移位位数 N 可以大于被移位存储单元的位数。

例 9-3：循环左移指令应用如图 9-5 所示。

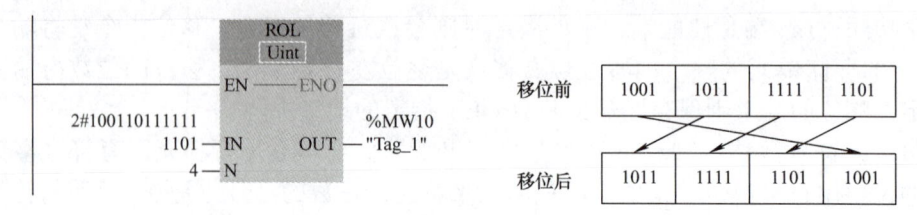

图 9-5　循环左移指令应用

例 9-4：循环右移指令应用如图 9-6 所示。

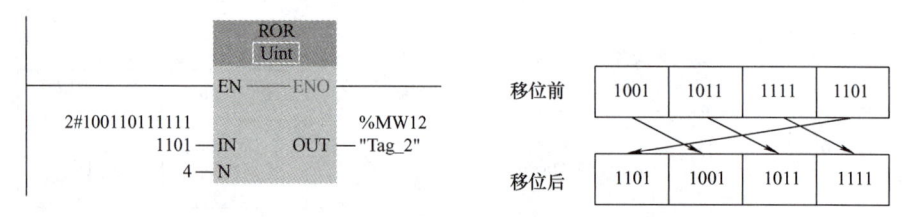

图 9-6　循环右移指令应用

3. 微课资料

扫码看微课：彩灯循环控制

六、工作计划与决策

按照任务书要求和获取的信息，制定彩灯循环控制系统的工作方案，包括 I/O 分配、电路设计、硬件组态、编写程序、运行调试等工作内容和步骤，对各组的工作方案进行对比、分析、论证及完善，最终形成决策方案，作为工作实施的依据，请将工作实施的决策方案列入表 9-1。

表 9-1　彩灯循环控制系统的工作实施决策方案

序号	步骤名称	工作内容	负责人

项目 3　S7-1200 PLC 基本指令应用

七、任务实施

彩灯循环控制系统的工作实施步骤如下。

1. 彩灯循环 PLC 控制系统 I/O 分配（表 9-2）

表 9-2　彩灯循环 PLC 控制系统 I/O 分配表

输入地址	输入元件	输出地址	输出元件
I0.0	启动按钮	Q0.0	L1
I0.1	停止按钮	Q0.1	L2
		Q0.2	L3
		Q0.3	L4
		Q0.4	L5
		Q0.5	L6
		Q0.6	L7
		Q0.7	L8

2. 控制程序设计

彩灯循环移位控制可以用字节的循环移位指令。根据控制要求，首先应置彩灯的初始状态为 QB0=1，即 Q0.0 点亮；接着灯从左到右以 1s 的速度依次点亮，即要求字节 QB0 中的"1"用循环左移位指令每 1s 移动一位，因此须在 ROL-B 指令的 EN 端接一个 1s 的移位脉冲。梯形图程序如图 9-7 所示。

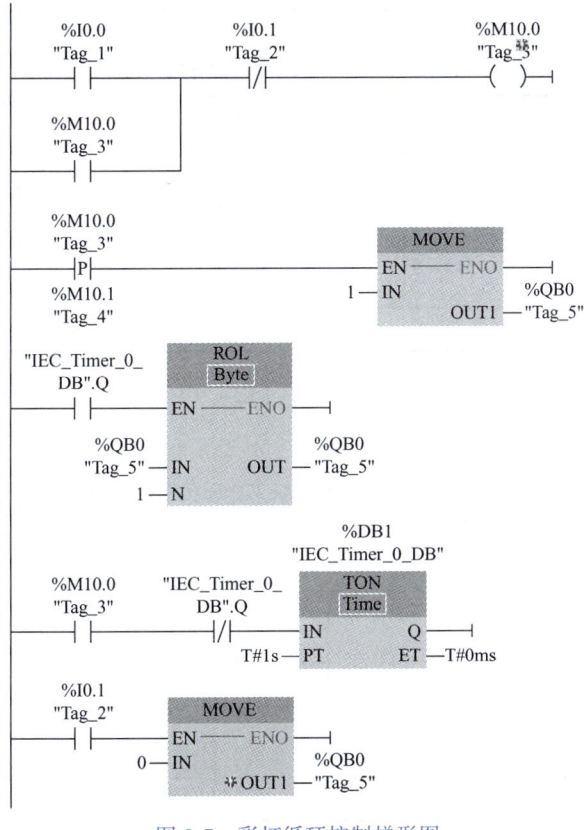

图 9-7　彩灯循环控制梯形图

3. 程序下载与运行

① 根据题目要求，连接 PLC 输入输出接线。

② 启动编程软件，程序编译无误后，将程序下载到 PLC 中，并使 PLC 进入运行状态，按下启动按钮 I0.0，观察 8 只彩灯的亮灭情况；按下停止按钮 I0.1，观察 8 只彩灯的工作情况；观察 QB0 的移位过程。

八、检查与评价

根据彩灯循环控制系统的完成情况，按照验收标准，对任务完成情况进行检查和评价，包括电路设计、I/O 地址配置、硬件组态、程序设计等，并将验收问题及其整改措施、完成时间进行记录。验收标准及评分表见表 9-3，验收问题记录表见表 9-4。

表 9-3 彩灯循环控制系统工作任务验收标准及评分表

序号	验收项目	验收标准	分值	教师评分	备注
1	电路设计	PLC 控制电路设计规范	20		
2	硬件组态	PLC 组态正确	20		
3	I/O 地址配置	I/O 地址分配合理	20		
4	程序设计	正确选用指令，程序结构简练	30		
5	运行调试	能够顺利完成运行调试	10		
	合计		100		

表 9-4 彩灯循环控制系统工作任务验收问题记录表

序号	验收问题记录	整改措施	完成时间	备注

各组展示任务完成情况，介绍任务的完成过程并提交阐述材料，进行学生自评、学生组内互评、教师评价，完成考核评价表 9-5。

表 9-5 彩灯循环控制系统工作任务考核评价表

评价项目	评价内容	分值	自评 20%	互评 20%	师评 60%	合计
职业素养 25 分	爱岗敬业，安全意识、责任意识、服务意识、集体主义精神	5				
	积极参加任务活动，按时完成任务	5				
	团队合作、交流沟通能力，语言表达能力	5				
	劳动纪律，职业道德	5				

（续）

评价项目	评价内容	分值	自评 20%	互评 20%	师评 60%	合计
职业素养 25 分	现场 6s 标准，行为规范	5				
专业能力 55 分	专业技能应用能力	15				
	制定计划能力，严谨认真	10				
	操作符合规范，精益求精	10				
	工作效率，分工协作	10				
	任务验收质量，质量意识	10				
创新能力 20 分	创新性思维和行动	20				
	总计	100				

教师签名： 　　　　　　　　　　　　　　　　　　　　学生签名：

九、习题与自测题

1. MB2 的值为 2#1011 0110，循环左移 2 位后为_____，再左移 2 位后为_____。

2. 整数 MW4 的值为 2#1011 0110 1100 0010，右移 4 位后为 2#_____。

3. 用 I1.0 控制接在 QB1 上的 8 只彩灯是否移位，每 2s 循环左移 1 位。用 IB0 设置彩灯的初始值，在 I1.1 的上升沿将 IB0 的值传送到 QB1，设计出梯形图程序。

4. 霓虹灯闪烁控制程序。控制要求：用 HL1～HL4 四只霓虹灯，分别做成"欢迎光临"四个字，其闪烁要求见下表。闪烁时间间隔为 1s，反复循环进行。

"欢迎光临"闪烁流程表

灯	步序							
	1	2	3	4	5	6	7	8
HL1	亮				亮		亮	
HL2		亮			亮			亮
HL3			亮		亮		亮	
HL4				亮	亮	亮		亮

任务 10　温度报警系统控制

一、学习任务描述

在工程中使用 PLC 完成一些算法处理的时候，常会遇到要对数据进行算术运算。如求和、相减或是进行整数到浮点数的转换等，这就要用到 PLC 的一些数据处理指令。本学习任务要求通过学习 PLC 数学运算指令和转化操作指令的格式和功能，根据控制要求完成系统设计、项目组态、I/O 配置、正确编制 PLC 程序和运行调试，实现温度报警系统的控制。

二、学习目标

1. 了解 PLC 数据运算指令和转化操作指令的作用。
2. 掌握数据运算指令的格式与功能。
3. 掌握转化操作指令的格式与功能。
4. 通过小组合作，制定系统设计方案，培养团队协作精神。
5. 根据任务要求和工作规范，使用程序控制指令完成温度报警系统控制，培养应用能力。
6. 通过程序调试结果的检查验收，解决程序设计过程中的问题，注重过程性评价，注重安全、环保意识的养成，注重综合素养的提升。

三、任务书

某工业现场需对加热炉的炉温进行实时监测，现场温度变送器的量程为 $-200 \sim 850\text{℃}$，输出信号为 $4 \sim 20\text{mA}$，被 CPU 扩展的模拟量输入通道 0 地址为 IW96，将变送器输出的 $0 \sim 20\text{mA}$ 的电流信号转换为 $0 \sim 27648$ 之间的数值。当按下系统启动按钮后，将启动温度报警控制程序，设置绿、红、黄 3 个指示灯来指示加热炉炉温状态。如果加热炉温度在 $200 \sim 600\text{℃}$ 范围内，绿色指示灯点亮，表示系统运行正常。当加热炉温度低于下限 200℃ 时，黄色指示灯点亮，进行低温报警。当被控温度超过上限 600℃ 时，红色指示灯将点亮，进行高温报警。当按下停止按钮后，系统停止，所有指令灯全灭。

四、获取信息

? 引导问题 1：查询资料，掌握数学四则运算加减乘除指令的格式、功能及应用。
? 引导问题 2：查询资料，掌握数学浮点数函数运算指令的格式、功能及应用。
? 引导问题 3：查询资料，掌握转换指令以及标准化、缩放指令的格式、功能及应用。
? 引导问题 4：小组讨论，如何实现将变送器输出的电流信号换算成实际温度？
? 引导问题 5：小组讨论，如何实现将 PLC 模拟量输入的数值换算成实际温度？

_____
_____
_____
_____

五、知识准备

S7-1200 PLC 中的基本数学运算指令包括加 ADD、减 SUB、乘 MUL、除 DIV、取余数 MOD、计算指令 CALCULATE、取补码 NEG、递增 INC、递减 DEC、取最大最小值和绝对值 ABS 指令等。

1. 数学四则运算指令

（1）数学四则运算指令的格式与功能

数学四则运算指令加、减、乘、除的格式与功能见表 10-1。

项目 3　S7-1200 PLC 基本指令应用

表 10-1　数学四则运算指令的格式与功能

指令格式	指令功能
ADD Auto (???) EN — ENO <???> — IN1　OUT — <???> <???> — IN2✱	加法 IN1+IN2=OUT
SUB Auto (???) EN — ENO <???> — IN1　OUT — <???> <???> — IN2	减法 IN1−IN2=OUT
MUL Auto (???) EN — ENO <???> — IN1　OUT — <???> <???> — IN2✱	乘法 IN1×IN2=OUT
DIV Auto (???) EN — ENO <???> — IN1　OUT — <???> <???> — IN2	除法 IN1/IN2=OUT

（2）指令说明

① 加、减、乘、除指令，它们执行的操作数的数据类型可以为整数（SInt、Int、DInt、USInt、UInt、UDInt），也可以为浮点数 Real，IN1 和 IN2 还可以为常数，但 IN1、IN2 和 OUT 的数据类型应相同。

② 对于整数除法指令，是将得到的商截尾取整后，作为整数格式再输出给 OUT。

③ 对于 ADD 和 MUL 指令允许有多个输入，单击方框中参数 IN2 后面的黄色符号，将会增加输入 IN3 等，以后增加的输入的编号也将依次递增。

例 10-1：数学四则运算指令应用如图 10-1 所示。

图 10-1a 为整数乘法和除法运算，图 10-1b 为实数的乘法运算。

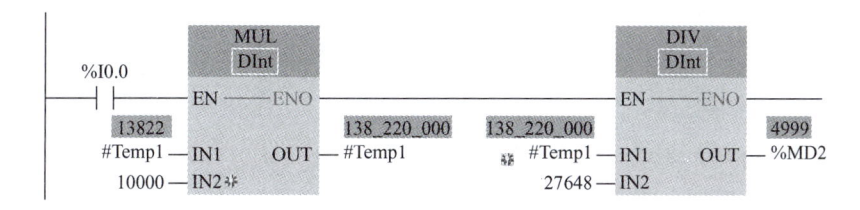

a）整数四则运算

图 10-1　四则运算指令应用

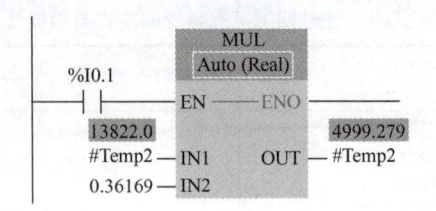

```
              MUL
              Auto (Real)
  %I0.1    ─ EN    ENO ─
   ├┤
         13822.0              4999.279
         #Temp2 ─ IN1    OUT ─ #Temp2
         0.36169 ─ IN2
```

b) 实数四则运算

图 10-1　四则运算指令应用（续）

2. 计算指令

计算指令是用户可以按照计算公式自行编写算法的指令，使用该指令可以省去多个运算指令进行运算的步骤。

（1）计算指令的格式与功能

计算指令的格式如图 10-2 所示。

指令功能：计算指令 CALCULATE 用来定义和执行数学表达式，根据所选的数据类型计算复杂的数学运算或逻辑运算。双击指令框中间的数学表达式方框，打开对话框。在对话框中输入待计算的表达式，表达式只能使用方框内的输入参数 IN 和运算符。

（2）指令说明

① 允许有多个输入，单击方框中参数 IN2 后面的黄色符号，将会增加输入 IN3 等，以后增加的输入的编号也将依次递增。

② 参与运算的数据类型必须一致。

例 10-2：计算指令应用如图 10-3 所示。

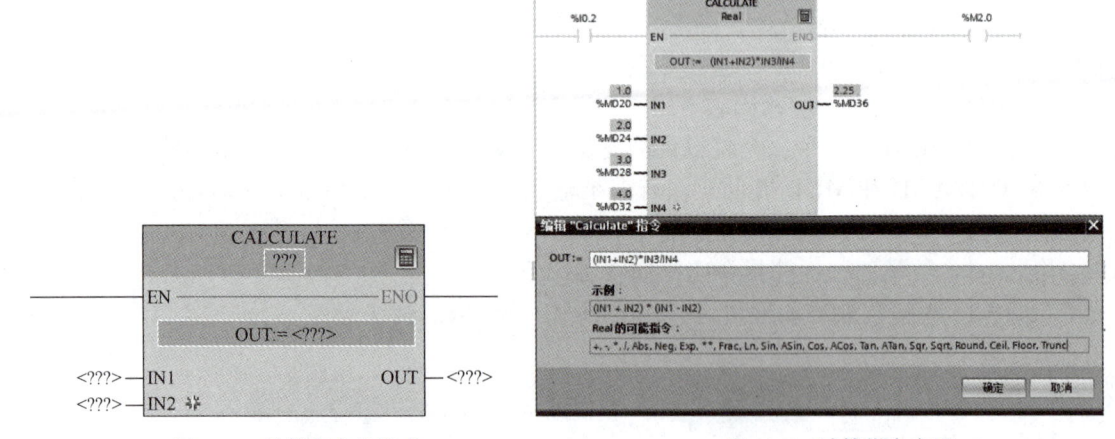

图 10-2　计算指令的格式　　　　图 10-3　计算指令应用

当 I0.2 常开触点导通时，执行"（IN1+IN2）*IN3/IN4"实数运算，运算结果输出给 OUT 地址 MD36。

3. 其他函数运算指令

S7-1200 PLC 中的其他相关函数运算指令的格式与功能见表 10-2。

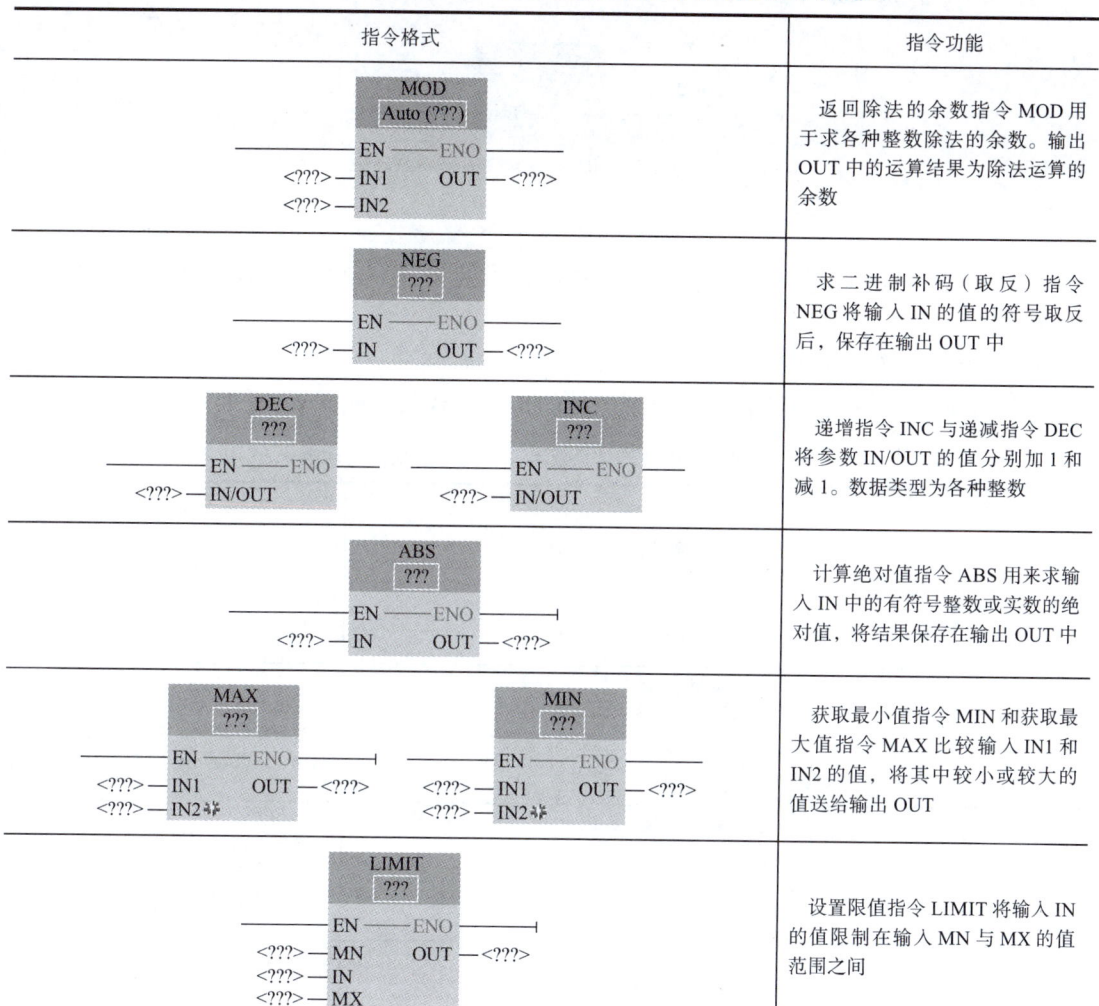

表 10-2　S7-1200 PLC 中其他相关函数运算指令的格式与功能

指令格式	指令功能
MOD 指令框（EN/ENO, IN1, IN2, OUT）	返回除法的余数指令 MOD 用于求各种整数除法的余数。输出 OUT 中的运算结果为除法运算的余数
NEG 指令框（EN/ENO, IN, OUT）	求二进制补码（取反）指令 NEG 将输入 IN 的值的符号取反后，保存在输出 OUT 中
DEC 与 INC 指令框（EN/ENO, IN/OUT）	递增指令 INC 与递减指令 DEC 将参数 IN/OUT 的值分别加 1 和减 1。数据类型为各种整数
ABS 指令框（EN/ENO, IN, OUT）	计算绝对值指令 ABS 用来求输入 IN 中的有符号整数或实数的绝对值，将结果保存在输出 OUT 中
MAX 与 MIN 指令框（EN/ENO, IN1, IN2, OUT）	获取最小值指令 MIN 和获取最大值指令 MAX 比较输入 IN1 和 IN2 的值，将其中较小或较大的值送给输出 OUT
LIMIT 指令框（EN/ENO, MN, IN, MX, OUT）	设置限值指令 LIMIT 将输入 IN 的值限制在输入 MN 与 MX 的值范围之间

4. 转化操作指令

S7-1200 PLC 的转换操作指令包括数据类型的转换值指令、浮点数转整数指令以及用于缩放和标准化指令。

（1）转换值指令

S7-1200 PLC 中的转换值指令格式与功能见表 10-3。

表 10-3　转换值指令的格式与功能

指令格式	指令功能
CONV 指令框（??? to ???，EN/ENO, IN, OUT）	CONV 指令将输入 IN 指定的数据转换为 OUT 指定的数据类型，CONV 下面"to"两边用于设置转换前后数据类型。转换前后的数据类型可以是位字符串、整数、浮点数、CHAR、WCHAR 和 BCD 码等。IN 端还可以是常数

例 10-3：转换值指令应用如图 10-4 所示。

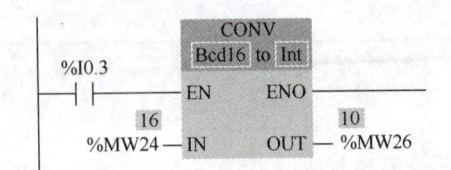

```
           CONV
          Bcd16 to Int
 %I0.3    EN   ENO
  ──┤├──
         16              10
  %MW24 ─IN   OUT─ %MW26
```

图 10-4　转换值指令应用

当 I0.3 常开触点导通时，执行将 MW24 的 BCD 码转换成整数输出到 OUT 地址 MW26 中。

（2）浮点数转换为双整数指令

S7-1200 PLC 中浮点数转换为双字整数的指令格式与功能见表 10-4。

表 10-4　浮点数转换为双字整数指令的格式与功能

指令格式	指令功能
ROUND　Real to ??? EN — ENO <???>—IN　OUT—<???>	取整指令 ROUND 是将浮点数转换为四舍五入的双字整数，结果输出给 OUT
TRUNC　Real to ??? EN — ENO <???>—IN　OUT—<???>	截尾取整指令 TRUNC 是只保留浮点数的整数部分，把其小数部分直接删掉，结果输出给 OUT
CEIL　Real to ??? EN — ENO <???>—IN　OUT—<???>	浮点数向上取整指令 CEIL 是将浮点数转换为大于或等于它的最小双字整数，结果输出给 OUT
FLOOR　Real to ??? EN — ENO <???>—IN　OUT—<???>	浮点数向下取整指令 FLOOR 是把浮点数转换为小于或等于它的最大双字整数，结果输出给 OUT

例 10-4：浮点数转换为双字整数指令应用如图 10-5 所示。

```
        ROUND                            CEIL
      Real to DInt                    Real to DInt
      EN — ENO                        EN — ENO
23.6 —IN          16#0000_0018   23.6 —IN         16#0000_0018
              %MD0                               %MD8
          OUT—"Tag_1"                       OUT—"Tag_3"

        TRUNC                            FLOOR
      Real to DInt                    Real to UDInt
      EN — ENO                        EN — ENO
23.6 —IN          16#0000_0017   23.6 —IN         16#0000_0017
              %MD4                               %MD12
          OUT—"Tag_2"                       OUT—"Tag_4"
```

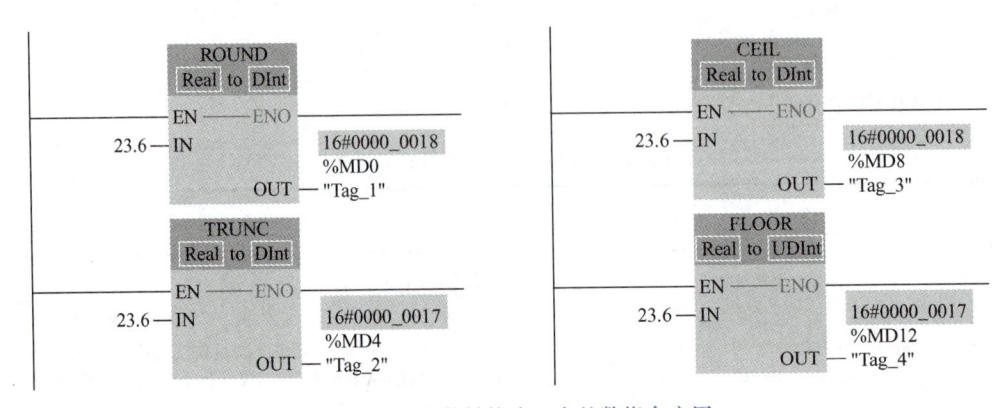

图 10-5　浮点数转换为双字整数指令应用

对于输入端浮点数 23.6，由于 ROUND 取整指令是带四舍五入的，因此 OUT 端得到的结果是 24，而使用 TRUNC 截尾取整指令得到的结果是 23。同样还是 23.6，用 CEIL 浮点数向上取整指令来取整，就能得到大于等于它的最小整数结果 24；但用 FLOOR 浮点数向下取整指令来取整，得到的就是小于或等于它的最大双字整数 23。

（3）标准化指令与缩放指令

S7-1200 PLC 中标准化与缩放指令通常配合用于实现模拟量输入和输出的格式转换，其格式与功能见表 10-5。

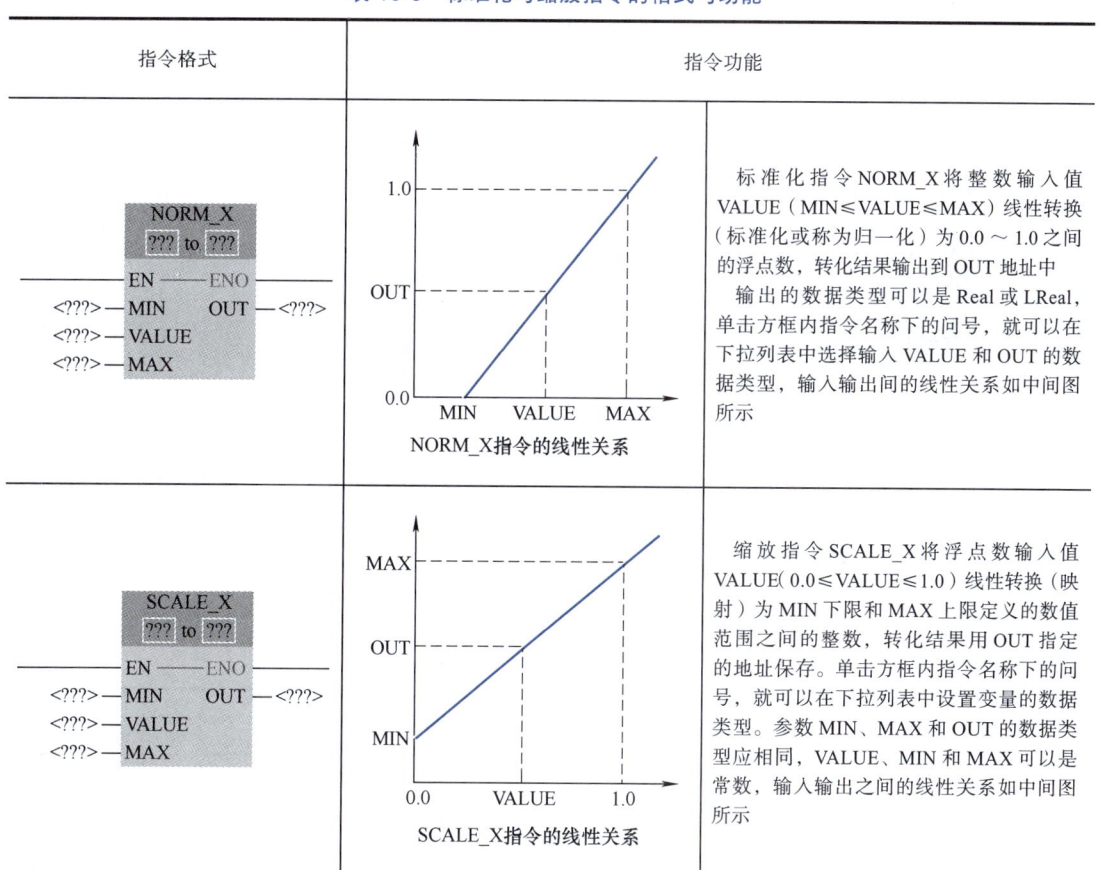

表 10-5 标准化与缩放指令的格式与功能

指令格式	指令功能
NORM_X ??? to ??? EN —— ENO <???>— MIN OUT —<???> <???>— VALUE <???>— MAX NORM_X 指令的线性关系	标准化指令 NORM_X 将整数输入值 VALUE（MIN≤VALUE≤MAX）线性转换（标准化或称为归一化）为 0.0～1.0 之间的浮点数，转化结果输出到 OUT 地址中输出的数据类型可以是 Real 或 LReal，单击方框内指令名称下的问号，就可以在下拉列表中选择输入 VALUE 和 OUT 的数据类型，输入输出间的线性关系如中间图所示
SCALE_X ??? to ??? EN —— ENO <???>— MIN OUT —<???> <???>— VALUE <???>— MAX SCALE_X 指令的线性关系	缩放指令 SCALE_X 将浮点数输入值 VALUE（0.0≤VALUE≤1.0）线性转换（映射）为 MIN 下限和 MAX 上限定义的数值范围之间的整数，转化结果用 OUT 指定的地址保存。单击方框内指令名称下的问号，就可以在下拉列表中设置变量的数据类型。参数 MIN、MAX 和 OUT 的数据类型应相同，VALUE、MIN 和 MAX 可以是常数，输入输出之间的线性关系如中间图所示

例 10-5：标准化与缩放指令应用如图 10-6 所示。

第一行程序标准化指令将位于 0～10 区间内的常数 4 线性转换为 0.0～1.0 之间的浮点数，得到转换结果为 0.4，可以理解为 4 占了最大值和最小值差值的百分比。第二行程序缩放指令是将在 0.0～1.0 范围之内的输入值 0.5 线性地转换为 10～20 之间的数，转换后的结果为 15。

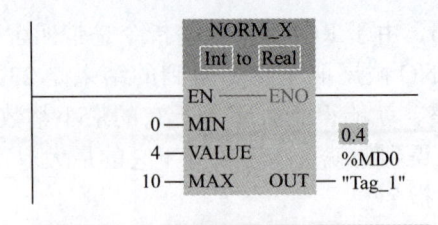

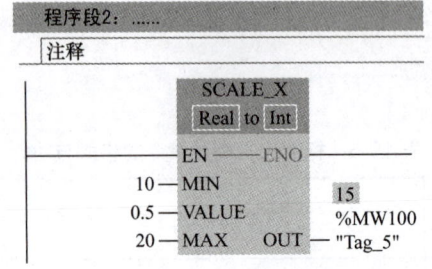

```
                    NORM_X
                   Int to Real
                  EN    ENO
              0 — MIN         0.4
              4 — VALUE      %MD0
             10 — MAX   OUT — "Tag_1"

   程序段2:……
   注释

                    SCALE_X
                   Real to Int
                  EN    ENO
             10 — MIN          15
            0.5 — VALUE      %MW100
             20 — MAX   OUT — "Tag_5"
```

图 10-6　标准化与缩放指令应用

5. 微课资料

扫码看微课：温度报警系统控制

六、工作计划与决策

按照任务书要求和获取的信息，制定温度报警系统控制的工作方案，包括 I/O 分配、硬件组态、程序设计、运行调试等工作内容和步骤，对各组的工作方案进行对比、分析、论证及完善，最终形成决策方案，作为工作实施的依据。请将工作实施的决策方案列入表 10-6。

表 10-6　温度报警系统控制工作实施决策方案

步骤名称	工作内容	负责人

七、任务实施

温度报警系统控制系统设计的工作实施步骤如下。

1. 温度报警系统 I/O 分配（表 10-7）

表 10-7　温度报警系统 I/O 分配

输入元件	输入地址	输出元件	输出地址
系统启动按钮 SB1	I0.0	绿色指示灯 HL1	Q0.0
系统停止按钮 SB2	I0.1	黄色指示灯 HL2	Q0.1
模拟量输入通道	IW96	红色指示灯 HL3	Q0.2

2. 新建项目及组态

① 打开西门子 PLC 博途软件，在 PORTAL 视图中，单击"创建新项目"，并输入项目名称"温度报警系统控制"，以及路径和作者等信息，然后单击"创建"生成新项目。

② 在项目树中，单击"添加新设备"，选择 CPU 型号和版本号（必须与实际设备相匹配）。

3. 编写程序

编写的温度报警系统控制程序如图 10-7 所示。

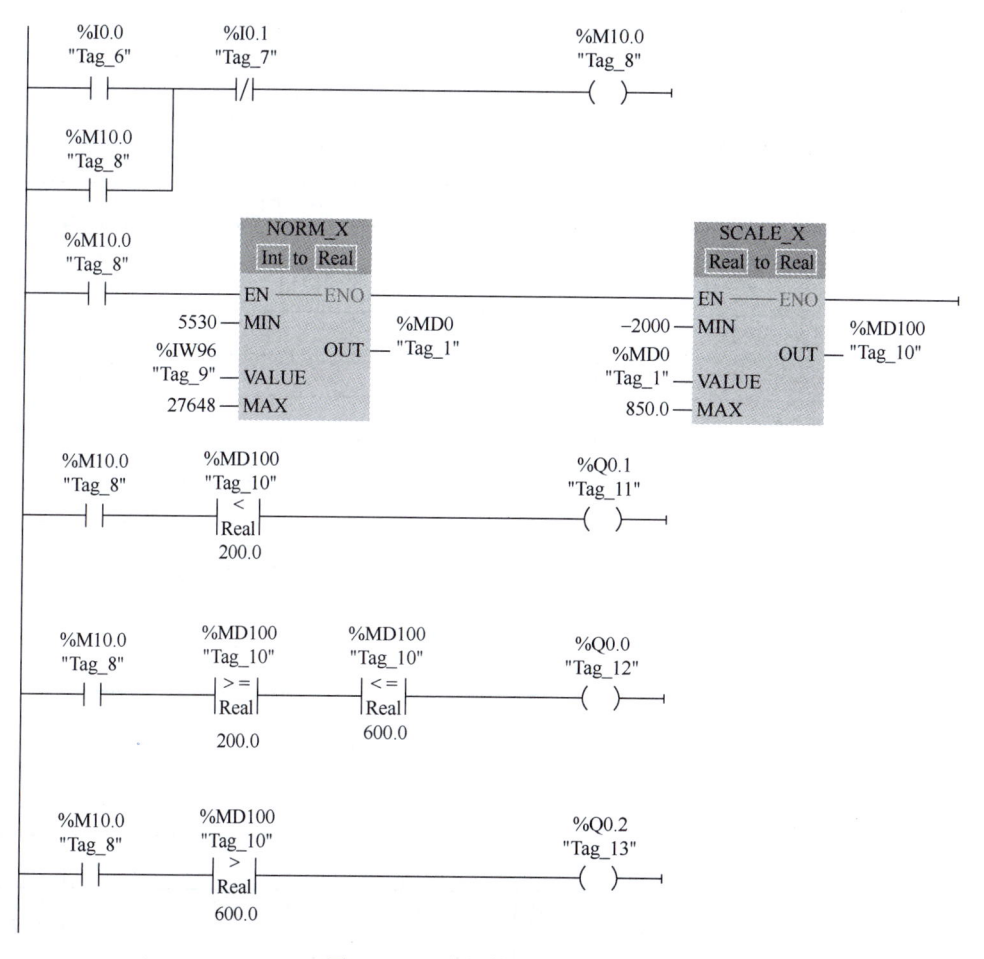

```
     %I0.0      %I0.1                                              %M10.0
    "Tag_6"    "Tag_7"                                             "Tag_8"
  ───┤├────────┤/├──────────────────────────────────────────────────( )───

     %M10.0
    "Tag_8"
  ───┤├───


     %M10.0                NORM_X                        SCALE_X
    "Tag_8"             Int  to  Real                  Real  to  Real
  ───┤├───           ──┤EN      ENO├──              ──┤EN      ENO├──
              5530 ──┤MIN         │         -2000 ──┤MIN         │
                    │         OUT├── %MD0          │         OUT├── %MD100
             %IW96 ─┤VALUE        │         %MD0  ─┤VALUE        │      "Tag_10"
            "Tag_9" │             │        "Tag_1" │             │
             27648 ─┤MAX          │          850.0 ─┤MAX          │


     %M10.0    %MD100                                     %Q0.1
    "Tag_8"   "Tag_10"                                   "Tag_11"
  ───┤├────────┤ < ├────────────────────────────────────( )───
              │Real│
              │200.0│


     %M10.0    %MD100     %MD100                          %Q0.0
    "Tag_8"   "Tag_10"   "Tag_10"                        "Tag_12"
  ───┤├────────┤>=├────────┤<=├─────────────────────────( )───
              │Real│     │Real│
              │200.0│    │600.0│


     %M10.0    %MD100                                     %Q0.2
    "Tag_8"   "Tag_10"                                   "Tag_13"
  ───┤├────────┤ > ├────────────────────────────────────( )───
              │Real│
              │600.0│
```

图 10-7　温度报警系统控制程序

4. 程序下载与运行

① 程序编译无误后，选择 PLC_1，单击下载按钮。

② 下载成功后，转至在线状态并运行程序。当按下系统启动按钮 SB1，M10.0 得电自锁表示系统进入运行状态，如没实际温度变送器，可强制给 IW64 写入数据 20000，程序执行可算出实际温度满足在 200～600℃之间，此时正常工作指示灯绿灯 Q0.0 得电，表示加热炉正常。再强制给 IW64 写入数据 100，通过程序执行，实际炉温低于了 200℃，此时黄色指示灯 Q0.1 得电低温报警。最后再强制给 IW64 写入数据 25000，程序执行后将改为 Q0.2 红灯得电高温报警。

八、检查与评价

根据温度报警系统控制系统的完成情况，按照验收标准，对任务完成情况进行检查和评价，包括 I/O 地址配置、硬件组态、程序设计等，并将验收问题及其整改措施、完成时间进行记录。验收标准及评分表见表 10-8，验收问题记录表见表 10-9。

表 10-8　温度报警系统控制工作任务验收标准及评分表

序号	验收项目	验收标准	分值	教师评分	备注
1	I/O 地址配置	I/O 地址分配合理	20		
2	硬件组态	PLC 组态正确	20		
3	程序设计	正确选用指令，程序结构简练	30		
4	运行调试	能够顺利完成运行调试	30		
		合计	100		

表 10-9　温度报警系统控制工作任务验收问题记录表

序号	验收问题记录	整改措施	完成时间	备注

各组展示任务完成情况，介绍任务的完成过程并提交阐述材料，进行学生自评、学生组内互评、教师评价，完成考核评价表 10-10。

表 10-10　温度报警系统控制工作任务考核评价表

评价项目	评价内容	分值	自评 20%	互评 20%	师评 60%	合计
职业素养 25 分	爱岗敬业，安全意识、责任意识、服务意识、集体主义精神	5				
	积极参加任务活动，按时完成任务	5				
	团队合作、交流沟通能力，语言表达能力	5				

（续）

评价项目	评价内容	分值	自评 20%	互评 20%	师评 60%	合计
职业素养 25 分	劳动纪律，职业道德	5				
	现场 6s 标准，行为规范	5				
专业能力 55 分	专业技能应用能力	15				
	制定计划能力，严谨认真	10				
	操作符合规范，精益求精	10				
	工作效率，分工协作	10				
	任务验收质量，质量意识	10				
创新能力 20 分	创新性思维和行动	20				
	总计	100				

教师签名：　　　　　　　　　　　　　　　　　　　　　　　　　学生签名：

九、习题与自测题

1. 试编程实现公式 $c=a^2+b^2$，其中 a、b、c 均为整数，a 存储在 MW0 中，b 存储在 MW2 中，c 存储在 MW6 中。

2. AIW64 中 A/D 转换得到的数值 0～27648 正比于温度值 0～400℃。用整数运算指令编写程序，在 I0.0 的上升沿，将 IW64 输出的模拟值转换为对应的温度值（单位为 0.1℃）存放在 MW100 中，当 MW100 的值大于 100 时，绿灯亮；当 MW100 的值小于 50 时，红灯亮。

3. 半径（小于 100 的整数）存在 DB4.DBW2 中，取圆周率为 3.1416，试用整数和浮点数运算指令分别编写计算圆周长的程序，运算结果转换为整数，存放在 DB4.DBW4 中。

任务 11　星 – 三角降压启动控制

一、学习任务描述

PLC 中的程序控制指令主要用于较复杂的程序设计，可使程序结构更为灵活，合理使用该类指令可以优化程序结构，增强程序功能。本学习任务要求通过学习 PLC 程序控制指令的格式和功能，根据控制要求完成系统设计、项目组态、I/O 配置、正确编制 PLC 程序和运行调试，实现星 – 三角降压启动控制。

二、学习目标

1. 了解 PLC 程序控制指令的作用。

2. 掌握跳转指令 JMP 和标签指令格式与功能。
3. 掌握跳转分支指令 SWITCH 的格式与功能。
4. 掌握返回指令 RET 的格式与功能。
5. 通过小组合作，制定系统设计方案，培养团队协作精神。
6. 根据任务要求和工作规范，使用程序控制指令完成星－三角降压启动控制，培养应用能力。
7. 通过程序调试结果的检查验收，解决程序设计过程中的问题，注重过程性评价，注重安全、环保意识的养成，注重综合素养的提升。

三、任务书

某三相异步电动机的星－三角降压启动控制带有手动和自动切换功能，系统设有启动按钮 SB1 和停止按钮 SB2 各一个，手动自动选择开关 SA 一个。当选择开关 SA 接通时，系统为手动切换控制方式，星－三角切换需前后按下 SB1 两次达到启动和切换的功能。当选择开关 SA 断开时，系统为自动运行方式，星－三角切换通过定时器定时自动进行，星－三角切换时间为 8s，为防止星－三角接法可能出现的短路故障，系统必须设有星－三角互锁系统。

四、获取信息

? 引导问题 1：知识回顾，绘制星－三角降压启动电气控制电路。
? 引导问题 2：查询资料，掌握跳转指令和标签指令的格式、功能及应用。
? 引导问题 3：查询资料，掌握跳转分支指令和返回指令的格式、功能及应用。
? 引导问题 4：小组讨论，如何编写手动切换程序。如何编写自动切换程序。
? 引导问题 5：小组讨论，如何使用程序控制指令选择手动或自动切换程序。

五、知识准备

1. 跳转指令与标签指令

所谓**跳转**，就是跳过某段程序不去执行，使用跳转指令可以实现改变程序执行顺序的功能。在不执行跳转指令时，各个程序段都是按照从上到下的顺序执行的，当执行了跳转指令之后，跳转指令会中止程序的顺序执行，跳转到指定位置的程序开始向下执行。

（1）跳转指令与标签指令的格式与功能

跳转指令与标签指令的格式如图 11-1 所示。

指令功能： 当跳转指令 JMP 前面的逻辑运算结果（RLO）为 1 时，将执行跳转，程序将跳转到由跳转标签（LABEL）进行标识的程序段向下继续程序的执行。当前面的逻辑运算结果（RLO）为 0 时，跳转指令不执行，程序继续向下执行下一程序段。

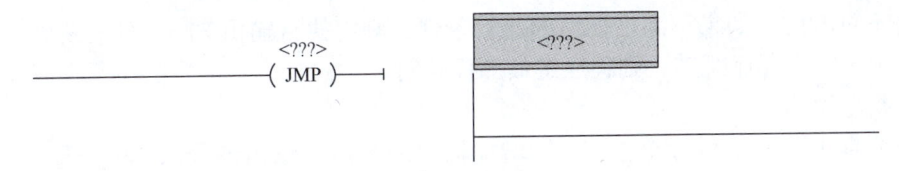

图 11-1 跳转指令与标签指令格式

（2）指令说明

① 跳转时，跳转指令和标签指令之间的程序，CPU 不再扫描执行。跳转时可以向前跳或向后跳，在同一程序块中也可以从多个位置跳转到同一标签。

② 跳转指令只能在同一个程序块中跳转，不能从一个程序块跳转到另一个程序块，在一个程序块中，跳转标签的名称只能使用一次。

③ 标签指令上需要标上标签名称，标签名称可以是数字，也可以是字母或汉字。

例 11-1：跳转指令与标签指令应用如图 11-2 所示。

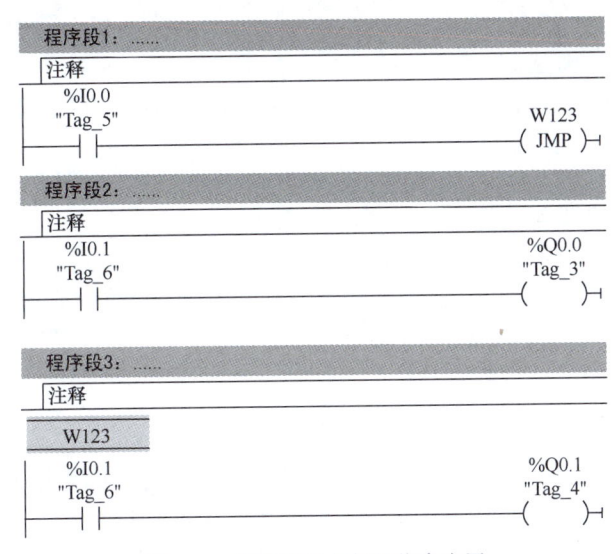

图 11-2 跳转指令与标签指令应用

当 I0.0 触点接通时，执行跳转指令 JMP，程序将从程序段 1 直接跳转到程序段 3 跳转标签 W123 所在位置接着向下执行，程序段 2 将不会执行。此时，即使 I0.1 触点是导通的，Q0.0 也不会得电。

2. 跳转分支指令

（1）跳转分支指令的格式与功能

跳转分支指令的格式如图 11-3 所示。

指令功能：跳转分支指令 SWITCH 也与 LABEL 指令配合使用，根据比较结果，定义要执行的程序跳转。在指令框中为每个输入选择比较类型（==、<>、>=、<=、>、<），为每一个指令的输出指定跳转标签（LABEL），参数 K 是要比较的值，将该值依次与各个输入（编号按照从小到大的顺序）提供的值按照选择的比较类型依次进行比较，根据比较结果，跳转到第一个为"真"的结果对应的输出标签。当满足了某个比较条件，后续的比

较条件将不再考虑；如果不满足任何的比较条件，则将执行输出 ELSE 处的跳转；如果输出 ELSE 中未定义程序跳转，则程序继续顺序执行。

（2）指令说明

在指令框中可通过鼠标单击"*"增加输出的数量，输出编号从"0"开始，每增加一个新输出，都会按升序连续递增，同时会自动插入一个输入。

例 11-2：跳转分支指令的应用如图 11-4 所示。

程序如图 11-4 所示，当 I0.0 的常开触点导通时，如果 %MW0 的值等于 100，程序将跳转到跳转标签 LOOP0 指定的程序段，如果 %MW0 的值大于 500，则程序将跳转到跳转标签 LOOP1 指定的程序段，如果两者都不满足，将执行 ELSE 处 LOOP2 的跳转。

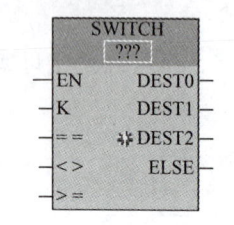

图 11-3　跳转分支指令的格式

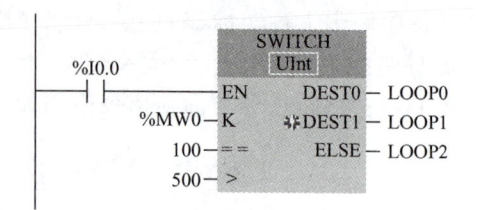

图 11-4　跳转分支指令的应用

3. 返回指令

（1）返回指令的格式与功能

返回指令的格式如图 11-5 所示。

图 11-5　返回指令的格式

指令功能：返回指令（RET）可停止当前程序块的执行。如果返回指令前方输入端的逻辑运算结果（RLO）为 1 时，则将终止当前调用块中的程序执行，不再执行该指令后面的程序，返回调用它的块。当"返回"指令前方输入端的逻辑运算结果（RLO）为 0 时，则继续向下执行后面的程序指令。

（2）指令说明

① 一般情况下不需要在程序块的最后使用 RET 指令，操作系统会自动完成返回指令。

② RET 线圈指令上的参数是返回值，数据类型为 BOOL。如果当前的程序块是 OB，返回值被忽略，如果当前程序块是 FC 或者 FB，返回值作为 FC 或 FB 的 ENO 的值传送给调用它的块。返回值可以是 TRUE、FALSE 或指定的位地址。

4. 微课资料

扫码看微课：星－三角降压启动控制

六、工作计划与决策

按照任务书要求和获取的信息，制定星–三角降压启动控制的工作方案，包括 I/O 分配、电路设计、硬件组态、程序设计、运行调试等工作内容和步骤，对各组的工作方案进行对比、分析、论证及完善，最终形成决策方案，作为工作实施的依据。请将工作实施的决策方案列入表 11-1。

表 11-1　星–三角降压启动控制工作实施决策方案

步骤名称	工作内容	负责人

七、任务实施

星–三角降压启动控制系统设计的工作实施步骤如下。

1. 星–三角降压启动控制系统 I/O 分配（表 11-2）

表 11-2　星–三角降压启动控制系统 I/O 分配

输入元件	输入地址	输出元件	输出地址
启动按钮兼手动切换控制按钮 SB1	I0.0	电源接触器 KM1	Q0.0
停止按钮 SB2	I0.1	星接接触器 KM2	Q0.1
选择开关 SA	I0.2	角接接触器 KM3	Q0.2

2. 设计 PLC 控制接线图（图 11-6）

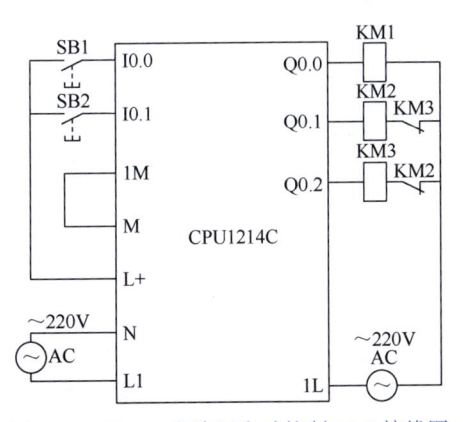

图 11-6　星–三角降压启动控制 PLC 接线图

3. 新建项目及组态

① 打开西门子 PLC 博途软件，在 PORTAL 视图中，单击"创建新项目"，并输入项目名称"星-三角降压启动控制"，以及路径和作者等信息，然后单击"创建"生成新项目。

② 在项目树中，单击"添加新设备"，选择 CPU 型号和版本号（必须与实际设备相匹配）。

4. 编写程序

编写星-三角降压启动控制程序如图 11-7 所示。

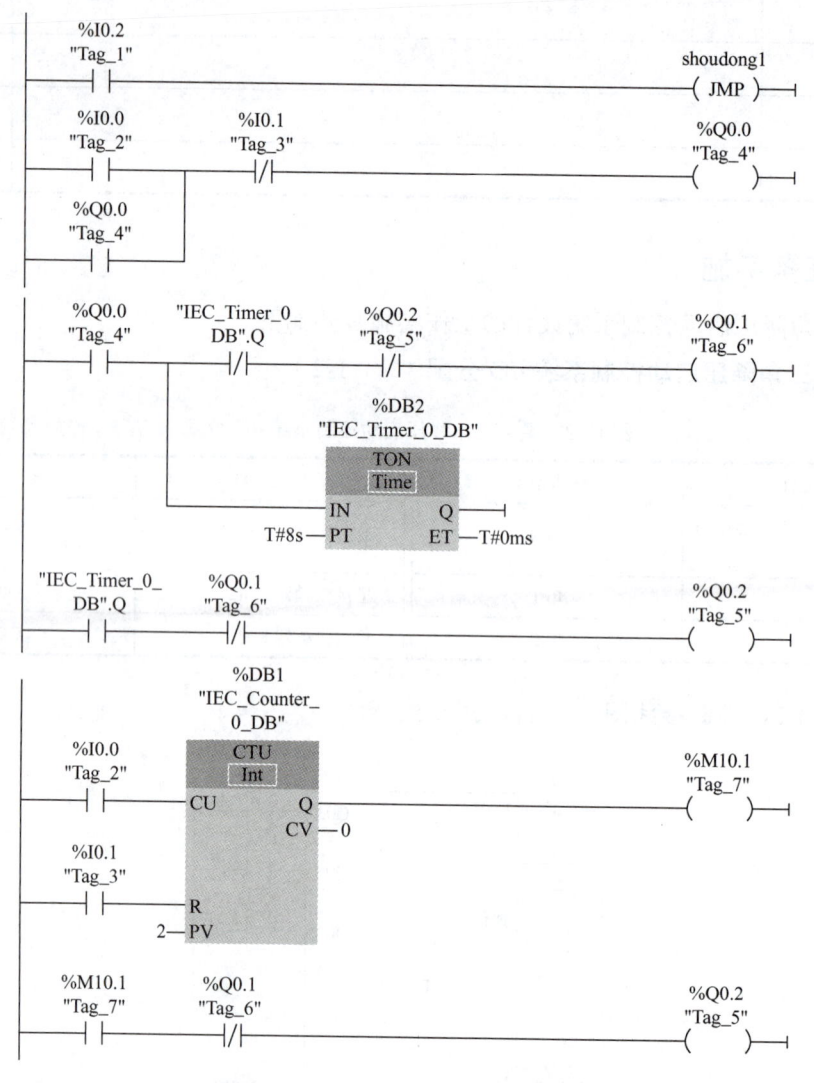

```
      %I0.2
      "Tag_1"                                                          shoudong1
      ──┤ ├──────────────────────────────────────────────────────────────( JMP )──

      %I0.0           %I0.1                                             %Q0.0
      ──┤ ├───┬───────┤/├──────────────────────────────────────────────( "Tag_4" )──
              │
      %Q0.0   │
      "Tag_4" │
      ──┤ ├───┘


      %Q0.0       "IEC_Timer_0_    %Q0.2                                %Q0.1
      "Tag_4"         DB".Q        "Tag_5"                              "Tag_6"
      ──┤ ├───┬───────┤/├──────────┤/├───────────────────────────────────( )──
              │
              │                          %DB2
              │                     "IEC_Timer_0_DB"
              │                     ┌─────────────┐
              │                     │    TON      │
              │                     │   Time      │
              └─────────────────────┤IN          Q├─
                              T#8s──┤PT         ET├──T#0ms
                                    └─────────────┘

      "IEC_Timer_0_    %Q0.1                                            %Q0.2
           DB".Q       "Tag_6"                                          "Tag_5"
      ────┤ ├──────────┤/├──────────────────────────────────────────────( )──

                                    %DB1
                              "IEC_Counter_0_DB"
                              ┌─────────────┐
      %I0.0                   │    CTU      │
      "Tag_2"                 │    Int      │                           %M10.1
      ──┤ ├───────────────────┤CU         Q ├────────────────────────( "Tag_7" )──
                              │          CV ├──0
      %I0.1                   │             │
      "Tag_3"                 │             │
      ──┤ ├───────────────────┤R            │
                         2────┤PV           │
                              └─────────────┘

      %M10.1       %Q0.1                                                %Q0.2
      "Tag_7"      "Tag_6"                                              "Tag_5"
      ──┤ ├────────┤/├─────────────────────────────────────────────────( )──
```

图 11-7 星-三角降压启动控制程序

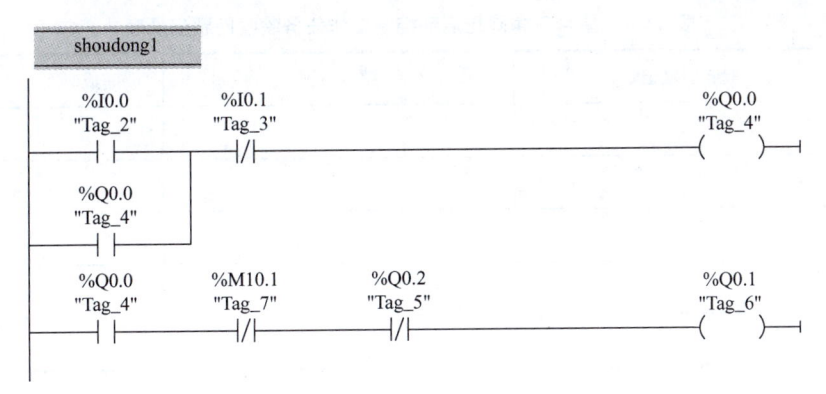

```
           shoudong1
   %I0.0         %I0.1                                              %Q0.0
   "Tag_2"      "Tag_3"                                             "Tag_4"
     ├─┤ ├───┬──┤/├────────────────────────────────────────────────( )─┤
           │
           │   %Q0.0
           │   "Tag_4"
           └───┤ ├──┘
   
   %Q0.0        %M10.1        %Q0.2                                 %Q0.1
   "Tag_4"      "Tag_7"       "Tag_5"                               "Tag_6"
     ├─┤ ├─────┤/├──────────┤/├──────────────────────────────────(   )─┤
```

图 11-7 星 – 三角降压启动控制程序（续）

5. 程序下载与运行

① 程序编译无误后，选择 PLC_1，单击下载按钮。

② 下载成功后，转至在线状态并运行程序。首先将选择开关 SA 打到"ON"，再按下系统启动按钮 SB1，可观察到 KM1 和 KM2 得电，电动机以星形接线方式启动运行。如果第二次按下 SB1，会发现 KM2 将断电，KM3 得电，电动机改为三角形接线方式运行。按下停止按钮 SB2，系统停止。如果将选择开关 SA 打到"OFF"，再按下系统启动按钮 SB1，可观察到 KM1 和 KM2 得电，电动机以星形接线方式启动运行，8s 后，KM2 自动断电，KM3 得电，系统自动切换到三角形接线方式运行。按下停止按钮，系统停止。

八、检查与评价

根据星 – 三角降压启动控制系统的完成情况，按照验收标准，对任务完成情况进行检查和评价，包括电路设计、硬件组态、I/O 地址配置、程序设计等，并将验收问题及其整改措施、完成时间进行记录。验收标准及评分表见表 11-3，验收问题记录表见表 11-4。

表 11-3 星 – 三角降压启动控制工作任务验收标准及评分表

序号	验收项目	验收标准	分值	教师评分	备注
1	电路设计	PLC 控制电路设计规范	20		
2	硬件组态	PLC 组态正确	20		
3	I/O 地址配置	I/O 地址分配合理	20		
4	程序设计	正确选用指令，程序结构简练	30		
5	运行调试	能够顺利完成运行调试	10		
		合计	100		

表 11-4　星－三角降压启动控制工作任务验收问题记录表

序号	验收问题记录	整改措施	完成时间	备注

各组展示任务完成情况，介绍任务的完成过程并提交阐述材料，进行学生自评、学生组内互评、教师评价，完成考核评价表 11-5。

表 11-5　星－三角降压启动控制工作任务考核评价表

评价项目	评价内容	分值	自评 20%	互评 20%	师评 60%	合计
职业素养 25 分	爱岗敬业，安全意识、责任意识、服务意识、集体主义精神	5				
	积极参加任务活动，按时完成任务	5				
	团队合作、交流沟通能力，语言表达能力	5				
	劳动纪律，职业道德	5				
	现场 6s 标准，行为规范	5				
专业能力 55 分	专业技能应用能力	15				
	制定计划能力，严谨认真	10				
	操作符合规范，精益求精	10				
	工作效率，分工协作	10				
	任务验收质量，质量意识	10				
创新能力 20 分	创新性思维和行动	20				
	总计	100				

教师签名：　　　　　　　　　　　　　　　　　　　　　　　　　　　学生签名：

九、习题与自测题

1. 试用跳转指令和标签指令编写三相异步电动机点动和自保停系统控制。当选择开关 SA 为 ON 时，电动机运行方式为点动，按下启动按钮 SB1，交流接触器线圈 KM1 得电；松开按钮 SB1，交流接触器线圈 KM1 失电。当选择开关 SA 为 OFF 时，电动机运行方式为自保停方式，按下启动按钮 SB1，交流接触器线圈 KM1 得电，松开按钮 SB1，交流接触器线圈 KM1 一直得电；当按下停止按钮 SB2，交流接触器线圈 KM1 失电，电动机停车。

2. 试用程序控制指令编写程序，当 %MW100 的值大于 100 时，执行电动机点动控制。当 %MW100 的值小于 50 时，执行电动机自保停控制。

任务 12　抢答器控制

一、学习任务描述

通过学习 PLC 的逻辑运算指令、解码与编码指令及选择与多路复用等指令，完成四人抢答的 PLC 控制系统的系统设计、项目组态与 I/O 配置，编写控制程序并运行调试，以实现抢答器控制系统的正常工作。

二、学习目标

1. 掌握逻辑运算指令的格式、功能及应用。
2. 掌握解码与编码指令的格式、功能及应用。
3. 掌握选择与多路复用指令的格式、功能及应用。
4. 根据任务要求完成抢答器控制程序的设计，培养 PLC 程序设计能力。
5. 通过小组合作，制定工作方案，完成工作任务，培养团队协作精神。
6. 任务实施过程中培养工匠精神、安全意识和节能意识，注重综合素养的提升。

三、任务书

某抢答器控制系统由系统启动按钮、停止按钮、选手抢答按钮和主持人复位按钮及 7 段数码管等设备组成。系统启动后，最先按下抢答按钮的，显示器通过 7 段数码管显示该组号码，此后其他选手再按下抢答按钮均无效；该题目抢答结束后，主持人按下复位按钮，显示器数码管全灭，开启下一题的抢答。所有题目抢答结束后，按下系统停止按钮，系统停止运行。

四、获取信息

? 引导问题 1：查询资料，了解逻辑运算指令。
? 引导问题 2：查询资料，了解解码与编码指令。
? 引导问题 3：查询资料，了解选择与多路复用指令。
? 引导问题 4：小组讨论，如何设计电路，绘制 PLC 控制电路原理图。
? 引导问题 5：小组讨论，如何构思梯形图程序。

五、知识准备

1. 逻辑运算指令

逻辑运算指令的功能是对输入操作数进行逻辑运算，运算结果存储在输出 OUT 指定的地址中。S7-1200 PLC 的逻辑运算指令包括与运算指令、或运算指令、异或运算指令和取反指令。

（1）与运算指令

与运算指令助记符为 AND，指令格式如图 12-1 所示。

指令功能：当使能输入 EN 的信号状态为 1 时，将两个（或多个）输入操作数的值按位相与，即 IN1 的第 0 位和 IN2 的第 0 位执行与运算，结果存储在输出 OUT 的第 0 位中。其他各位依次类推。仅当该逻辑运算中的两个位的信号状态均为 1 时，与运算的结果才为 1。如果该逻辑运算的两个位中有一个位的信号状态为 0，则与运算的结果为 0。

使能输入 EN 的信号状态为 1 时，输出 ENO 的信号状态也为 1；如果使能输入 EN 的信号状态为 0，则使能输出 ENO 的信号状态将复位为 0。

例 12-1：与运算指令应用如图 12-2 所示。

图 12-1　与运算指令格式

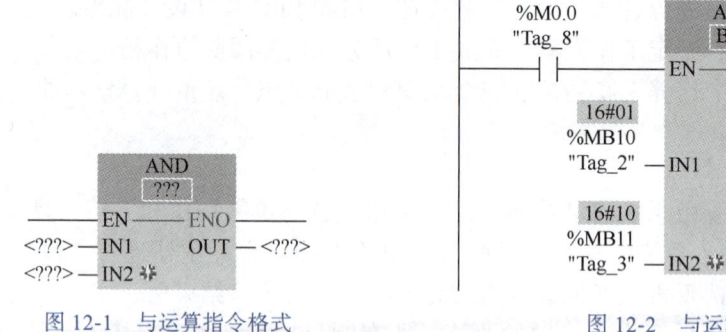

图 12-2　与运算指令应用

操作数 IN1 和 IN2 的数据类型可以是字节 Byte、字 Word 或双字 DWord，单击指令中助记符 AND 下方的问号，可以打开数据类型选择列表，对操作数的数据类型进行选择，所选择的数据类型必须和操作数的类型一致。

（2）或运算指令

或运算指令助记符为 OR，指令格式如图 12-3 所示。

指令功能：当使能输入 EN 的信号状态为 1 时，将两个（或多个）输入操作数的值按位相或，即 IN1 的第 0 位和 IN2 的第 0 位执行或运算，结果存储在输出 OUT 的第 0 位中。其他各位依次类推。仅当该逻辑运算中的两个位的信号状态均为 0 时，或运算的结果才为 0。只要有一个位的信号状态为 1，则或运算的结果就为 1。

只有使能输入 EN 的信号状态为 1 时，才执行或运算操作，此时输出 ENO 的信号状态也为 1；如果使能输入 EN 的信号状态为 0，则使能输出 ENO 的状态也将复位为 0。

例 12-2：或运算指令应用如图 12-4 所示。

项目3　S7-1200 PLC 基本指令应用

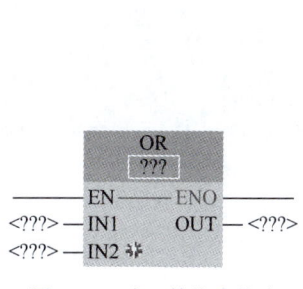

图 12-3　或运算指令格式

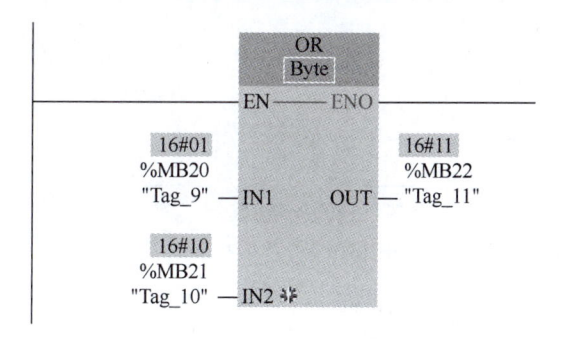

图 12-4　或运算指令应用

（3）异或运算指令

异或运算指令助记符为 XOR，指令格式如图 12-5 所示。

指令功能：当使能输入 EN 的信号状态为 1 时，将输入 IN1 和 IN2 的值执行异或运算，两个操作数的同一位如果不相同，运算结果的对应位为 1，否则为 0。例如 16 进制数 01 和 00 异或的结果是 01。

例 12-3：异或运算指令应用如图 12-6 所示。

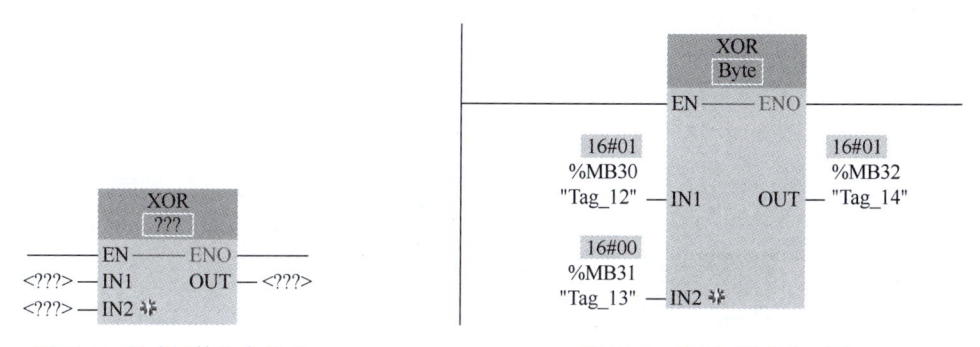

图 12-5　异或运算指令格式

图 12-6　异或运算指令应用

与、或、异或运算指令都是允许有多个输入的，单击方框中的星号，可以增加输入的个数。当输入有多个时，可以两两分别进行逻辑运算。右键单击输入引脚，也可以将其删除。或运算和异或运算指令操作数的数据类型同与运算指令。

（4）取反指令

取反指令助记符为 INV，指令格式如图 12-7 所示。

指令功能：当使能输入 EN 的信号状态为 1 时，将输入 IN 中的操作数逐位取反，即 0 变 1，1 变 0，运算结果存放在输出 OUT 指定的地址中。执行该指令后，ENO 总是为 TURE。取反指令的输入数据类型可以是字节 Byte、字 Word、双字 Dword、字整数 Int 等。

例 12-4：将输入 16#00 执行取反指令，指令执行的结果是 16#FF，如图 12-8 所示。

图 12-7　取反指令格式

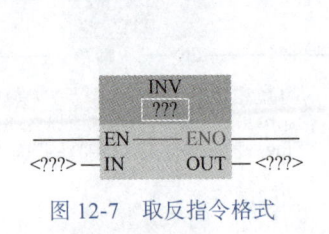

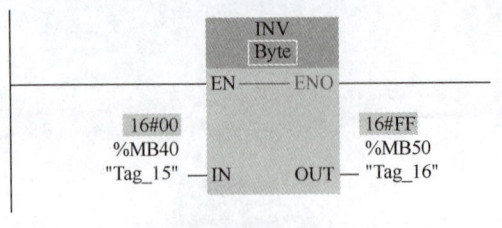

图 12-8　取反指令应用

2. 解码与编码指令

（1）解码指令

解码指令也叫译码指令，指令助记符为 DECO，取自英文单词 Decode，指令格式如图 12-9 所示。

指令功能：当使能输入 EN 的信号状态为 1 时，如果输入操作数 IN 的值为 n，那么解码指令 DECO 会将输出 OUT 的第 n 位置位为 1，其余各位置 0。

解码指令中输入 IN 的数据类型为无符号整数 Uint，OUT 的数据类型可选 Byte、Word 和 DWord。

例 12-5：当输入 IN 为 3 时，经过解码，使得输出 OUT 中仅位号是 3 的这一位置 1，其余各位都为 0，即 2#0000 1000，用 16 进制表示就是 16#08，指令应用如图 12-10 所示。

图 12-9　解码指令格式

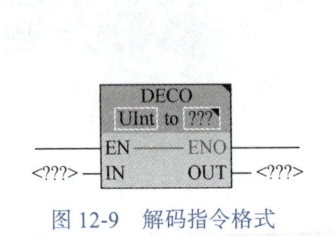

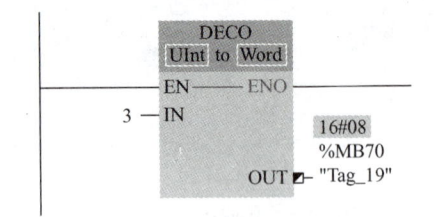

图 12-10　解码指令应用

只有使能输入 EN 的信号状态为"1"时，才能启动"解码"运算。如果执行过程中未发生错误，则输出 ENO 的信号状态也为"1"。如果使能输入 EN 的信号状态为"0"，则使能输出 ENO 的信号状态复位为"0"。

由此可见，利用解码指令可以用输入 IN 的值来控制输出 OUT 中的某一位。输入 IN 的值如果在 0～7 之间，则输出 OUT 的数据类型为 8 位的字节数；如果 IN 的值在 8～15 之间，则输出 OUT 的数据类型为 16 位的字数据；如果 IN 在 16～31 之间，则输出 OUT 为 32 位的双字数据；如果输入 IN 的值大于 31，则需要将 IN 的值除以 32 以后，用余数来进行解码操作。

（2）编码指令

编码指令助记符为 ENCO，取自英文单词 Encode，指令格式如图 12-11 所示。

指令功能：当使能输入 EN 的信号状态为 1 时，将输入 IN 中最低一个有效位的位数送到 OUT 指定的地址中去。

例 12-6：假设 IN 中的数据为二进制数 00101000，即 16#28，二进制数中 1 称之为有效位，最低一个有效位的位数是 3，所以执行编码指令后，输出 OUT 中的数值就为 3，如图 12-12 所示。

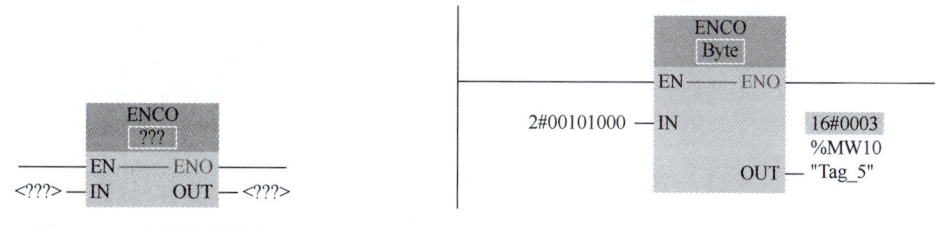

图 12-11　编码指令格式

图 12-12　编码指令应用

使用"编码"运算指令可以读取输入值中最低一个有效位的位号并将其发送到输出 OUT 中。只有使能输入 EN 的信号状态为"1"时，才能启动"编码"运算。如果执行过程中未发生错误，则输出 ENO 的信号状态也为"1"。如果使能输入 EN 的信号状态为"0"，则使能输出 ENO 的信号状态复位为"0"。

编码指令输入 IN 的数据类型可以是 Byte、Word 和 DWord，输出 OUT 的数据类型为整数型 int。

3. 选择与多路复用指令

（1）选择指令

选择指令助记符为 SEL，取自英文单词 Select 的缩写形式，指令格式如图 12-13 所示。

指令功能：选择指令除使能输入端 EN 外，还有 3 个操作数，分别是参数 G、IN0 和 IN1，输出参数 OUT。

① 选择指令的输入参数 G 的数据类型为 BOOL 型输入，相当于一个开关，选择指令正是依靠参数 G 这个开关来选择输入 IN0 或 IN1 中的一个，并将其数据复制到输出 OUT 指定的地址中。如果参数 G 的信号状态为 0，则输入 IN0 的值被复制到输出 OUT；如果参数 G 的信号状态为 1，则将输入 IN1 的值复制到输出 OUT。

② 输入参数 IN0、IN1 的数据类型应与输出 OUT 的数据类型一致，可以在字节、字、双字、实数、整数型等多种数据类型中进行选择。

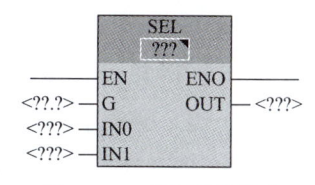

图 12-13　选择指令格式

例 12-7：选择指令由布尔量 M0.0 进行选择，假设输入 IN0 的值为 15，IN1 为 27，数据类型为整数型，当 M0.0 的信号状态为 0 时，可见输出 OUT 指定地址中存放的数据为 15，即将输入 IN0 里的数据复制到了输出 OUT 中；当 M0.0 的信号状态为 1 时，输出 OUT 地址中的数据立即变为 27，说明将输入 IN1 中的数据复制到输出 OUT 中。如图 12-14 所示。

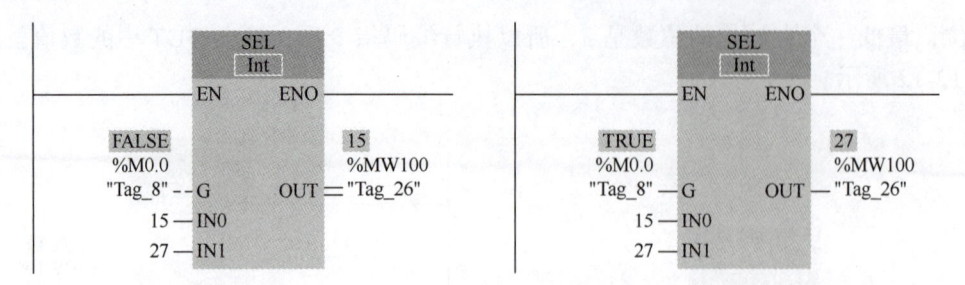

图 12-14 选择指令应用

只有使能输入端 EN 的信号状态为"1"时，才执行该操作。如果执行过程中未发生错误，则输出 ENO 的信号状态也为"1"。如果使能输入 EN 的信号状态为"0"或执行该操作期间出错，将复位使能输出 ENO。

（2）多路复用指令

多路复用指令助记符为 MUX，取自英文单词 Multiplex 的缩写，指令格式如图 12-15 所示。

指令功能：多路复用指令可以将所选输入的数据复制到输出 OUT 中去。

① 输入操作数包含 K、IN0、IN1、ELSE 等，输出为 OUT，多路复用指令能够根据输入参数 K 的值，选中某个输入数据，并将该数据传送到输出参数 OUT 指定的地址中去。

② MUX 的可选输入数可以扩展，单击指令功能框中的星号，就可以增加输入参数 IN 的个数，同时输入会在该功能框中自动编号，从 IN0 开始，每个新输入的编号会连续递增。也可以删除某个输入参数 IN。

③ 当 K=0 时，将选中输入参数 IN0，并将 IN0 的数据传送至输出 OUT，当 K=1 时，把输入参数 IN1 的数据传送至输出 OUT，依次类推。如果 K 的值大于可用的输入个数，则是将参数 ELSE 的值复制到输出 OUT 中。

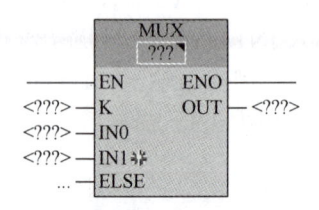

图 12-15 多路复用指令格式

例 12-8：利用多路复用指令编写程序，初始状态下参数 K 的值等于 0，所以会将输入 IN0 的值传送给输出 OUT，此时 OUT 指定地址 MW100 中的数据同 IN0，等于 10，同时指令输出 ENO 为 1 状态。将输入参数 K 的值修改为 1，执行多路复用指令，会将 IN1 中的数据 11 传送给输出 OUT。再次修改 K 的值为 3，因为可用的输入操作数只有 IN0 和 IN1 两个，并没有 IN3，此时 K 的值已经大于了可用的输入个数，所以便将输入 ELSE 的数据传送到 OUT 中，输出 OUT 中的数据为 16 进制数 000C，等于十进制数 12，并且输出 ENO 为 0 状态，如图 12-16 所示。

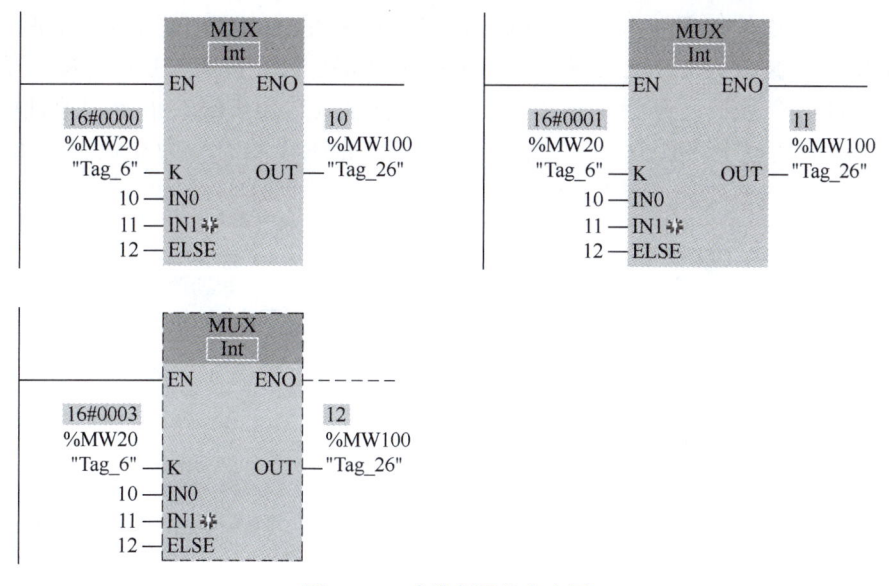

图 12-16　多路复用指令应用

输入操作数 K 的数据类型只能是整数型，IN、ELSE 和输出 OUT 的数据类型可以是字节、字、双字、整数型、实数等，且它们的数据类型要一致，这样才能执行"多路复用"操作。只有使能输入 EN 的信号状态为 1 时，才执行该操作。如果执行过程中未发生错误，则输出 ENO 的信号状态也为 1。

（3）多路分用指令

多路分用指令助记符为 DEMUX，指令格式如图 12-17 所示。

指令功能：输入操作数为 K 和 IN，输出有 OUT0、OUT1 及 ELSE 等多个，多路分用指令能够根据输入参数 K 的值，将输入 IN 的内容复制到选定的输出中去，其他输出则保持不变。

① K = 0 时，将输入 IN 的数据复制到输出 OUT0 中；K =1 时，将输入 IN 的数据复制到输出 OUT1 中，依次类推。如果参数 K 的值大于可用的输出个数，则会将 IN 的值输出给参数 ELSE，同时 ENO 为 0 状态。

② 单击指令功能框中的星号同样可以增加输出参数 OUT 的个数。

③ 输入参数 K 的数据类型为整数型，IN、ELSE 和 OUT 的数据类型应相同，可以是字节、字、双字、整数型或实数等。

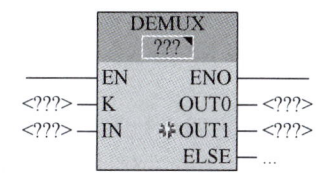

图 12-17　多路分用指令格式

例 12-9：利用多路分用指令编写程序，初始状态下参数 K 的值等于 0，所以会将输入 IN 的数据 3 复制到输出 OUT0 中，使得 OUT0 中的数据为 3，且指令输出 ENO 为 1

状态。修改参数 K 的值为 1，则指令执行的结果是将输入 IN 中的数据 3 复制到 OUT1 中；再将 K 的值修改为 2，此时输出只有 OUT0 和 OUT1，没有 OUT2，K 的值已然大于了可用的输出个数，所以会将输入 IN 的数据复制到输出 ELSE 指定的地址中去，此时 ELSE 指定的地址中存入数据 3，输出 ENO 由先前的 1 状态变为 0 状态，如图 12-18 所示。

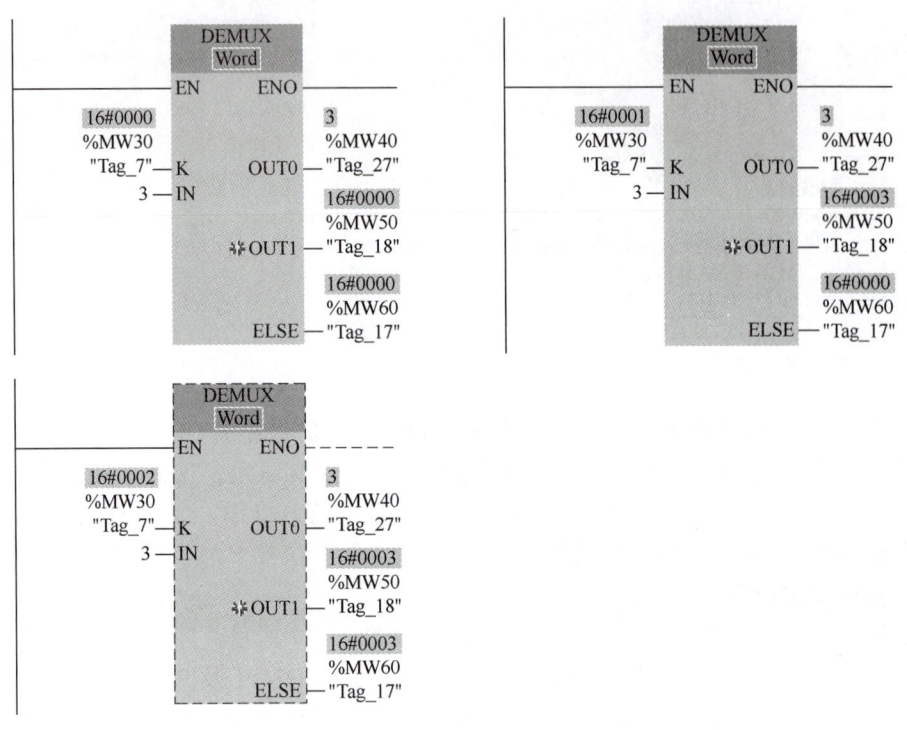

图 12-18　多路分用指令应用

需要注意的是，指令执行过程中，先传送到输出 OUT 中的数据会保持不变，所以在实际控制过程中，要根据需要决定是否执行相应的复位操作。

4. 微课资料

扫码看微课：抢答器控制

六、工作计划与决策

按照任务书要求和获取的信息，制定四人抢答器控制的工作方案，包括 I/O 分配、电路设计、硬件组态、编写程序、运行调试等工作内容和步骤，对各组的工作方案进行对比、分析、论证及完善，最终形成决策方案，作为工作实施的依据。请将工作实施的决策方案列入表 12-1。

表 12-1 四人抢答器工作实施决策方案

步骤名称	工作内容	负责人

七、任务实施

四人抢答器控制系统设计的工作实施步骤如下。

1. 抢答器控制系统 I/O 分配（表 12-2）

表 12-2 抢答器控制系统 I/O 分配

输入		输出	
主持人复位按钮 SB1	I0.0	数码管显示 a 段	Q0.0
选手 1 抢答按钮 SB2	I0.1	数码管显示 b 段	Q0.1
选手 2 抢答按钮 SB3	I0.2	数码管显示 c 段	Q0.2
选手 3 抢答按钮 SB4	I0.3	数码管显示 d 段	Q0.3
选手 4 抢答按钮 SB5	I0.4	数码管显示 e 段	Q0.4
系统启动按钮 SB6	I0.5	数码管显示 f 段	Q0.5
系统停止按钮 SB7	I0.6	数码管显示 g 段	Q0.6

2. 设计 PLC 控制原理图（图 12-19）

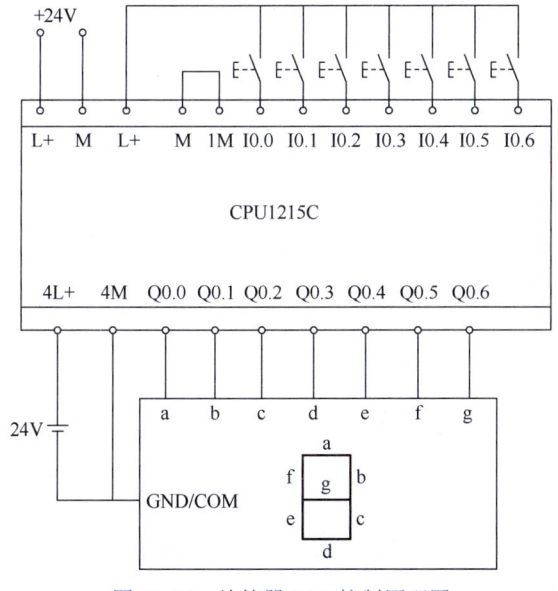

图 12-19 抢答器 PLC 控制原理图

3. 新建项目及组态

① 打开西门子 PLC 博途软件，在 PORTAL 视图中，单击"创建新项目"，并输入项目名称"四人抢答器控制"，以及路径和作者等信息，然后单击"创建"即可生成新项目。

② 在项目树中，单击"添加新设备"，选择 CPU 型号和版本号（必须与实际设备相匹配）。

4. 编写程序

（1）创建 PLC 变量表

在项目树中，选择"PLC_1"→"PLC 变量"，双击"添加新变量表"，变量表名为默认设置。PLC 变量表如图 12-20 所示。

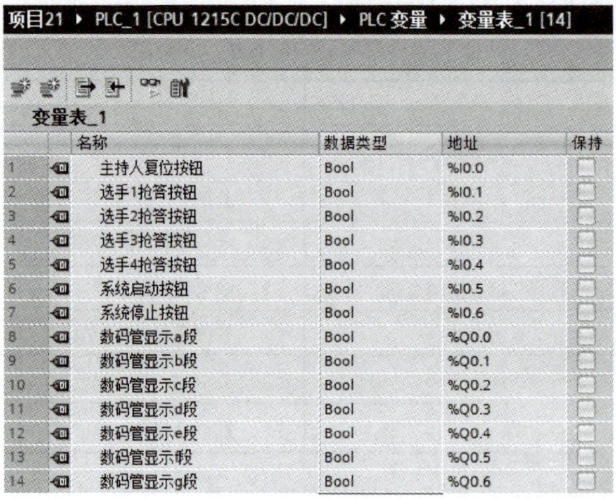

	名称	数据类型	地址	保持
1	主持人复位按钮	Bool	%I0.0	
2	选手1抢答按钮	Bool	%I0.1	
3	选手2抢答按钮	Bool	%I0.2	
4	选手3抢答按钮	Bool	%I0.3	
5	选手4抢答按钮	Bool	%I0.4	
6	系统启动按钮	Bool	%I0.5	
7	系统停止按钮	Bool	%I0.6	
8	数码管显示a段	Bool	%Q0.0	
9	数码管显示b段	Bool	%Q0.1	
10	数码管显示c段	Bool	%Q0.2	
11	数码管显示d段	Bool	%Q0.3	
12	数码管显示e段	Bool	%Q0.4	
13	数码管显示f段	Bool	%Q0.5	
14	数码管显示g段	Bool	%Q0.6	

图 12-20 抢答器控制 PLC 变量表

（2）编写四人抢答器控制程序（图 12-21）

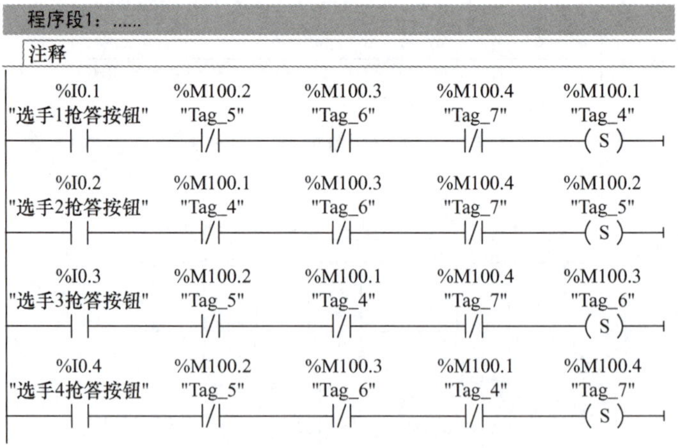

```
程序段1: ……
注释

   %I0.1        %M100.2      %M100.3      %M100.4      %M100.1
"选手1抢答按钮"  "Tag_5"      "Tag_6"      "Tag_7"      "Tag_4"
   ─┤├─         ─┤/├─        ─┤/├─        ─┤/├─        ─( S )─

   %I0.2        %M100.1      %M100.3      %M100.4      %M100.2
"选手2抢答按钮"  "Tag_4"      "Tag_6"      "Tag_7"      "Tag_5"
   ─┤├─         ─┤/├─        ─┤/├─        ─┤/├─        ─( S )─

   %I0.3        %M100.2      %M100.1      %M100.4      %M100.3
"选手3抢答按钮"  "Tag_5"      "Tag_4"      "Tag_7"      "Tag_6"
   ─┤├─         ─┤/├─        ─┤/├─        ─┤/├─        ─( S )─

   %I0.4        %M100.2      %M100.3      %M100.1      %M100.4
"选手4抢答按钮"  "Tag_5"      "Tag_6"      "Tag_4"      "Tag_7"
   ─┤├─         ─┤/├─        ─┤/├─        ─┤/├─        ─( S )─
```

图 12-21 四人抢答器控制程序

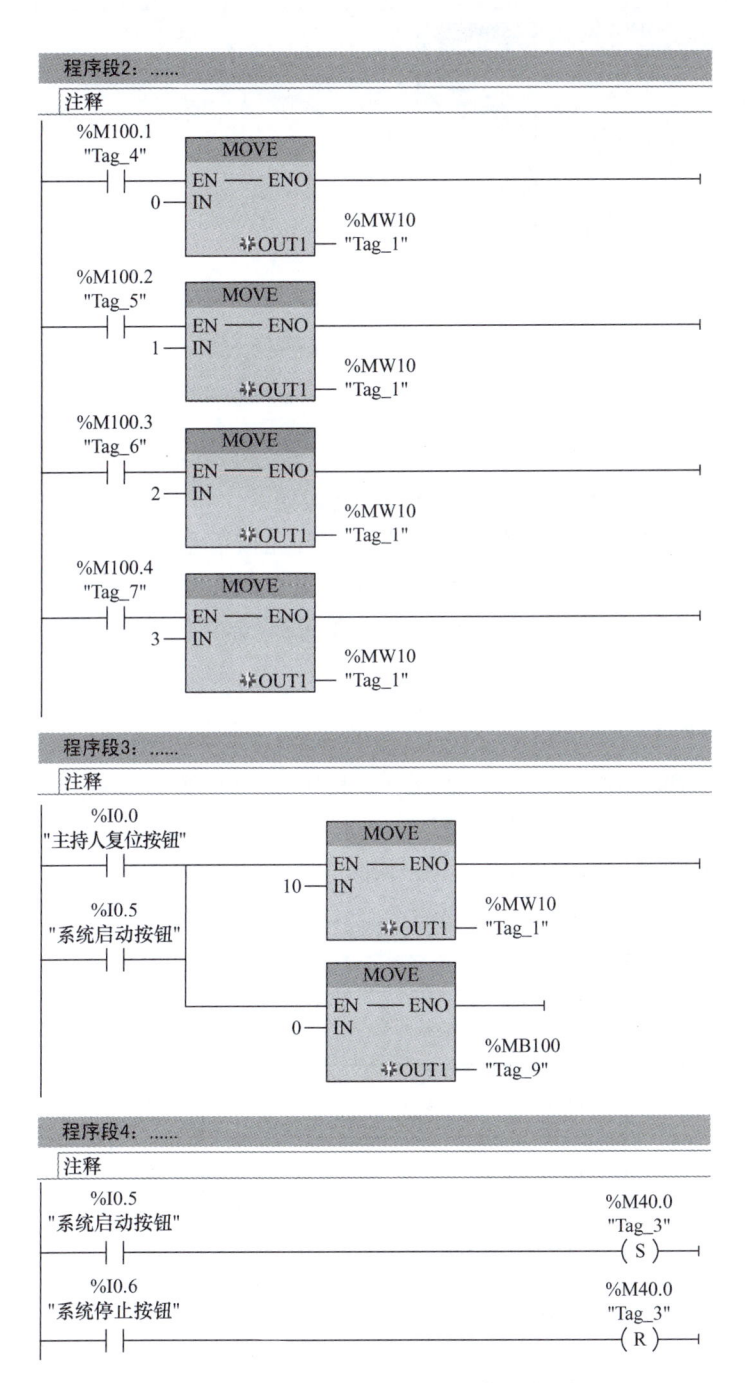

项目 3　S7-1200 PLC 基本指令应用

程序段2：……
注释

```
%M100.1
"Tag_4"         MOVE
——| |——      EN —— ENO
             0 — IN
                    ※OUT1 —— %MW10
                              "Tag_1"

%M100.2
"Tag_5"         MOVE
——| |——      EN —— ENO
             1 — IN
                    ※OUT1 —— %MW10
                              "Tag_1"

%M100.3
"Tag_6"         MOVE
——| |——      EN —— ENO
             2 — IN
                    ※OUT1 —— %MW10
                              "Tag_1"

%M100.4
"Tag_7"         MOVE
——| |——      EN —— ENO
             3 — IN
                    ※OUT1 —— %MW10
                              "Tag_1"
```

程序段3：……
注释

```
%I0.0
"主持人复位按钮"
——| |——              MOVE
                 EN —— ENO
%I0.5        10 — IN
"系统启动按钮"         ※OUT1 —— %MW10
——| |——                        "Tag_1"

                     MOVE
                 EN —— ENO
              0 — IN
                     ※OUT1 —— %MB100
                               "Tag_9"
```

程序段4：……
注释

```
%I0.5                              %M40.0
"系统启动按钮"                       "Tag_3"
——| |——                            ——( S )——

%I0.6                              %M40.0
"系统停止按钮"                       "Tag_3"
——| |——                            ——( R )——
```

图 12-21　四人抢答器控制程序（续）

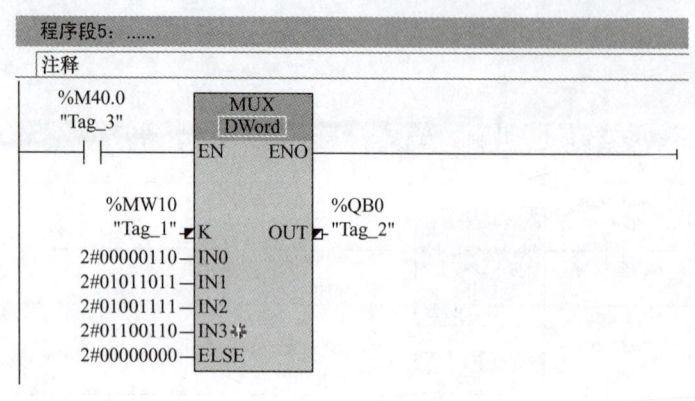

```
程序段5: ……
注释

       %M40.0         MUX
       "Tag_3"       DWord
         ┤├         EN    ENO
                    
         %MW10              %QB0
         "Tag_1"— K    OUT —"Tag_2"
       2#00000110 —IN0
       2#01011011 —IN1
       2#01001111 —IN2
       2#01100110 —IN3✻
       2#00000000 —ELSE
```

图 12-21　四人抢答器控制程序（续）

5. 程序下载与运行

① 程序编译无误后，选择 PLC_1，单击下载按钮。

② 下载成功后，转至在线状态并运行程序。首先按下系统启动按钮，抢答器控制系统启动运行，数码管无任何显示，任何一位选手按下抢答按钮，数码管显示其对应的号码，其他选手再按抢答按钮无效；主持人按下复位按钮，显示器复位。按下系统停止按钮，停止系统运行。

八、检查与评价

根据四人抢答器控制系统的完成情况，按照验收标准，对任务完成情况进行检查和评价，包括电路设计、I/O 地址配置、硬件组态、程序设计等，并将验收问题及其整改措施、完成时间进行记录。验收标准及评分表见表 12-3，验收问题记录表见表 12-4。

表 12-3　四人抢答器控制工作任务验收标准及评分表

序号	验收项目	验收标准	分值	教师评分	备注
1	电路设计	PLC 控制电路设计规范	20		
2	硬件组态	PLC 组态正确	20		
3	I/O 地址配置	I/O 地址分配合理	20		
4	程序设计	正确选用指令，程序结构简练	30		
5	运行调试	能够顺利完成运行调试	10		
		合计	100		

表 12-4　四人抢答器控制工作任务验收问题记录表

序号	验收问题记录	整改措施	完成时间	备注

各组展示任务完成情况，介绍任务的完成过程并提交阐述材料，进行学生自评、学生组内互评、教师评价，完成考核评价表 12-5。

表 12-5　四人抢答器工作任务考核评价表

评价项目	评价内容	分值	自评 20%	互评 20%	师评 60%	合计
职业素养 25 分	爱岗敬业，安全意识、责任意识、服务意识、集体主义精神	5				
	积极参加任务活动，按时完成任务	5				
	团队合作、交流沟通能力，语言表达能力	5				
	劳动纪律，职业道德	5				
	现场 6s 标准，行为规范	5				
专业能力 55 分	专业技能应用能力	15				
	制定计划能力，严谨认真	10				
	操作符合规范，精益求精	10				
	工作效率，分工协作	10				
	任务验收质量，质量意识	10				
创新能力 20 分	创新性思维和行动	20				
	总计	100				

教师签名：　　　　　　　　　　　　　　　　　　　　　　　　　　　　　　学生签名：

九、习题与自测题

1. 使用逻辑运算指令将 MW10 和 MW20 合并后分别送到 MD30 的低字和高字中。

2. 编程实现在 M10.0 的上升沿用"与运算"指令将 MW30 的最高 3 位清零，其余各位保持不变。

3. 编程实现在 M20.0 的下降沿用"或运算"指令将 Q0.3～Q0.5 变为 1，QB0 其余各位保持不变。

任务 13 自动剪板机控制

一、学习任务描述

工业控制中目前存在着大量的顺序控制,如汽车装配、饮料灌装、家电生产、机械加工等。完成对顺序控制系统的控制是 S7-1200 PLC 的主要控制目的。本工作任务是通过完成对自动剪板机的控制,来掌握顺序控制系统的控制方法,同时也将前面没有讲解的日期时间指令在本任务中进行学习。

二、学习目标

1. 掌握日期与时间指令的格式、功能及应用。
2. 理解顺序控制含义。
3. 掌握顺序功能图的组成及结构形式。
4. 掌握顺序功能图设计技巧。
5. 根据任务要求完成抢答器控制程序的设计,培养 PLC 程序设计能力。
6. 通过小组合作,制定工作方案,完成工作任务,培养团队协作精神。
7. 任务实施过程中培养工匠精神、安全意识和节能意识,注重综合素养的提升。

三、任务书

自动剪板机属于直线切割机类,用于剪裁各种尺寸金属板材,在轧钢、汽车、飞机、桥梁等各个工业领域都有广泛应用。它主要由输送辊道、工作台、压钳、剪刀等部分组成,工作示意图如图 13-1 所示。其中输送辊道由三相异步电动机拖动,压钳及剪刀的剪切由液压系统驱动。自动剪板机控制要求如下:剪板机工作前,压钳和剪刀均在上方,分别压合限位开关 SQ2 和 SQ4;Y1 得电,压钳下压,Y1 失电,压钳返回;Y2 得电,剪刀剪切,Y2 失电,剪刀返回。按下启动按钮 SB2,剪切液压系统的液压泵启动,10s 后输送辊道启动,钢板经输送辊道送至剪板机,当钢板移动到位后,SQ1 压下,输送辊道停止;剪切系统开始工作,首先是压钳下压,SQ3 动作时剪刀下行将钢板剪断,延时 10s 后剪刀返回,压下限位开关 SQ4,压钳返回,当压钳回到 SQ2 时,可再次启动输送辊道,直到剪完指定的块数,液压泵停止,系统恢复原始状态。设备如遇紧急情况,可按下急停按钮 SB1,立即停车。自动剪板机启动后,剪完 5 块钢板,停止工作。试设计相应的 PLC 控制系统。

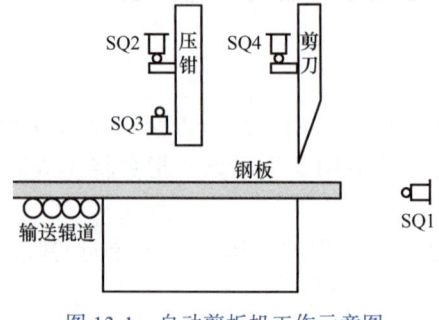

图 13-1 自动剪板机工作示意图

四、获取信息

? 引导问题 1：查询资料，了解日期与时间指令。
? 引导问题 2：查询资料，了解顺序控制。
? 引导问题 3：查询资料，了解顺序功能图的组成及结构形式。
? 引导问题 4：小组讨论，如何设计电路，绘制 PLC 控制电路原理图。
? 引导问题 5：小组讨论，如何设计顺序功能图。
? 引导问题 6：小组讨论，如何构思梯形图程序。

_____

_____

_____

_____

_____

五、知识准备

1. 日期与时间指令

日期和时间指令用于设计日历、计算时间等，属于 PLC 的扩展指令。

（1）日期和时间的数据类型

日期和时间的常用数据类型有 Time 型和 DTL 型。Time 型数据的长度为 4 字节，时间单位为 ms。DTL 这种数据类型主要用来保存日期和时间信息，可以在块的临时存储器中或者在 DB 中进行定义，DTL 数据类型总共包含 12 个字节，其中年份占 2 个字节，月、日、星期、小时、分、秒各占 1 个字节，纳秒（ns）占 4 个字节，见表 13-1。

表 13-1 DTL 数据类型

DTL 数据类型组件	字节 byte	数据类型	数据有效范围
年	0～1	UINT	1970～2554
月	2	USINT	1～12
日	3	USINT	1～31
星期	4	USINT	1～7
小时	5	USINT	0～23
分	6	USINT	0～59
秒	7	USINT	0～59
纳秒	8～11	UDINT	0～999 999 999

从表中可以看出，DTL 数据类型中每个组件都有固定的取值范围，年是从 1970～2554，月从 1～12，日是 1～31 等，这里的星期代码 1～7 分别代表了星期日～星期六。DTL 型数据的格式为：DTL#1976-013-01-00:00:00.0。

（2）时间转换指令 T_CONV

T_CONV 指令格式如图 13-2 所示。时间转换指令用于在整数和时间数据类型之间转换，可将输入 IN 的数据类型转换成输出 OUT 指定的数据类型。分别从输入数据类型列表和输出数据类型列表里对输入输出数据的类型进行选择。

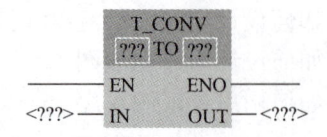

图 13-2　T_CONV 指令格式

例 13-1：利用时间转换指令，将一个 DTL 类型的数据 2021-09-23-18:11:30.0，转换为 Date 型数据。

首先从扩展指令中找到时间转换指令，双击至程序编辑区，指令功能框中的输入输出数据类型分别选择 DTL 型和 Date 型，输入数据 DTL#2021-09-23-18:11:30.0，如图 13-3a 所示。

单击左侧项目树下程序块里的添加新块，添加一个全局数据块，在数据块里建立一个数据类型为 Date 的变量，命名为 a，如图 13-4 所示。

在组织块 OB1 中，将转换指令 OUT 参数选择数据块_1 中的 Date 型变量 a，如图 13-3a 所示。编译无误后下载并运行程序，此时在程序监控状态下可以看到 DTL 型数据经时间转换指令转换后，输出为 Date 型数据 D#2021-09-23，如图 13-3b 所示。

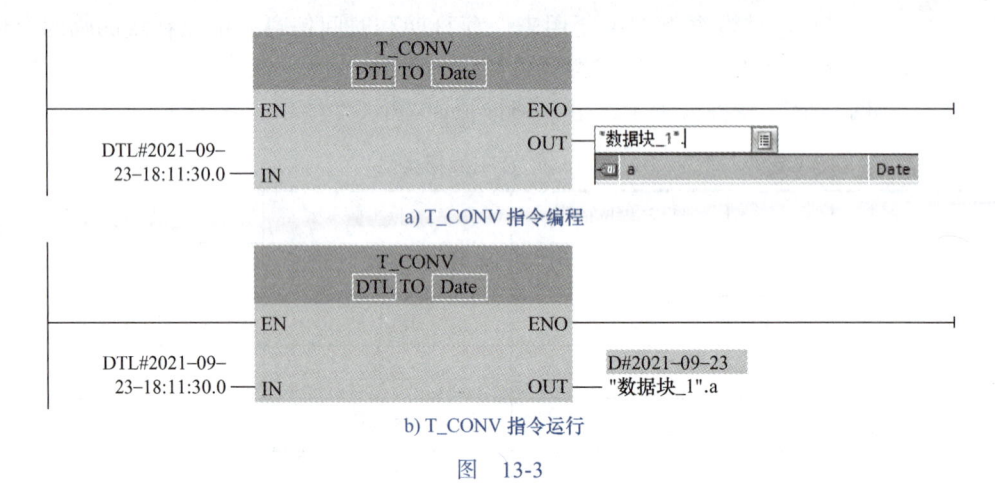

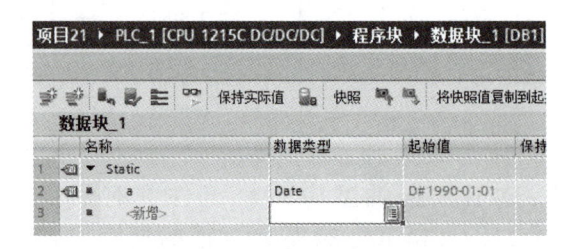

a) T_CONV 指令编程

b) T_CONV 指令运行

图　13-3

图 13-4　建立 Date 型变量

还可以利用时间转换指令将 Time_of_Day 数据类型转换为 Dint 型，在数据块_1 中继续新建 Dint 型变量 b，如图 13-5a 所示。修改数据转换指令中输入输出数据类型，输入 TOD#01:00:00，即 1 时 0 分 0 秒，输出 OUT 选择数据块_1 中的变量 b，程序运行后显示输出的 Dint 型数据为 3600000ms，即 3600s，如图 13-5b 所示。

a）建立 Dint 型变量

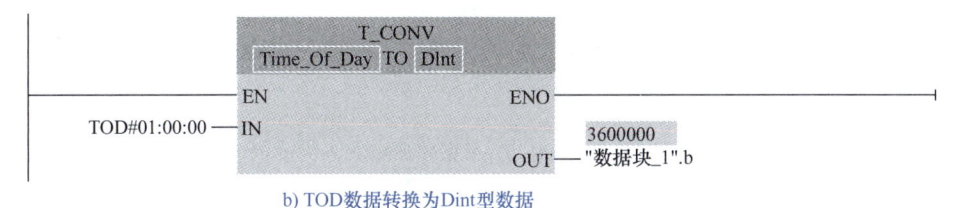

b）TOD 数据转换为 Dint 型数据

图 13-5

（3）时间加法指令 T_ADD 和时间减法指令 T_SUB

时间加法指令 T_ADD 可将输入 IN1 的时间与输入 IN2 的时间相加，可以是时间段与时间段相加，即两个 Time 型数据相加，结果输出到 Time 格式的变量中。

例 13-2：将一个时间段 6s 和另一个时间段 8s 相加，输出 OUT 指定地址中的数据为相加的结果，等于 14s，OUT 中的数据类型也为 Time 格式，如图 13-6 所示。

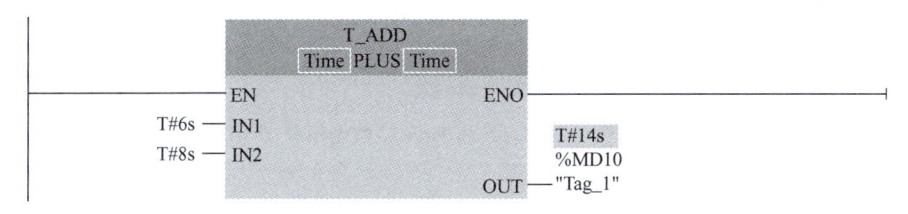

图 13-6　Time 型数据相加

也可以是时间点与时间段相加，即 DTL 型数据和 Time 型数据相加，结果输出到 DTL 格式的变量中。

例 13-3：将一个时间段数据 T#15s 加到某个时间点上，这个时间点我们取为 DTL#2021-09-23-00:00:00，相加的结果为 DTL 型数据 DTL#2021-09-23-00:00:15，如图 13-7 所示。输入 IN1 的数据类型可以是 Time 或者 DTL，而 IN2 只能指定 Time 格式的时间。

时间减法指令 T_SUB，可将输入 IN1 的时间与输入 IN2 的时间相减。可以是时间段与时间段相减，即两个 Time 型数据相减，结果输出到 Time 格式的变量中。

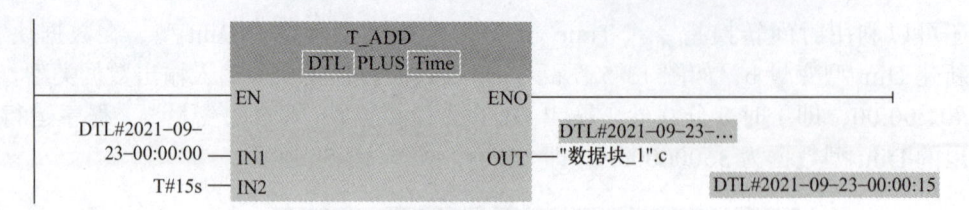

图 13-7　DTL 和 Time 型数据相加

例 13-4：用 T_SUB 指令对两个 Time 变量 T#14s 和 T#3s 执行减法运算，运算结果存放在输出 OUT 指定地址 MD40 中，MD40 中的数据为 T#11s，如图 13-8 所示。

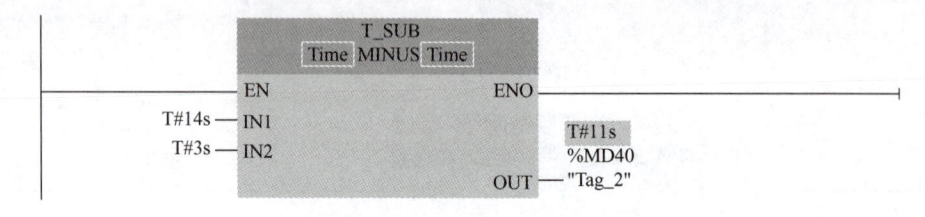

图 13-8　Time 型数据相减

也可以是时间点与时间段相减，某时间点 DTL 减去一个时间段 Time，结果输出到 DTL 格式的变量中。

例 13-5：DTL 型数据 DTL#2021-09-23-20:15:10，减去 Time 型数据 T#4h_5m_6s，结果为 DTL 型数据 DTL#2021-09-23-16:10:04，如图 13-9 所示。减法指令中输入 IN2 同样也只能指定 Time 格式的时间。

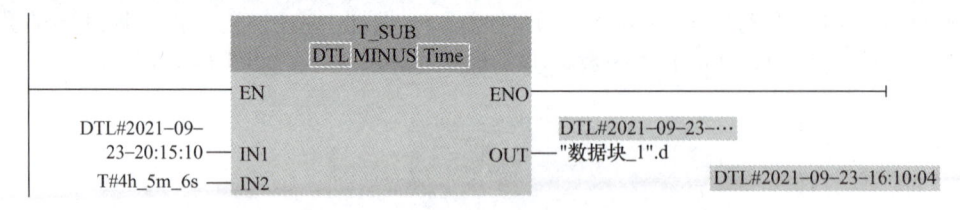

图 13-9　DTL 和 Time 型数据相减

（4）时间差指令 T_DIFF

日期与时间指令还包括"时间差"指令 T_DIFF，它能够将 IN1 中的时间值减去 IN2 中的时间值，结果保存到输出 OUT 中。输入数据类型可以是 DTL 型，Date 型，也可以是 TOD 型，输出 OUT 只能是 Time 型或 INT 型。

例 13-6：求两个 TOD 类型数据 TOD#08:45:30 和 TOD#03:10:09 的时间差，指令执行的结果为 T#5h_35m_21s，如图 13-10 所示。

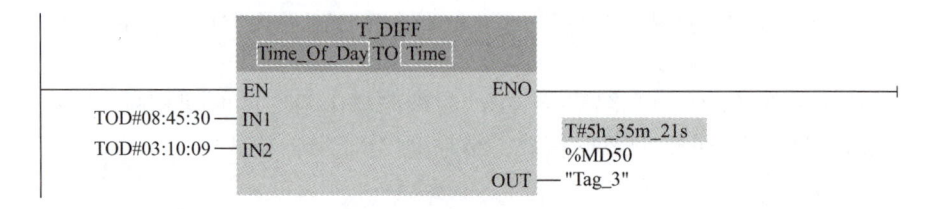

图 13-10　T_DIFF 指令应用

项目 3 S7-1200 PLC 基本指令应用

（5）组合时间指令 T_COMBINE

组合时间指令 T_COMBINE 用于合并日期值和时间值。例如将日期值 D#2021-9-24 和时间值 TOD#08:45:30 进行合并，合并的结果为 TOD#2021-9-24-08:45:30，如图 13-11 所示。指令输入 IN1 数据类型为日期 Date 型，IN2 的数据类型为 TOD 型。

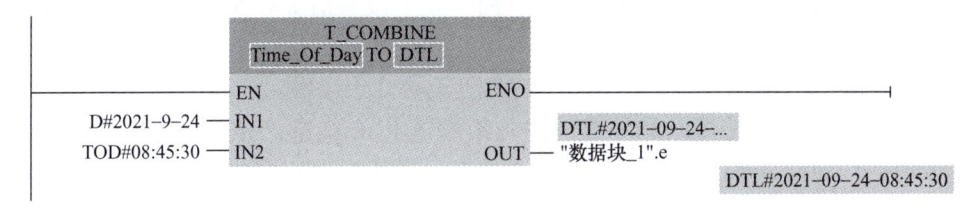

图 13-11 T_COMBINE 指令应用

2. PLC 顺序控制功能

顺序控制是指在生产过程中根据生产工艺预先规定的各部件动作顺序，在外部信号、内部状态或时间等条件的作用下，每个执行机构自动、有序操作的一种控制方式。只要是顺序控制，就可以使用 PLC 的顺序控制功能来实现。

（1）顺序功能图

顺序控制设计法首先要根据系统的工艺过程，画出顺序功能图，然后根据顺序功能图设计梯形图程序。顺序功能图是描述控制系统的控制过程、功能和特性的一种图形，也是设计 PLC 顺序控制程序的有力工具。在 PLC 的国际标准 IEC61131-3 中，顺序功能图是位居首位的编程语言，有的 PLC 为用户提供了专门的顺序功能图语言，例如 S7-300/400/1500 PLC 的 S7-Graph 语言，在编程软件中可直接生成顺序功能图程序。当然还有很多 PLC 没有顺序功能图语言，例如 S7-1200 PLC，但是可以用顺序功能图来描述系统的功能，根据它来设计梯形图程序。

1）顺序功能图基本组成 顺序功能图的基本组成包括步、步动作、转换条件及有向线段等，如图 13-12 所示。顺序控制设计法是将系统的一个工作周期划分为若干个顺序相连的阶段，这些阶段称为步，用编程元件例如 M 来代表各步。步是根据输出量的状态变化来划分的，在任何一步内，各输出量的 1、0 状态不变，但相邻两步之间输出量的状态是不同的。步用矩形方框表示，方框中的数字是该步的编号，也可以用代表该步的编程元件地址作为步的编号，例如 M0.0。

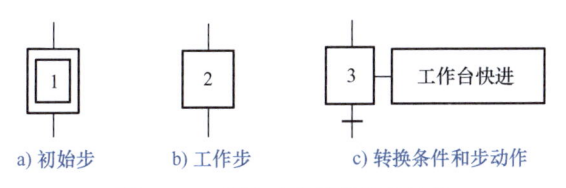

a) 初始步   b) 工作步   c) 转换条件和步动作

图 13-12 顺序功能图的基本组成

步分为初始步和工作步两种形式。与系统的初始状态相对应的步称为初始步，初始状态一般是系统等待启动命令的相对静止的状态。初始步用双线框来表示。一个顺序功能图至少应有一个初始步。系统正处于某一步所在的阶段时，该步处于活动状态，称之为工作步，也叫活动步，该步内的元件为 ON 状态；处于不活动状态时，该步内的元件为 OFF 状态。

每步所驱动的负载，称为步动作，用方框中的文字或符号表示，并用线将该方框和相应的步相连。在顺序功能图中，随着时间的推移和转换条件的实现，步的活动状态将会发生改变，将代表各步的方框按照它们成为活动步的先后顺序依次排列，并用有向连线将它们连接起来，表示步的转移路线及方向，有向连线上没有箭头标注时，默认方向为自上而下，自左而右。

有向连线上用一条与之垂直的短划线来表示转换，使系统由当前步进入下一步的信号称为转换条件，转换条件可以是外部的输入信号或 PLC 内部产生的信号，转换条件还可以是若干个信号的与、或、非逻辑组合。当转换条件满足时，即封锁上一步，转向下一步执行新的控制程序；若条件不满足则继续执行本步的操作。

控制系统的顺序功能图必须满足以下原则，首先步与步不能直接相连，必须用转换分开；其次转换与转换不能相连，必须用步分开；步与转换、转换与步之间的连接必须采用有向连线，从上向下、自左而右画时，可以省略箭头；一个功能图至少要有一个初始步，初始步一般对应于系统等待启动的初始状态，这一步可以没有输出，只是做好预备状态。

2）顺序功能图的基本结构形式　顺序功能图的基本结构包括单序列、选择序列、并行序列等多种。单序列功能图由一系列相继激活的步组成，每一步后面仅有一个转移，每个转移后面也仅连接一个步，单序列的特点是没有分支与合并，如图 13-13a 所示。在这个单序列中，X2 这一步工作的前提下如果又满足转换条件 a，则激活 X3 步，同时关闭上步 X2 的工作，X3 的关闭由下一步 X4 完成。

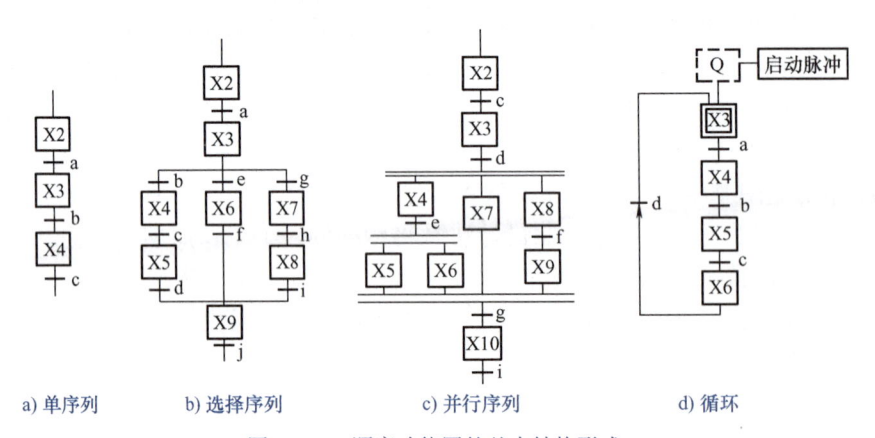

图 13-13　顺序功能图的基本结构形式

a) 单序列　　b) 选择序列　　c) 并行序列　　d) 循环

选择序列是指在一步后面有若干个单序列等待着选择，且一次仅能选择进入其中的一个序列。选择序列之间的关系是逻辑"或"的关系，哪条序列的转移条件最先得到满足，这条序列就会被选中，程序就按这条序列向下执行。即使后来其他的转移条件也陆续得到满足，相应的序列也不会被选中。选择序列的分支与合并一般用单横线表示，且水平线下不允许有转移直接连接，如图 13-13b 所示。在这个选择序列中，若 X3 为活动步，此时 b、e、g 三个转换条件均可能有效，但一般不会同时转移，只会选择最先满足转换条件的那个分支执行。

并行序列是指在某一转移条件下，同时启动若干个序列。并行序列之间的关系是逻辑

"与"关系，只要转换条件得到满足，它下面的所有序列必须同时都被执行。并行分支与合并一般用双横线表示，如图 13-13c 所示。在这个并行序列中，X3·d 是 X4、X7、X8 的共同激活条件，而 X3 必须在 X4、X7 和 X8 都激活后才能关断。在并行序列的结束处，只有在 X5、X6、X7、X9 均为活动步且转移条件为真时，才能开启 X10 并关断 X5、X6、X7、X9。

有的顺序功能图在序列结束后，需要直接返回到初始步，这样就形成了系统的循环，如图 13-13d 所示。在循环过程中，初始步是由前一个循环的最后一步完成后激活的，因此只要初始步的转换条件为真，就转入一个新的循环。但是在第一个循环中，初始步怎样才能激活呢？通常采用的办法是另加一个短信号，专门在初始阶段激活初始步。短信号只在初始阶段出现一次，一旦建立循环，它不能干扰其正常运行。具体可以用按钮或 PLC 的启动脉冲获得这种短信号，启动脉冲用虚线框表示。

（2）顺序控制的程序实现

任意顺序控制问题都可用功能图来表示。用功能图来编制顺序控制程序比直接用指令编程更简单，结构更清晰，可以省去许多繁杂的逻辑判断和调用操作，还可以省去许多用于记忆、联锁、互锁的中间单元。其编制过程规范，也相当直观。

为了编写程序方便，绘制系统的功能图时，通常根据 PLC 指令的使用情况，直接将功能图中的各工步用适当的 PLC 内部存储器位表示，各工步的转移条件和动作执行器件也要用所对应的 PLC 输入输出地址或内部存储器位表示。功能图绘制好后，就可以使用 PLC 的有关指令将其转化为 PLC 程序。通常可采用布尔指令、移位指令等来实现其转化。当采用布尔指令或移位指令编写程序时，功能图中通常使用 PLC 的内部存储器位 M 来表示各状态步，如 M0.0、M0.1 等。

3. 微课资料

扫码看微课：自动剪板机控制

六、工作计划与决策

按照任务书要求和获取的信息，制定自动剪板机控制的工作方案，包括 I/O 分配、电路设计、顺序功能图绘制、硬件组态、编写程序、运行调试等工作内容和步骤，对各组的工作方案进行对比、分析、论证及完善，最终形成决策方案，作为工作实施的依据。请将工作实施的决策方案列入表 13-2。

表 13-2 自动剪板机工作实施决策方案

步骤名称	工作内容	负责人

七、任务实施

自动剪板机控制系统设计的工作实施步骤如下。

1. 自动剪板机控制系统 I/O 分配（表 13-3）

表 13-3 自动剪板机控制系统 I/O 分配

输入		输出	
急停按钮 SB1	I0.5	输送辊道驱动 KM1	Q0.0
启动按钮 SB2	I0.0	液压泵驱动 KM2	Q0.1
钢板到位 SQ1	I0.1	压钳驱动 Y1	Q0.2
压钳复位 SQ2	I0.2	剪刀驱动 Y2	Q0.3
压钳到位 SQ3	I0.3		
剪刀复位 SQ4	I0.4		

2. PLC 控制端子图（图 13-14）

3. 顺序功能图（图 13-15）

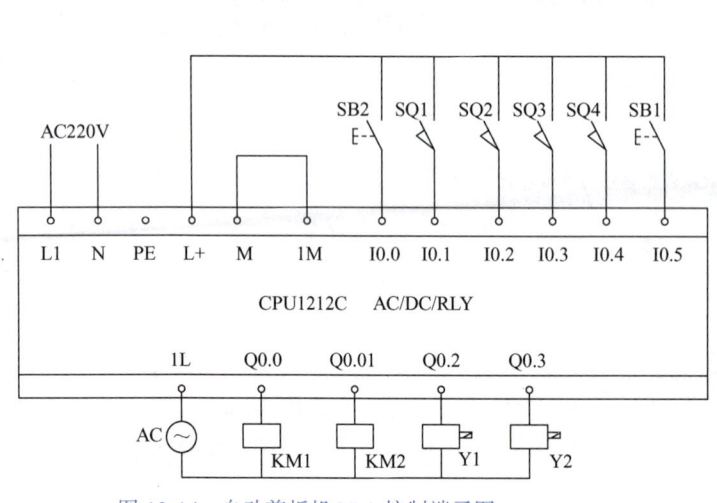

图 13-14 自动剪板机 PLC 控制端子图

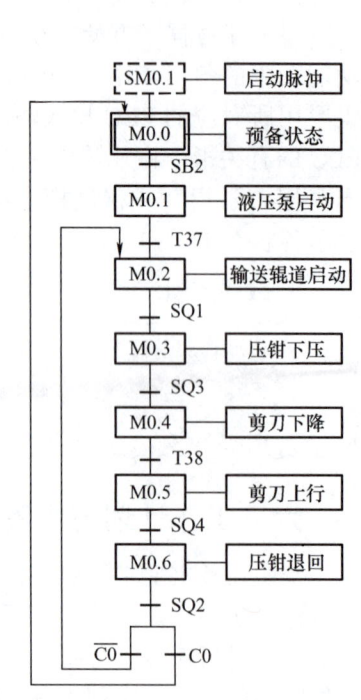

图 13-15 自动剪板机顺序功能图

4. 新建项目及组态

① 打开西门子 PLC 博途软件，在 PORTAL 视图中，单击"创建新项目"，并输入项目名称"自动剪板机控制"，以及路径和作者等信息，然后单击"创建"即可生成新项目。

② 在项目树中，单击"添加新设备"，选择 CPU 型号和版本号（必须与实际设备相匹配）。

5. 编写程序

（1）创建 PLC 变量表

在项目树中，选择"PLC_1"→"PLC 变量"，双击"添加新变量表"，变量表名为默认设置。PLC 变量表如图 13-16 所示。

	名称	数据类型	地址	保持
1	启动按钮	Bool	%I0.0	
2	钢板到位	Bool	%I0.1	
3	压钳复位	Bool	%I0.2	
4	压钳到位	Bool	%I0.3	
5	剪刀复位	Bool	%I0.4	
6	急停按钮	Bool	%I0.5	
7	输送辊道驱动KM1	Bool	%Q0.0	
8	液压泵驱动KM2	Bool	%Q0.1	
9	压钳驱动Y1	Bool	%Q0.2	
10	剪刀驱动Y2	Bool	%Q0.3	

图 13-16　自动剪板机 PLC 变量表

（2）编写自动剪板机控制程序（图 13-17）

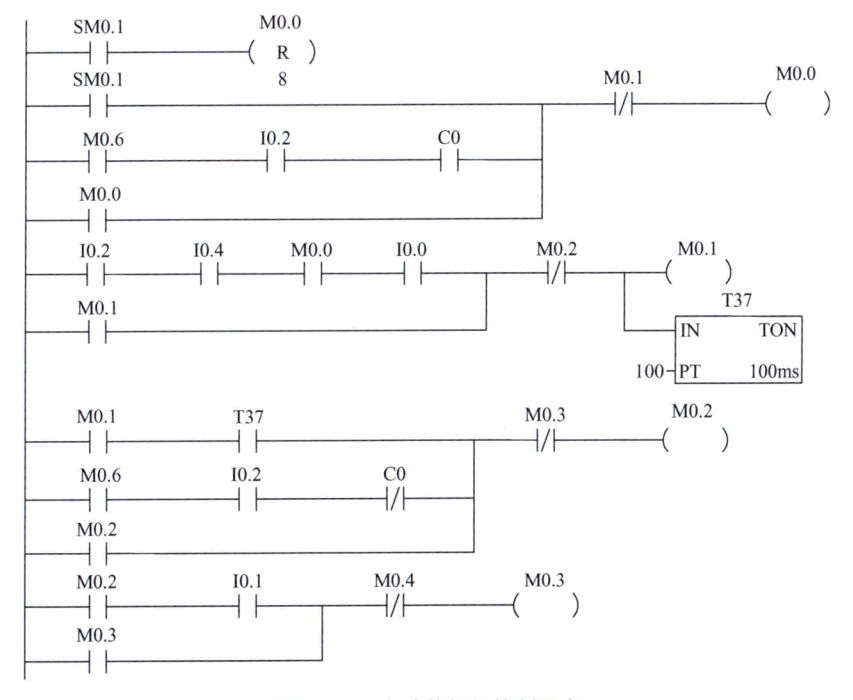

图 13-17　自动剪板机控制程序

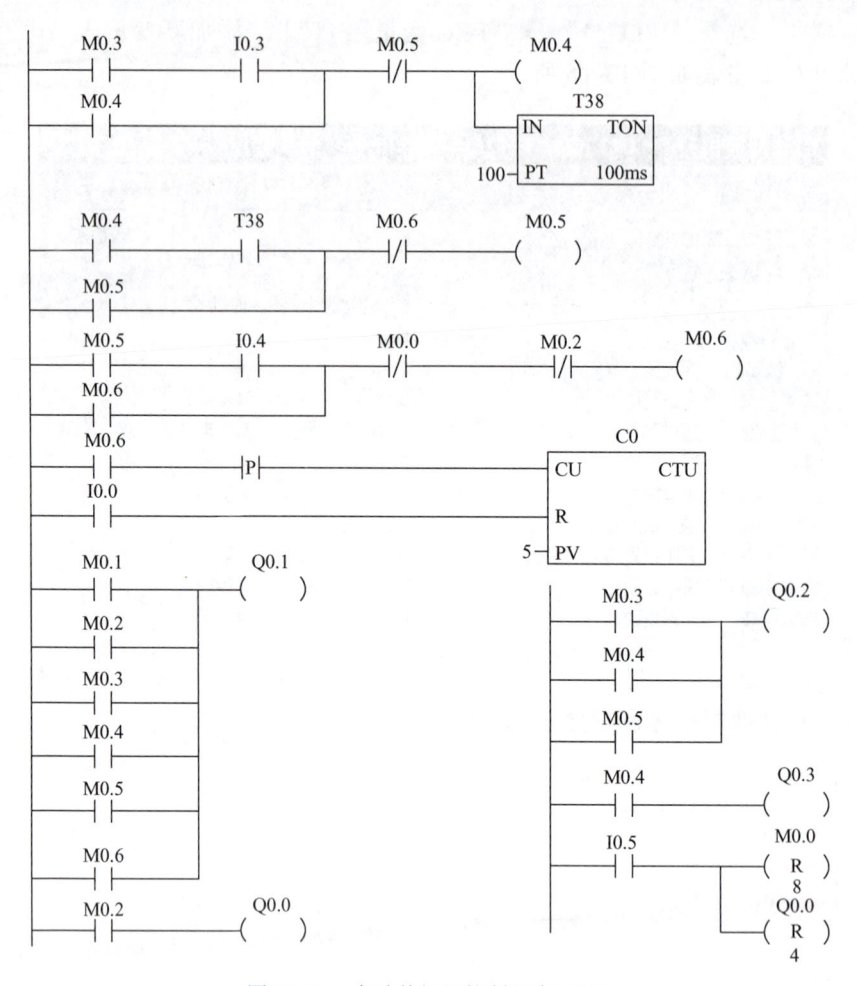

图 13-17 自动剪板机控制程序(续)

6. 程序下载与运行

① 程序编译无误后,选择 PLC_1,单击下载按钮。

② 下载成功后,转至在线状态并运行程序。按下系统启动按钮,自动剪板机控制系统启动运行,直到剪完指定的块数,液压泵停止,系统恢复原始状态。

八、检查与评价

根据自动剪板机控制系统的完成情况,按照验收标准,对任务完成情况进行检查和评价,包括电路设计、I/O 地址配置、顺序功能图设计、硬件组态、程序设计等,并将验收问题及其整改措施、完成时间进行记录。验收标准及评分表见表 13-4,验收问题记录表见表 13-5。

项目3 S7-1200 PLC 基本指令应用

表 13-4 自动剪板机工作任务验收标准及评分表

序号	验收项目	验收标准	分值	教师评分	备注
1	电路设计	PLC 控制电路设计规范	20		
2	硬件组态	PLC 组态正确	10		
3	I/O 地址配置	I/O 地址分配正确	20		
4	顺序功能图设计	顺序功能图设计合理	10		
5	程序设计	正确选用指令，程序结构简练	30		
6	运行调试	能够顺利完成运行调试	10		
		合计	100		

表 13-5 自动剪板机工作任务验收问题记录表

序号	验收问题记录	整改措施	完成时间	备注

各组展示任务完成情况，介绍任务的完成过程并提交阐述材料，进行学生自评、学生组内互评、教师评价，完成考核评价表 13-6。

表 13-6 自动剪板机工作任务考核评价表

评价项目	评价内容	分值	自评 20%	互评 20%	师评 60%	合计
职业素养 25分	爱岗敬业，安全意识、责任意识、服务意识、集体主义精神	5				
	积极参加任务活动，按时完成任务	5				
	团队合作、交流沟通能力，语言表达能力	5				
	劳动纪律，职业道德	5				
	现场 6s 标准，行为规范	5				
专业能力 55分	专业技能应用能力	15				
	制定计划能力，严谨认真	10				
	操作符合规范，精益求精	10				
	工作效率，分工协作	10				
	任务验收质量，质量意识	10				
创新能力 20分	创新性思维和行动	20				
	总计	100				

教师签名：　　　　　　　　　　　　　　　　　　　　　　　　　　　　学生签名：

九、习题与自测题

1. 利用时间转换指令，将一个 DTL 类型的数据 2022-01-12-12:30:45，转换为 Date 型数据。

2. 利用时间转换指令将 Time_of_Day 型数据 2 时 10 分 10 秒转换为 Dint 型数据。

3. 利用时间加法指令 T_ADD 将两个时间段 4s 和 12s 相加。

4. 利用顺序控制原理编程实现运料小车的 PLC 控制。系统由运料小车、甲乙料斗和料箱等设备组成，如图 13-18a 所示。运料小车由三相异步电动机驱动，甲乙料斗及小车的装卸料均采用电磁挡板来实现。控制要求如下：

① 系统启动前，小车需在原位，甲乙料斗及小车的挡板均处于封闭状态。

② 小车前进分两段运行，先前进到甲料斗位置装料，再到乙料斗位置装料，最后返回原位卸料，其工作过程如图 13-18b 所示。

③ 工作方式分为连续循环和单次循环两种，由选择开关 SA 来控制，当 SA1 为 "1" 时小车单次循环，当 SA1 为 "0" 时小车连续循环；连续循环 3 次后自动停止，若中途按停止按钮 SB1，则小车完成本次循环后才能停止。

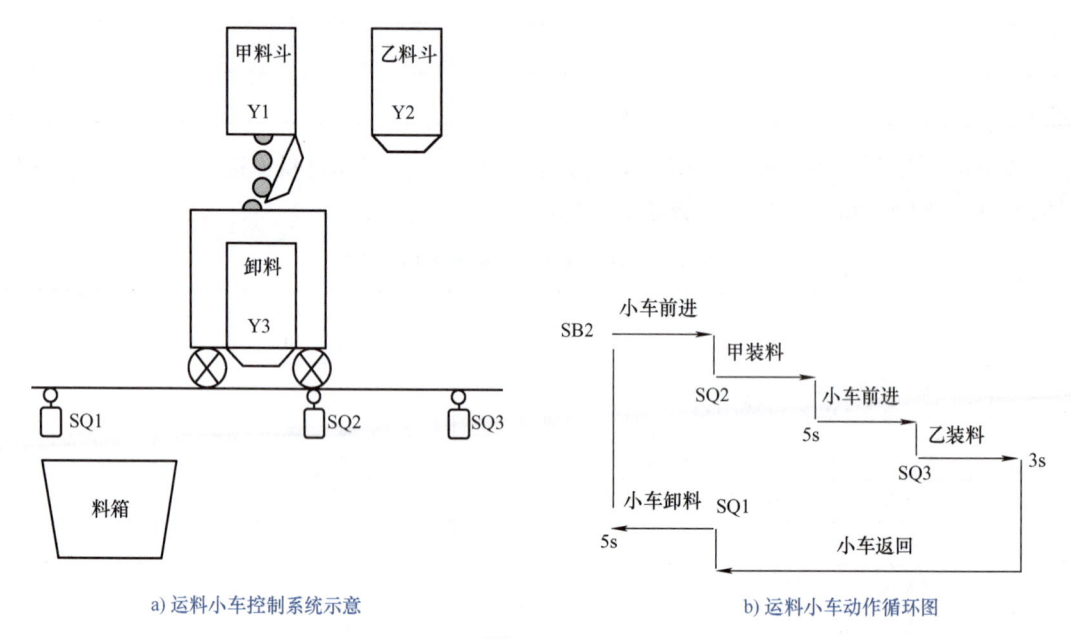

a) 运料小车控制系统示意   b) 运料小车动作循环图

图 13-18

项目 4

S7-1200 PLC 用户程序结构设计

任务 14　S7-1200 PLC FC 块编程控制两台水泵的运行

一、学习任务描述

在 S7 系列 PLC 编程中，采用了块的概念，将程序分成独立的、自成体系的各个部件，类似于子程序的功能，但其功能更多，更强大。在工业控制中，程序往往是非常庞大和复杂的，采用块的概念，便于大规模的程序设计与理解，也可以设计标准化的块程序，进行重复调用。

二、学习目标

1. 了解 S7-1200 PLC 的程序块的分类与作用。
2. 掌握结构化程序设计方法。
3. 掌握 S7-1200 PLC FC 块编程步骤。
4. 掌握功能 FC 的调用方法。
5. 制定用 FC 块编程控制两台水泵运行的控制方案，培养团队协作精神。
6. 根据任务要求和工作规范，完成 S7-1200 PLC FC 块编程控制两台水泵运行的控制程序，培养应用能力。
7. 通过项目结果的检查验收，解决 FC 调用过程中的问题，注重过程性评价，注重安全、环保意识的养成，注重综合素养的提升。

三、任务书

系统有两台水泵 M1 与 M2，按下启动按钮，M1 启动运行，当水位上升至中水位，M1 停止运行，M2 启动运行，当水位到达高水位，M2 停止。任何时候按下停止按钮，水泵停止工作。系统 I/O 地址分配表见表 14-1。

表 14-1　两台水泵的控制 I/O 分配表

输入		输出	
启动按钮	I0.0	水泵 M1	Q0.0

(续)

输入		输出	
中水位传感器	I0.1	水泵 M2	Q0.1
高水位传感器	I0.2		
停止按钮	I0.3		

四、获取信息

? 引导问题 1：查询资料，说明 S7-1200 PLC 程序中的块有哪些。
? 引导问题 2：查询资料，了解 FC 与 FB 的区别是什么。
? 引导问题 3：小组讨论，块的结构分为几部分。
? 引导问题 4：小组讨论，S7-1200 PLC 的结构化程序程序设计方法的特点是什么。

_____
_____
_____
_____
_____
_____
_____

五、知识准备

1. S7-1200 PLC 的编程方法

S7-1200 PLC 支持的编程方法主要有三种：线性化编程、模块化编程和结构化编程。如图 14-1 所示。

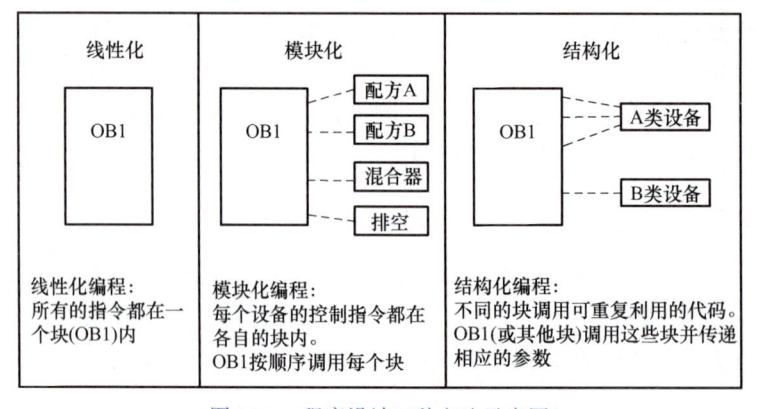

```
        线性化              模块化                   结构化
                                      配方A
                                      配方B                A类设备
         OB1                OB1                 OB1
                                      混合器                B类设备
                                      排空

线性化编程：        模块化编程：              结构化编程：
所有的指令都在      每个设备的控制指令都在     不同的块调用可重复利用的代码。
一个块(OB1)内。    各自的块内。              OB1(或其他块)调用这些块并传递
                   OB1按顺序调用每个块        相应的参数
```

图 14-1 程序设计三种方法示意图

（1）线性化编程

线性化编程是将整个用户程序放在循环控制组织块 OB1 中，在 CPU 循环扫描时不断

地依次执行 OB1 中的全部指令。特点是结构简单，不带分支，一个程序段包含了系统所有的控制指令。循环扫描工作方式下每个扫描周期都要扫描执行所有的指令，因此 CPU 效率低下，没有充分利用，另一方面如果需要多次执行相同或类似的操作，需要重复编写相同或类似的程序。由于程序结构不清晰，会造成管理和调试的不方便。

线性程序结构简单，分析起来一目了然。这种结构适用于编写一些规模较小、运行过程比较简单的控制程序。在编写大型程序时避免采用线性化程序结构。

（2）模块化编程

模块化编程是将程序根据功能分为不同的逻辑块，且每个逻辑块完成的功能不同。如图 14-2 所示，OB1 调用 FC1 块、调用 FC2 块、调用 FC3 块。这三个块中编写的控制程序是不同的。在 OB1 中可以根据条件调用不同的功能或功能块。其特点是控制任务被分为不同的块，易于几个人同时编程，分工合作，调试方便。由于 OB1 根据条件只有在需要时才调用相关的程序块，可以提高 CPU 的利用效率。在模块化编程中，被调用块与调用块之间是没有数据交换的。

（3）结构化编程

结构化编程是将控制要求中类似或相关的任务归类，形成通用的解决方案，在功能或功能块中编程。可以通过 OB1 调用同一个块。如图 14-3 所示，OB1 调用 FC1，完成对电动机 1 的控制，调用 FC1，完成对电动机 2 的控制，通过不同的参数调用相同的功能或通过不同的背景数据块调用相同的功能块。

结构化编程中，调用块与被调用块之间有数据交换，需要对数据进行管理。结构化编程必须对系统功能进行合理的分析、分解和综合，对编程设计人员的要求较高；具有很高的编程和程序调试效率；程序结构层次清晰，标准化程度高；适用于比较复杂、规模较大的控制工程的程序设计。

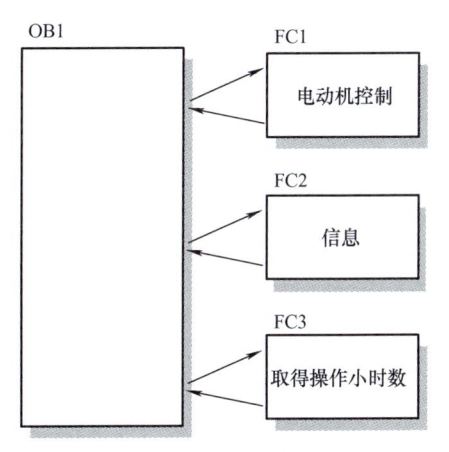

图 14-2 模块化程序结构示意图

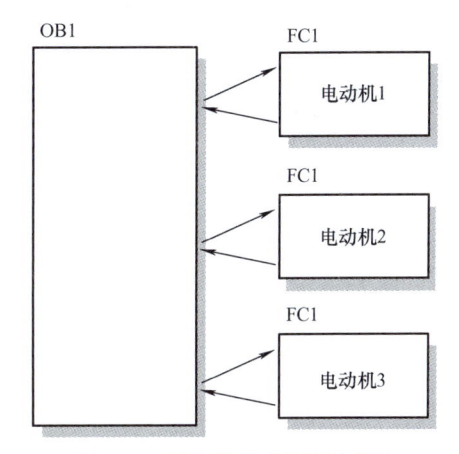

图 14-3 结构化程序结构示意图

2. S7-1200 PLC 程序中的块

在 S7-1200 PLC 中，支持组织块（Organize Block，OB）、功能块（Function Block，FB）、功能（Function，FC）和数据块（Data Block，DB）四种类型的代码块，使用它们可以创建有效的用户程序结构。

（1）组织块（OB）

组织块是操作系统和用户程序之间的接口。组织块只能由操作系统来启动。各种组织块由不同的时间启动，具有不同的优先级。

（2）功能（FC）

FC 是不带存储区的代码块，类似于子程序，仅在被调用时才执行。调用 FC 时，需要用实际参数代替形式参数，当 FC 执行结束时，临时变量里的数据会丢失，如果要永久保存数据，FC 可以使用全局数据块。

（3）功能块（FB）

FB 是带存储区的代码块，类似于子程序，仅在被调用时才执行。调用 FB 时，必须为其指定背景数据块。

调用 FB 块时需要用实际参数代替形式参数。传递给 FB 的参数和静态变量都永久地保存在背景数据块中，即使在 FB 调用结束后，这些值仍然有效，临时变量中的数据将会丢失。

（4）数据块（DB）

数据块用于存储用户数据，没有指令，只有一个数据存储区。数据块分为背景数据块和全局数据块。

区别是背景数据块是和某个 FB 或 SFB 相关联，其内部数据的结构与其对应的 FB 或 SFB 的变量声明表一致。

全局数据块的主要目的是为用户程序提供一个可保存的数据区，它的数据结构和大小并不依赖于特定的程序块，而是用户自己定义。需要说明的是，背景数据块和共享数据块没有本质的区别，它们的数据可以被任何一个程序块读写。

（5）块的结构

块是由变量声明表和程序代码组成的。块的变量声明表如图 14-4 所示。

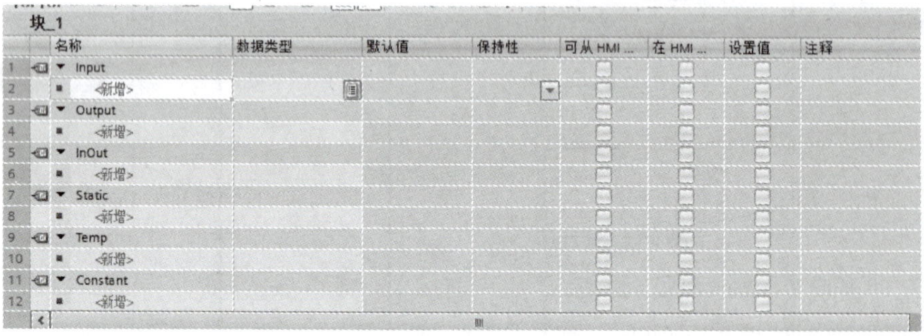
块_1

	名称	数据类型	默认值	保持性	可从 HMI ...	在 HMI ...	设置值	注释
1	▼ Input							
2	<新增>							
3	▼ Output							
4	<新增>							
5	▼ InOut							
6	<新增>							
7	▼ Static							
8	<新增>							
9	▼ Temp							
10	<新增>							
11	▼ Constant							
12	<新增>							

图 14-4　块的变量声明表

变量声明表也是块的接口区，在接口区中生成局部变量，只能在它所在的块中使用。这些变量是在调用块和被调用块之间传递的数据，主要包括以下 6 种变量。

① 输入参数 Input 用于接收调用它的主调块提供的输入数据。

② 输出参数 Output 用于将块的程序执行结果返回给主调块。

③ 输入 _ 输出参数 InOut 的初值由主调块提供，块执行完后用同一个参数将它的值返回给主调块。

④ 静态参数 Static 用于在背景数据块中存储静态中间结果的变量。

⑤ 临时数据 Temp 是暂时保存在局部数据堆栈中的数据。每次调用块之后，临时数据可能被同一优先级中后面调用的块的临时数据覆盖。

⑥ 常量 Constant 是块中使用并且带有符号名的常量。

3. 微课资料

扫码看微课：S7-1200 FC 块编程实现两台水泵的控制

六、工作计划与决策

按照任务书要求和获取的信息，制定 S7-1200 PLC FC 块编程控制两台水泵的运行的工作方案，包括硬件组态、FC 块的设计、FC 块的调用、程序下载调试等工作内容和步骤，对各组的设计方案进行对比、分析、论证，整合完善，形成决策方案，作为工作实施的依据。请将工作实施的决策方案列入表 14-2。

表 14-2　S7-1200 PLC FC 块编程控制两台水泵的运行实施决策方案

步骤名称	工作内容	负责人

七、任务实施

S7-1200 PLC FC 块编程控制两台水泵的运行的工作实施步骤如下。

1. 创建新项目——两台水泵的控制

打开 TIA PORTAL，生成一个名为"两台水泵的控制"的新项目，双击项目树中的"添加新设备"，添加一台 CPU1214C。

2. 生成变量表

打开项目视图中项目树下的文件夹"PLC 变量"双击默认变量表，根据两台水泵的控制 I/O 分配表，给 PLC 的 I/O 地址写入符号名称。在变量表中添加启动按钮、中水位传感器、高水位传感器、停止按钮、水泵 1、水泵 2。如图 14-5 所示。

3. 生成 FC——泵运行控制

打开项目视图中项目树下的文件夹 PLC_1 "程序块"文件夹，双击下面的"添加新块"，打开对话框，单击其中的"函数"按钮，FC 默认编号为 1，默认的语言为 LAD。设置函数的名称为"泵运行控制"，单击"确定"按钮，在项目树的文件夹 PLC_1→程序块下可以看到新生成的功能"泵运行控制（FC1）"。

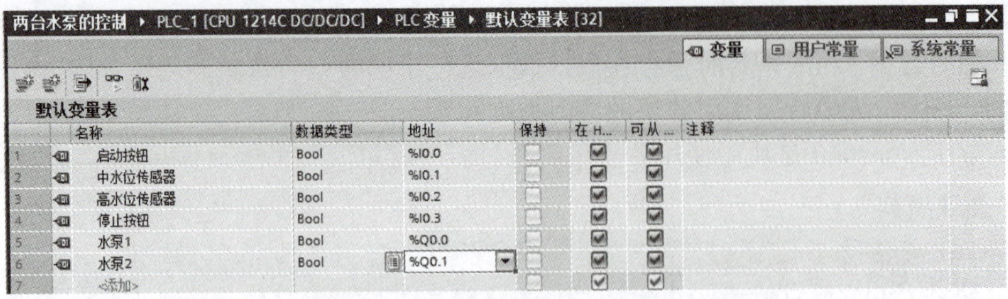

	名称	数据类型	地址	保持	在 H...	可从 ...	注释
1	启动按钮	Bool	%I0.0		☑	☑	
2	中水位传感器	Bool	%I0.1		☑	☑	
3	高水位传感器	Bool	%I0.2		☑	☑	
4	停止按钮	Bool	%I0.3		☑	☑	
5	水泵1	Bool	%Q0.0		☑	☑	
6	水泵2	Bool	%Q0.1		☑	☑	
7	<添加>				☑	☑	

图 14-5　两台水泵的控制变量表

4. 设置 FC 的变量声明表

在项目树下，双击 PLC_1→程序块→泵运行控制（FC1），打开 FC1 的程序编辑窗口，程序编辑窗口的上部分就是 FC1 的接口区，也可以称之为变量声明表，在接口区设置 FC1 的变量。在“Input”下面添加两个变量“水泵启动控制”和“水泵停止控制”，数据类型为 Bool；在“Output”下面添加一个变量“水泵运行位”，数据类型为 Bool。如图 14-6 所示。这三个参数被称为 FC1 的形式参数，简称为形参，形参在 FC1 内部程序中使用，当 FC1 被调用时，需要为每个形参指定实际的参数或地址，这实际的地址被称为实参。

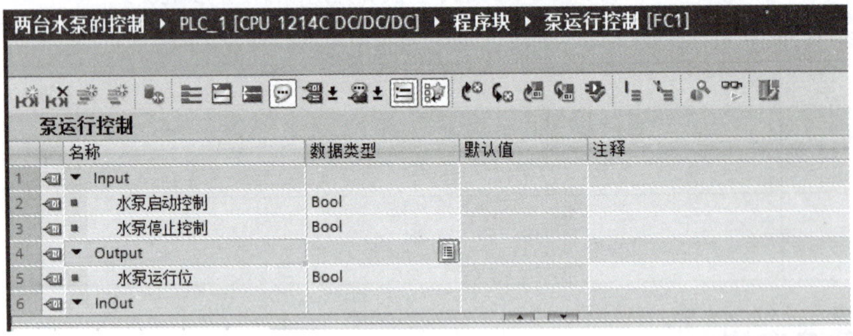

	名称	数据类型	默认值	注释
1	▼ Input			
2	■ 水泵启动控制	Bool		
3	■ 水泵停止控制	Bool		
4	▼ Output			
5	■ 水泵运行位	Bool		
6	▼ InOut			

图 14-6　两台水泵的控制 FC1 变量声明表

5. 设计 FC1 程序

根据对“两台水泵的控制”的功能进行分析，两台水泵的控制过程一样，可以采用结构化编程，设计适用于两台水泵控制的通用解决方案，就是电动机的起保停。添加常开触点，常闭触点，一个线圈，一个常开触点作为线圈的自锁。单击指令上方的地址，在弹出的地址域选择变量声明表中的变量“#水泵启动控制”、为常闭触点选择“#水泵停止控制”，为线圈指令选择“#水泵运行位”，自锁选择“#水泵运行位”。单击工具栏，保存项目。FC1 程序如图 14-7 所示。

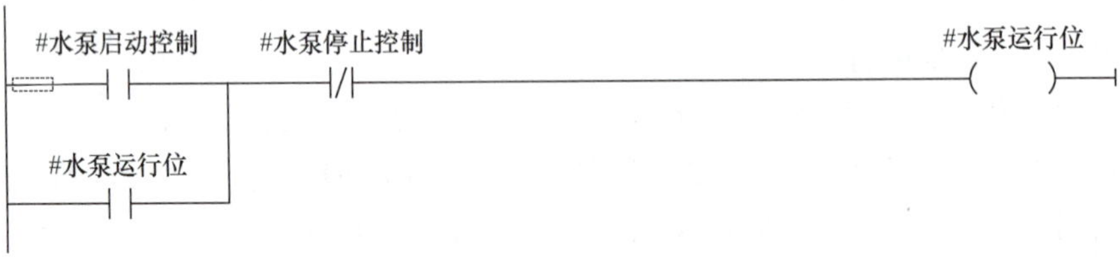

图 14-7　两台水泵控制 FC1 程序

项目 4　S7-1200 PLC 用户程序结构设计

6. 调用 FC1

在项目树下，打开循环扫描组织块 OB1 的程序编辑窗口。单击项目树下程序块泵运行控制（FC1），将其拖入 OB1 的程序段 1，程序段 1 就是水泵 M1 的控制程序，将 FC1 的形参根据工艺要求进行设置：水泵 1 的"水泵启动控制"选择"启动按钮 I0.0"，"水泵停止控制"选择"中水位传感器 I0.1"，"水泵运行位"输入一个中间存储器 M10.0，再通过 M10.0 控制水泵 1 的输出线圈 Q0.0 置位，继续编写水泵 1 的输出线圈 Q0.0 的复位程序，当水泵 2 运行或者按下停止按钮，都会让水泵 1 复位。这样水泵 1 的控制程序段就完成了。同理编写水泵 2 的控制程序。两台水泵的控制 OB1 程序如图 14-8 所示。所有程序编写完成，单击工具栏"保存项目"按钮保存项目。

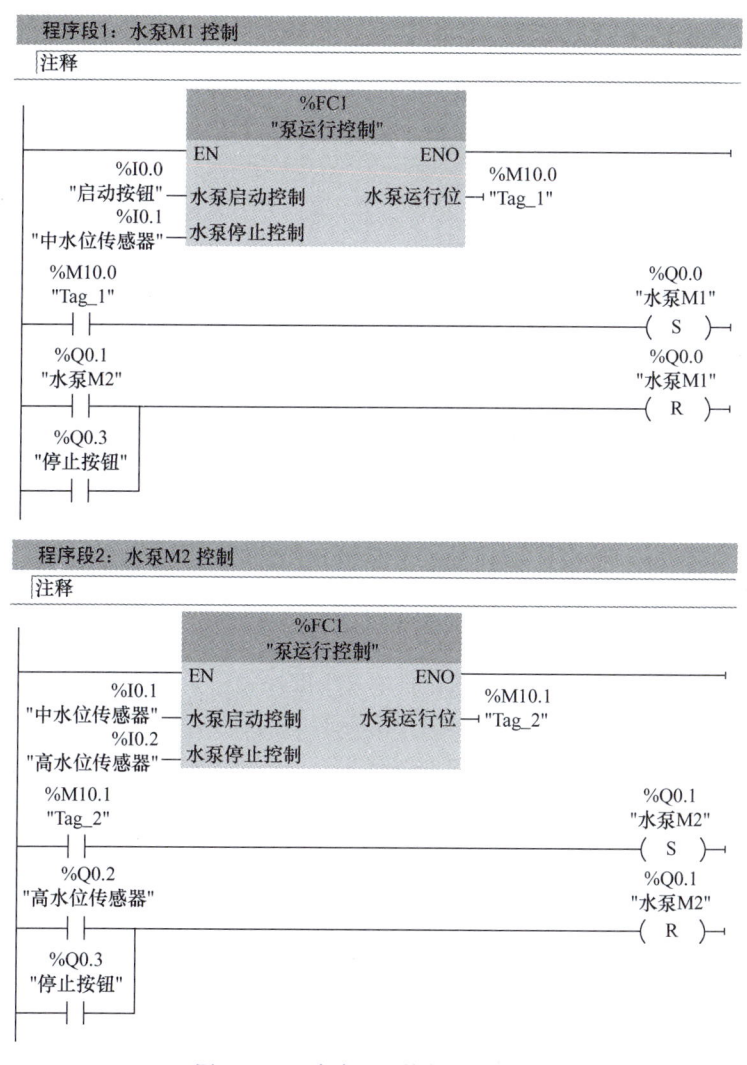

图 14-8　两台水泵的控制 OB1 程序

7. 下载运行

单击"下载"按钮，执行下载命令。打开下载对话框，设置 PG/PC 接口类型和 PG/

PC 接口,单击"搜索",检测到与计算机连接的 PLC,选中 PLC,单击开始下载。下载前先要进行编译检查,无错误,会出现警示信息,勾选,使 PLC 的状态满足下载的条件。下载完成,可以启动监视功能,监视程序的运行。如图 14-9 所示。

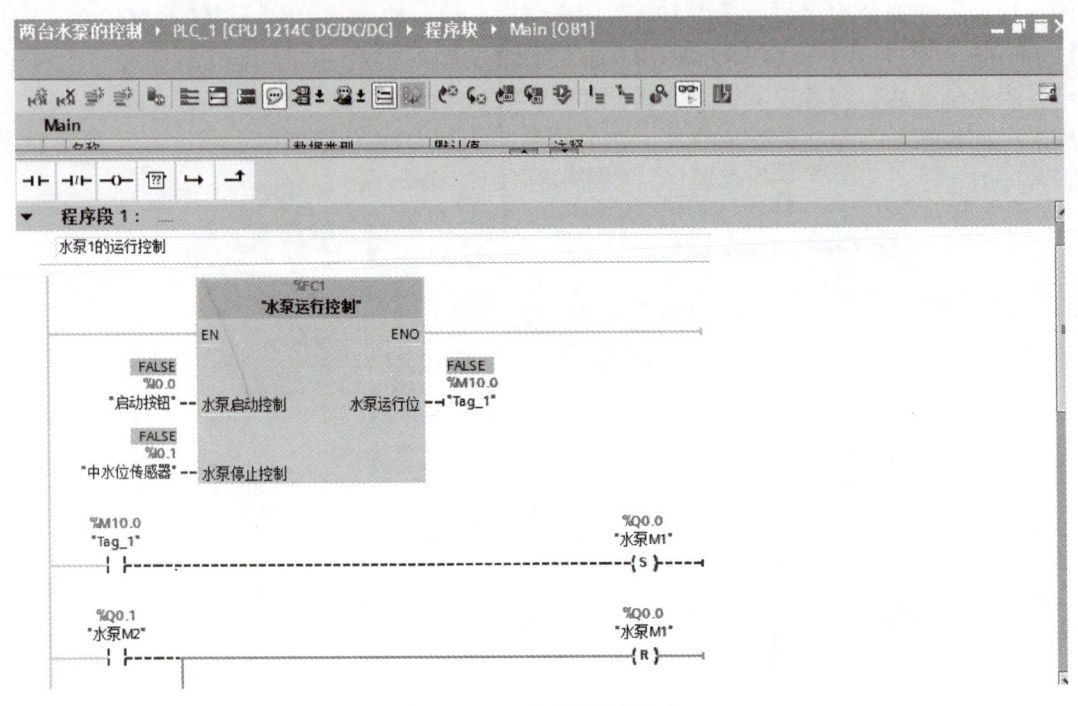

图 14-9 两台水泵控制调试

八、检查与评价

根据 S7-1200 PLC FC 块编程实现两台水泵的控制运行情况,按照验收标准,对任务完成情况进行检查和评价,包括 FC 的设计、OB1 的设计等,并将验收问题及其整改措施、完成时间进行记录。验收标准及评分表见表 14-3,验收问题记录表见表 14-4。

表 14-3 S7-1200 PLC FC 块编程控制两台水泵的运行工作任务验收标准及评分表

序号	验收项目	验收标准	分值	教师评分	备注
1	FC 变量声明表设计	变量声明表各个参数设计准确	20		
2	FC 程序设计	FC 程序功能完整	25		
3	OB1 程序设计	OB1 正确调用 FC,并正确设计实参	35		
4	调试程序	程序功能调试能满足任务要求	20		
		合计	100		

表 14-4　S7−1200 PLC FC 块编程控制两台水泵的运行工作任务验收问题记录表

序号	验收问题记录	整改措施	完成时间	备注

各组展示任务完成情况，介绍任务的完成过程并提交阐述材料，进行学生自评、学生组内互评、教师评价，完成考核评价表 14-5。

表 14-5　S7−1200 PLC FC 块编程控制两台水泵的运行工作任务考核评价表

评价项目	评价内容	分值	自评 20%	互评 20%	师评 60%	合计
职业素养 25 分	爱岗敬业，安全意识、责任意识、服务意识、集体主义精神	5				
	积极参加任务活动，按时完成任务	5				
	团队合作、交流沟通能力，语言表达能力	5				
	劳动纪律，职业道德	5				
	现场 6s 标准，行为规范	5				
专业能力 55 分	专业技能应用能力	15				
	制定计划能力，严谨认真	10				
	操作符合规范，精益求精	10				
	工作效率，分工协作	10				
	任务验收质量，质量意识	10				
创新能力 20 分	创新性思维和行动	20				
	总计	100				

教师签名：　　　　　　　　　　　　　　　　　　　　　　　　　　　　学生签名：

九、习题与自测题

1. 结构化程序设计方法的优点是什么？
2. 程序结构包括哪两部分？
3. 块的接口区的参数类型有哪些？
4. 设计求圆面积的函数 FC1，面积四舍五入取整。

任务 15 S7-1200 PLC FB 块编程控制两台电动机定时运行

一、学习任务描述

通过块来设计程序，提高编程效率是博图软件的显著优点。在 S7-1200 PLC 的模块化或结构化编程中，需要对调用块的数据参数进行保存，通常采用 FB 调用。通过设计 FB 中的对某一类设备的通用解决方案，进行封装，然后根据条件进行调用，可以实现编程的高效性以及程序块的继承性。

二、学习目标

1. 掌握 S7-1200 PLC FB 块编程步骤。
2. 掌握功能 FB 的调用方法。
3. 掌握在 FB 块中使用多重背景定时器的方法。
4. 通过小组合作，制定 FB 块编程控制两台电动机定时运行的控制方案，培养团队协作精神。
5. 根据任务要求和工作规范，完成 S7-1200 PLC FB 块编程控制两台电动机定时运行的控制程序。
6. 通过项目结果的检查验收，解决 FB 调用过程中的问题，注重过程性评价，注重安全、环保意识的养成，注重综合素养的提升。

三、任务书

自动化生产线上有两台电动机需要控制运行时间。按下电动机 M1 的启动按钮，电动机 M1 启动运行，10s 后，M1 电动机自动停止；按下电动机 M2 的启动按钮，电动机 M2 启动运行，15s 后，电动机 M2 自动停止。任何时候按下急停按钮，两台电动机都会立即停止。系统 I/O 地址分配见表 15-1。

表 15-1 S7-1200 PLC FB 块编程控制两台电动机定时运行 I/O 分配表

输入		输出	
M1 启动按钮	I0.0	M1 电动机	Q0.0
M2 启动按钮	I0.1	M2 电动机	Q0.1
急停按钮	I0.2		

四、获取信息

? 引导问题 1：查询资料，说明什么是多重背景。
? 引导问题 2：查询资料，了解 FB 的背景数据块的结构是什么。
? 引导问题 3：小组讨论，当在 FB 块使用定时器定时，接口参数怎么设计。
? 引导问题 4：小组讨论多重背景定时器怎么添加。

五、知识准备

1. 工作任务分析

两台电动机的工作过程是一样的，都是按下启动按钮，电动机启动运行一段时间后停止。可以把这两台电动机的控制归为同一类任务，对其编写通用的解决方案，采用结构化程序设计方法来设计程序。程序结构如图 15-1 所示。先设计功能块 FB1，然后在 OB1 中两次调用 FB1，通过对形参赋值不同的实参，完成对两台电动机的控制。

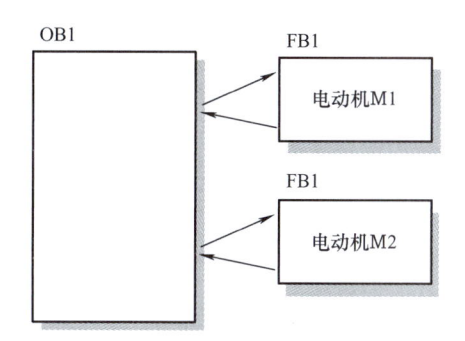

图 15-1　两台电动机定时运行的程序结构设计

2. 多重背景

在函数块中使用定时器、计数器指令时，可以在函数块的接口区定义数据类型为 IEC_Timer 或 IEC_Counter 的静态变量，用这些静态变量来提供定时器和计数器的背景数据，这种结构被称为多重背景。多重背景定时器的设置如图 15-2 所示。

		名称	数据类型	默认值	保持性	可从 HMI ...	在 HMI ...
		电动机运行控制					
1	▼	Input					
2	■	启动按钮	Bool	false	非保持	☑	☑
3	■	急停按钮	Bool	false	非保持	☑	☑
4	■	定时时间	Time	T#0ms	非保持	☑	☑
5	▼	Output					
6	■	电动机	Bool	false	非保持	☑	☑
7	▼	InOut					
8	■	<新增>					
9	▼	Static					
10	▶	定时器DB	IEC_TIMER		非保持	☑	☑

图 15-2　多重背景定时器的设置

使用多重背景的优点是不需要为每个定时器或计数器设置一个单独的背景数据块，可以减少处理数据的时间，更好地利用存储空间。

3. 微课资料

扫码看微课：S7-1200 FB 块编程控制两台电动机定时运行

六、工作计划与决策

按照任务书要求和获取的信息，制定 S7-1200 PLC FB 块编程控制两台电动机定时运行的工作方案，包括硬件组态、FB 块的设计、FB 块的变量声明表、FB 块的调用、程序下载调试等工作内容和步骤，对各组的设计方案进行对比、分析、论证，整合完善，形成决策方案，作为工作实施的依据。请将工作实施的决策方案列入表 15-2。

表 15-2　S7-1200 PLC FB 块编程控制两台电动机定时运行实施决策方案

步骤名称	工作内容	负责人

七、任务实施

S7-1200 PLC FB 块编程控制两台电动机定时运行的工作实施步骤如下。

1. 新建项目，生成变量表

打开 TIA PORTAL V13 的项目视图，生成新项目。双击项目树中的"添加新设备"，添加一台 CPU1214C。

点开 PLC_1→PLC 变量→默认变量表，在变量表中输入项目所需要的变量或地址，如图 15-3 所示。方便在项目后续工作中通过地址域选择变量或地址。

图 15-3　两台电动机定时运行变量表

2. 生成 FB

打开项目视图中项目树下的文件夹 PLC_1→程序块，双击"添加新块"，打开对话框，单击其中的"函数块"按钮，FB 默认编号为 1，默认的语言为 LAD。设置函数的名称为"电动机运行控制"，单击"确定"按钮，在项目树的文件夹 PLC_1→程序块下可以看到新生成的功能"电动机运行控制（FB1）"。

3. 设计 FB 的变量声明表

在项目树下，双击 PLC_1→程序块→电动机运行控制（FB1），打开 FB1 的程序编辑窗口，程序编辑窗口的上部分就是 FB1 的接口区，也可以称之为变量声明表，在接口区设置 FB1 的局部变量。在"Input"下面添加两个变量，"启动按钮"和"急停按钮"，数据类型为 Bool；在"Output"下面添加一个变量"电动机"，数据类型为 Bool。如图 15-4 所示。

本任务中，每台电动机的运行时间不一样，FB1 作为通用的解决方案，定时时间不是一个固定的数值，需要有形参来指定，即在"Input"下面添加一个变量"定时时间"，数据类型是 Time。

在 FB 中，定时器如果使用一个固定的背景数据块，在同时多次调用该 FB 时，该数据块将会被同时用于两处或多处，会产生错误的执行结果。在块接口区的"Static"下面添加一个变量"定时器 DB"，数据类型为 IEC_TIMER，为定时器提供背景数据，这也称为多重背景定时器，同理计数器指令也可以这样设计多重背景计数器。

电动机运行控制						
	名称	数据类型	默认值	保持性	可从 HMI ...	在 HMI ...
1	▼ Input					
2	启动按钮	Bool	false	非保持	☑	☑
3	急停按钮	Bool	false	非保持	☑	☑
4	定时时间	Time	T#0ms	非保持	☑	☑
5	▼ Output					
6	电动机	Bool	false	非保持	☑	☑
7	▼ InOut					
8	<新增>					
9	▼ Static					
10	▶ 定时器DB	IEC_TIMER		非保持	☑	☑

图 15-4 两台电动机定时运行 FB1 变量声明表

4. 设计 FB1 程序

根据对两台电动机的运行自动停止控制要求分析，两台电动机的工作过程一样，按下启动按钮，电动机启动运行，同时启动定时器定时，定时时间一到，电动机自动停止。设计如图 15-5 所示程序。先添加指令，再为每个指令设置形参。

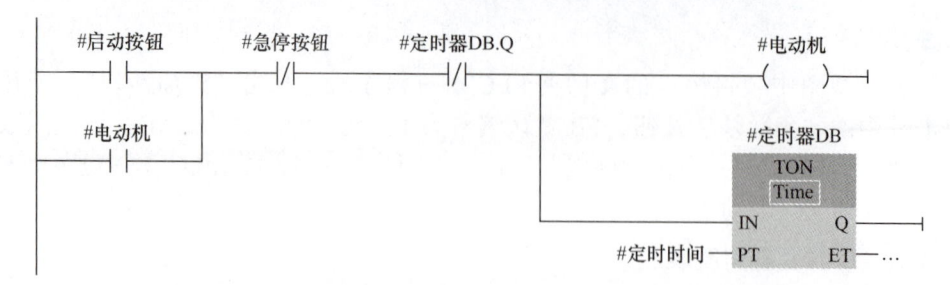

```
    #启动按钮      #急停按钮     #定时器DB.Q                        #电动机
─────┤ ├──────────┤/├──────────┤/├────────────────────────────────( )───┤
     │                                                  #定时器DB
     │  #电动机                                            TON
     └──┤ ├─                                              Time
                                                   ─── IN      Q ───
                                          #定时时间 ─── PT     ET ───
```

图 15-5　两台电动机定时运行 FB1 程序

5. 在 OB1 中调用 FB1

在项目树下，双击 PLC_1→程序块→main[OB1]，打开 OB1 的程序编辑窗口。单击项目树下电动机运行控制 [FB1]，将其拖入 OB1 的程序段 1，出现对话框，为调用 FB1 添加背景数据块，修改名称为"M1_DB"，确定后，在 OB1 的程序段 1 出现 FB1，我们为 FB1 的形参从地址域中选择实参地址（在默认变量表中已经设置），#启动按钮选择"M1 启动按钮"，或者输入 I0.0；#急停按钮选择"急停按钮"或者输入 I0.2；#电动机选择"M1 电动机"或者输入 Q0.0；#定时时间输入"T#10s"。同理将 FB1 拖入到程序段 2，为 FB1 添加背景数据块 M2_DB，设置相应控制电动机 M2 的地址。#启动按钮选择"M2 启动按钮"，或者输入 I0.1；#急停按钮选择"急停按钮"或者输入 I0.2；#电动机选择"M2 电动机"或者输入 Q0.1；#定时时间输入"T#15s"。两台电动机定时运行 OB1 程序如图 15-6 所示。

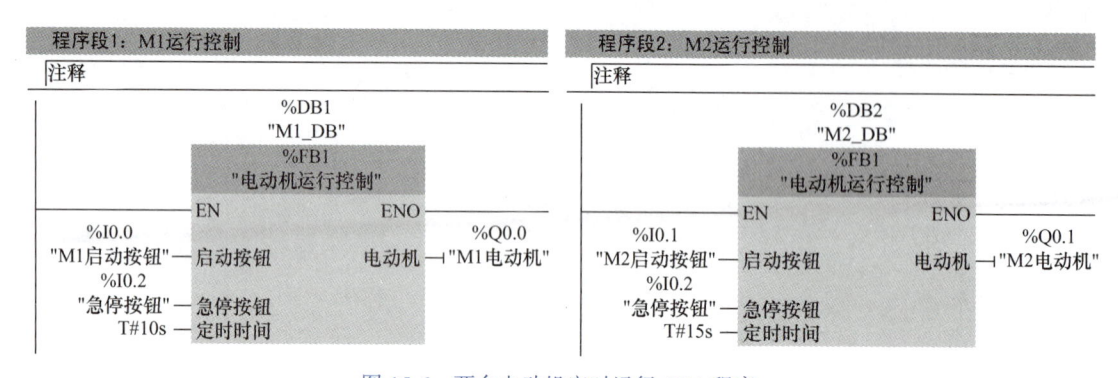

```
程序段1：M1运行控制                          程序段2：M2运行控制
注释                                         注释

              %DB1                                       %DB2
             "M1_DB"                                    "M2_DB"
              %FB1                                       %FB1
          "电动机运行控制"                            "电动机运行控制"
         ── EN       ENO ──                         ── EN       ENO ──
  %I0.0                        %Q0.0         %I0.1                        %Q0.1
"M1启动按钮"─启动按钮    电动机─"M1电动机"  "M2启动按钮"─启动按钮    电动机─"M2电动机"
  %I0.2                                      %I0.2
"急停按钮" ─急停按钮                        "急停按钮" ─急停按钮
  T#10s   ─定时时间                          T#15s   ─定时时间
```

图 15-6　两台电动机定时运行 OB1 程序

6. 下载运行

项目保存后，单击"下载"按钮，执行下载命令。打开下载对话框，设置 PG/PC 接口类型和 PG/PC 接口，单击搜索，检测到与计算机连接的 PLC，选中 PLC，单击开始下载。下载前先要进行编译检查，无错误，会出现警示信息，勾选，使 PLC 的状态满足下载的条件。下载完成，可以启动监视功能，监视程序的运行。

八、检查与评价

根据 S7-1200 PLC FB 块编程控制两台电动机定时运行的控制运行情况，按照验收标准，对任务完成情况进行检查和评价，包括 FB 的变量声明表的设计、FB 的设计、OB1 的设计等，并将验收问题及其整改措施、完成时间进行记录。验收标准及评分表见表 15-3，验收问题记录表见表 15-4。

表 15-3 S7-1200 PLC FB 块编程控制两台电动机定时运行工作任务验收标准及评分表

序号	验收项目	验收标准	分值	教师评分	备注
1	FB 变量声明表设计	变量声明表各个参数设计准确	20		
2	FB 程序设计	FB 程序功能完整	25		
3	OB1 程序设计	OB1 正确调用 FB，并正确设计实参	35		
4	调试程序	程序功能调试能满足任务要求	20		
		合计	100		

表 15-4 S7-1200 PLC FB 块编程控制两台电动机定时运行工作任务验收问题记录表

序号	验收问题记录	整改措施	完成时间	备注

各组展示任务完成情况，介绍任务的完成过程并提交阐述材料，进行学生自评、学生组内互评、教师评价，完成考核评价表 15-5。

表 15-5 S7-1200 FB 块编程控制两台电动机定时运行工作任务考核评价表

评价项目	评价内容	分值	自评 20%	互评 20%	师评 60%	合计
职业素养 25 分	爱岗敬业，安全意识、责任意识、服务意识、集体主义精神	5				
	积极参加任务活动，按时完成任务	5				
	团队合作、交流沟通能力，语言表达能力	5				
	劳动纪律，职业道德	5				
	现场 6s 标准，行为规范	5				
专业能力 55 分	专业技能应用能力	15				
	制定计划能力，严谨认真	10				
	操作符合规范，精益求精	10				
	工作效率，分工协作	10				
	任务验收质量，质量意识	10				
创新能力 20 分	创新性思维和行动	20				
	总计	100				

教师签名：   学生签名：

九、习题与自测题

1. 什么是多重背景？
2. FB 调用与 FC 调用的区别是什么？
3. 在什么地方能找到硬件数据类型变量的值？
4. 设计 FB1 来计算以度为单位的温度测量值。温度传感器检测 0～500℃的温度，转换成标准的电压 0～10V，对应数字量是 0～27648。

任务 16　S7-1200 PLC 中断组织块的应用

一、学习任务描述

中断处理用来实现对特殊内部事件或外部事件的快速响应。如果出现中断事件，CPU 暂停正在执行的程序块，自动调用一个分配给该事件的组织块（即中断程序）来处理中断事件。执行完中断组织块后，返回被中断的程序的断点处继续执行原来的程序。

S7-1200 PLC 有延时中断组织块、循环中断组织块、硬件中断组织块、时间错误中断组织块、诊断错误中断组织块，以及其他中断组织块等多种组织块。没有可以调用中断组织块的指令，S7-1200 PLC CPU 具有基于事件的特性，只有发生了某些特定事件，相应的中断组织块才会被执行。

本任务就是来学习常用的时间中断、循环中断和硬件中断组织块的使用。

二、学习目标

1. 掌握时间中断、循环中断组织块的功能。
2. 掌握时间中断、循环中断组织块的相关指令设置。
3. 掌握时间中断、循环中断组织块的应用。
4. 掌握硬件中断的设置步骤。
5. 通过小组合作，制定三种中断组织块应用的控制方案，培养团队协作精神。
6. 根据任务要求和工作规范，完成三种中断组织块的应用实例。
7. 通过项目结果的检查验收，解决中断组织块在应用过程中的问题，注重过程性评价，注重安全、环保意识的养成，注重综合素养的提升。

三、任务书

1. 时间中断应用实例

当 I1.0 接通，设计时间中断并激活时间中断，从 2021 年 9 月 16 日早上 6 点 48 分起，每分钟将 MW100 中的数加 1，当 I1.1 接通时，取消中断。

2. 循环中断应用实例

使用循环中断产生 0.25Hz 的时钟信号，在 Q0.0 输出。当 M30.0 接通时，Q0.0 输出 1Hz 的时钟信号。

3. 硬件中断应用实例

当硬件输入 I0.0 上升沿时，触发硬件中断 OB40，将 MW10 加 1；当硬件输入 I0.1 上升沿时，触发硬件中断 OB41，将 MW10 减 1。

四、获取信息

? 引导问题 1：查询资料，了解中断的作用。
? 引导问题 2：查询资料，了解各种中断组织块的优先级。
? 引导问题 3：小组讨论，怎么设置时间中断。
? 引导问题 4：小组讨论硬件中断的设置方法。

_____
_____
_____
_____
_____
_____

五、知识准备

1. 时间中断组织块

（1）时间中断组织块的功能

时间中断 OB 用于在时间可控的应用中定期运行一部分用户程序，可实现在某个预设时间到达时只运行一次；或者在设定的触发日期到达后，按每分/小时/天/周/月等周期运行。

时间中断 OB 的编号应为 10～17，或大于等于 123。只有在设置并激活了时间中断，且程序中存在相应组织块的情况下，才能运行时间中断。

（2）时间中断有关指令

有 4 条指令，分别是设置时间中断、取消时间中断、激活时间中断和查询时间中断状态。

1）设置时间中断指令 SET_TINTL 用于从用户程序中设置时间中断组织块的开始数据和时间，而不用在硬件配置中进行设置，其指令格式如图 16-1 所示。

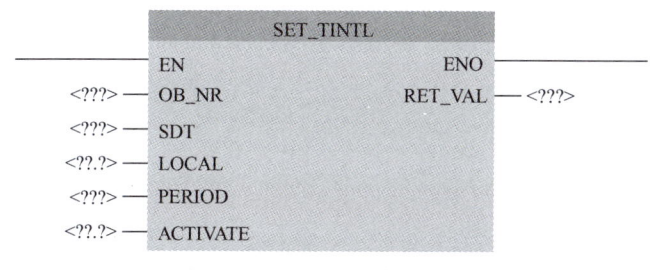

```
          SET_TINTL
       ──EN        ENO──
<???>──OB_NR   RET_VAL──<???>
<???>──SDT
<??.?>─LOCAL
<???>──PERIOD
<??.?>─ACTIVATE
```

图 16-1 设置时间中断指令格式

SET_TINTL 指令的输入输出参数见表 16-1。

表 16-1　SET_TINTL 指令的输入输出参数表

参数	声明	数据类型	存储区	说明
OB_NR	Input	OB_TOD	I、Q、M、D、L 或常数	时间中断 OB 的编号为 10～17。此外，也可分配从 123 开始的 OB 编号
SDT	Input	DTL	D、L 或常数	开始日期和开始时间
LOCAL	Input	BOOL	I、Q、M、D、L 或常数	true：使用本地时间 false：使用系统时间
PERIOD	Input	WORD	I、Q、M、D、L 或常数	从 SDT 开始计时的执行时间间隔： W#16#0000 = 单次执行 W#16#0201 = 每分钟一次 W#16#0401 = 每小时一次 W#16#1001 = 每天一次 W#16#1201 = 每周一次 W#16#1401 = 每月一次 W#16#1801 = 每年一次 W#16#2001 = 月末
ACTIVATE	Input	BOOL	I、Q、M、D、L 或常数	true：设置并激活时间中断 false：设置时间中断，仅在调用"ACT_TINT"时激活
RET_VAL	Return	INT	I、Q、M、D、L	如果在执行该指令期间发生了错误，则 RET_VAL 的实参包含一个错误代码

参数 OB_NR：输入待设置开始日期和时间的时间中断 OB 编号。

参数 SDT 和 PERIOD：可指定调用时间中断 OB 的时间和频率。SDT 是 DTL 时间数据类型，用于设置中断的起始时间，比如 DTL#2021-09-05-08:00:00，表示从 2021 年 9 月 5 日的 8 点整开始中断。PERIOD 指定中断的频率，如表 16-1 所示，如果 PERIOD 赋值 W#16#0201，表示从 DTL 指定时间开始，每分钟启用一次 OB_NR 参数指定的组织块。

参数 LOCAL：选择由参数 SDT 所指定的时间为本地时间或是系统时间。true：使用本地时间；false：使用系统时间。

参数 ACTIVATE：指定组织块的激活方式。ACTIVATE = true，表示设置并同时激活时间中断；ACTIVATE = fals，表示仅设置时间中断，需要用 ACT_TINT 指令进行激活。

参数 RET_VAL：是执行该指令时返回的错误代码，不同代码表示出现不同的错误。RET_VAL =W#16#0000，表示没有发生错误；RET_VAL =W#16#8090，表示指定的组织块编号错误；RET_VAL =W#16#8091 表示指定的日期和时间无效。

2）取消时间中断指令　指令 CAN_TINT 用于删除指定的时间中断组织块的开始数据和开始时间，其指令格式如图 16-2 所示。

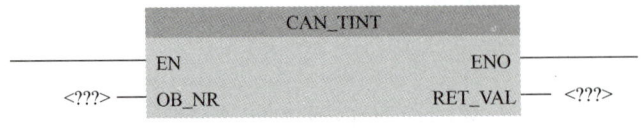

```
           CAN_TINT
      ─── EN        ENO ───
<???>─── OB_NR   RET_VAL ─── <???>
```

图 16-2　取消时间中断指令

CAN_TINT 指令的输入输出参数见表 16-2。

项目 4 S7-1200 PLC 用户程序结构设计

表 16-2 CAN_TINT 指令的输入输出参数表

参数	声明	数据类型	存储区	说明
OB_NR	Input	OB_TOD	I、Q、M、D、L 或常数	待删除其开始日期和时间的时间中断 OB 编号
RET_VAL	Return	INT	I、Q、M、D、L	如果在执行该指令期间发生了错误,则 RET_VAL 的实参包含一个错误代码

参数 OB_NR:用于指定被删除的中断组织块的编号。

参数 RET_VAL:是执行该指令时返回的错误代码。RET_VAL =W#16#0000,表示没有发生错误;RET_VAL =W#16#8090,表示参数 OB_NR 错误。

3)激活时间中断指令 ACT_TINT 指令用于在用户程序中激活时间中断组织块。在执行该指令之前,时间中断 OB 必须已设置了开始日期和时间,其指令格式如图 16-3 所示。

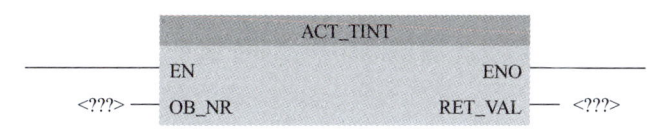

```
            ACT_TINT
          ── EN        ENO ──
  <???> ── OB_NR    RET_VAL ── <???>
```

图 16-3 激活时间中断指令格式

ACT_TINT 指令的输入输出参数见表 16-3。

表 16-3 ACT_TINT 指令的输入输出参数表

参数	声明	数据类型	存储区	说明
OB_NR	Input	OB_TOD	I、Q、M、D、L 或常数	时间中断 OB 的编号为 10～17 此外,也可分配从 123 开始的 OB 编号 OB 编号通常显示在程序块文件夹和系统常量中
RET_VAL	Return	INT	I、Q、M、D、L	如果在执行该指令期间发生了错误,则 RET_VAL 的实参包含一个错误代码

参数 OB_NR:用于指定启动的中断组织块的编号,时间中断 OB 的编号为 10～17。

参数 RET_VAL:是执行该指令时返回的错误代码。RET_VAL =W#16#0000,表示没有发生错误;RET_VAL =W#16#8090,表示参数 OB_NR 错误。

4)查询时间中断组织块状态指令 通过使用该指令在 STATUS 输出参数中显示时间中断组织块的状态,其指令格式如图 16-4 所示。

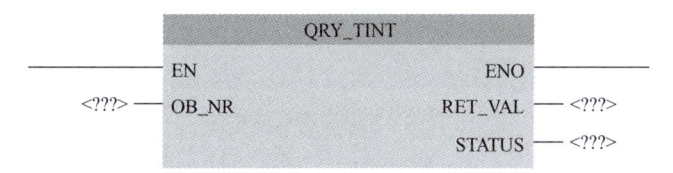

```
            QRY_TINT
          ── EN        ENO ──
  <???> ── OB_NR    RET_VAL ── <???>
                     STATUS ── <???>
```

图 16-4 查询时间中断组织块状态指令格式

时间中断组织块状态指令 QRY_TINT 的输入输出参数见表 16-4。

表 16-4　QRY_TINT 指令的输入输出参数表

参数	声明	数据类型	存储区	说明
OB_NR	Input	OB_TOD	I、Q、M、D、L 或常数	待查询其状态的时间中断 OB 编号 OB 编号通常显示在程序块文件夹和系统常量中
RET_VAL	Return	INT	I、Q、M、D、L	如果在执行该指令期间发生了错误，则 RET_VAL 的实参包含一个错误代码
STATUS	Output	WORD	I、Q、M、D、L	时间中断的状态

参数 OB_NR：用于指定待查询其状态的时间中断 OB 编号。

参数 RET_VAL：是执行该指令时返回的错误代码。RET_VAL =W#16#0000，表示没有发生错误；RET_VAL =W#16#8090，表示参数 OB_NR 错误，参数 OB_NR 中的值超出该 CPU 可支持的 OB 编号范围。

如果发生了错误，则 STATUS 参数中输出"0"。

（3）时间中断设置与激活方法

方法 1：通过组态设置激活中断。添加一个 Time of day[OB10]，右键，选择"属性"，进入属性设置窗口，单击"时间中断"，可以设置时间中断，选择执行周期、启动日期、时间等信息。如图 16-5 所示。

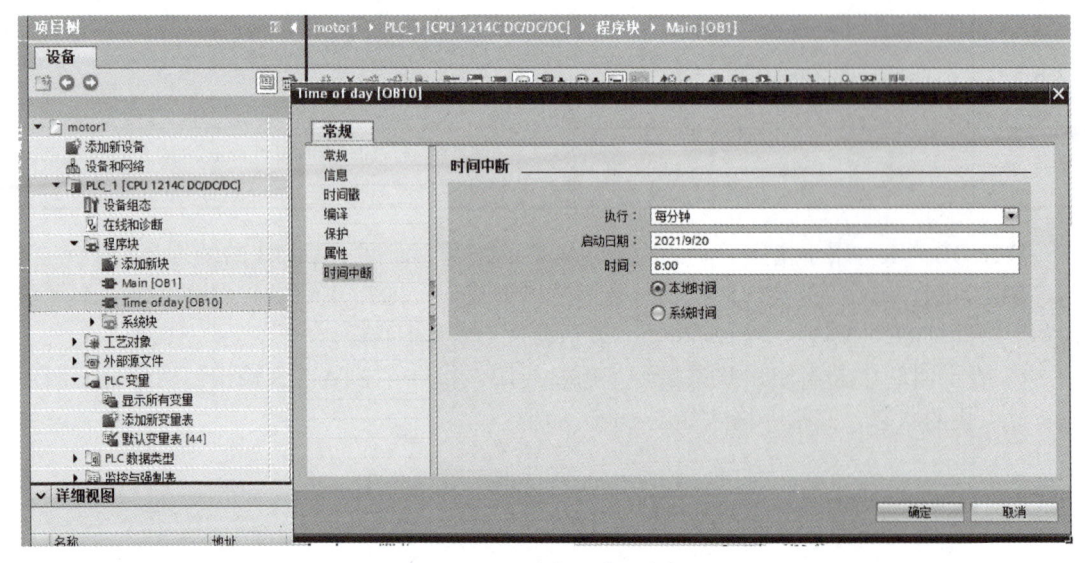

图 16-5　组态设置激活中断

方法 2：通过调用 SET_TINTL 设置时间中断，调用 ACT_TINT 激活时间中断，如图 16-6 所示。

项目 4　S7-1200 PLC 用户程序结构设计

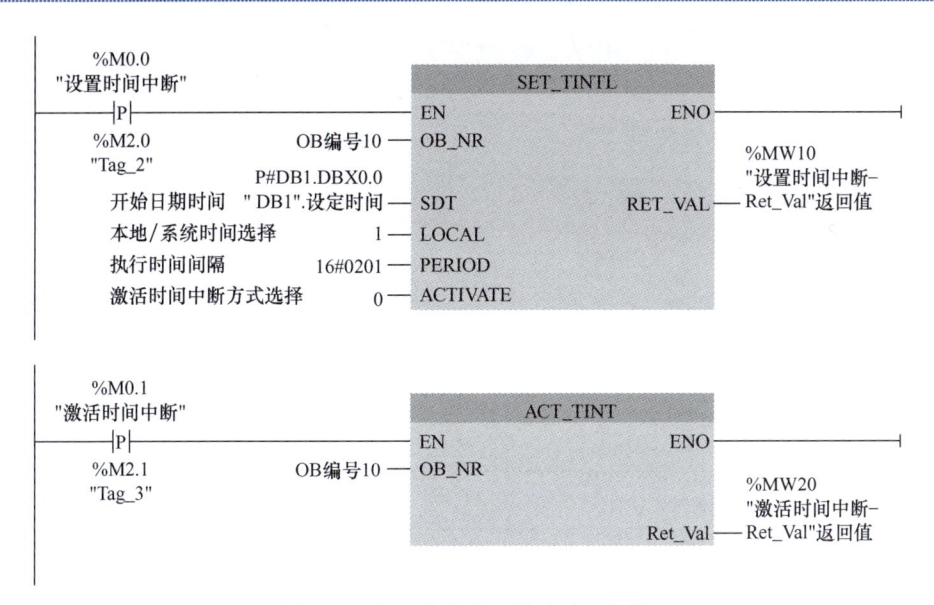

```
     %M0.0
  "设置时间中断"                    SET_TINTL
     ─┤P├─                    EN        ENO
      %M2.0         OB编号10 ─ OB_NR
      "Tag_2"     P#DB1.DBX0.0                    %MW10
   开始日期时间   "DB1".设定时间 ─ SDT              "设置时间中断-
   本地/系统时间选择        1 ─ LOCAL     RET_VAL ─ Ret_Val"返回值
   执行时间间隔        16#0201 ─ PERIOD
   激活时间中断方式选择      0 ─ ACTIVATE


     %M0.1
  "激活时间中断"                    ACT_TINT
     ─┤P├─                    EN        ENO
      %M2.1
      "Tag_3"       OB编号10 ─ OB_NR                %MW20
                                                  "激活时间中断-
                                        Ret_Val ─ Ret_Val"返回值
```

图 16-6　调用指令设置激活时间中断

（4）使用时间中断组织块注意事项

① 每次 CPU 启动之后，必须重新激活先前设置的时间中断。

② 当参数 PERIOD 重复周期设置为每月，则必须将 SDT 参数的起始日期设置为 1 号到 28 号中的一天。

③ 如果组态时间中断时设置相应 OB 只执行一次，则启动时间一定不能为过去的时间（与 CPU 的实时时钟相关）。

④ 如果组态时间中断时设置周期性执行相应 OB，但启动时间已过，则将在下次的这个时间执行该时间中断。

⑤ 调用 ACT_TINT 激活的时间中断不会在激活结束前执行。

2. 循环中断组织块

（1）循环中断功能

用于在循环程序执行过程中以周期性时间间隔独立启动程序。一个项目最多使用 4 个循环中断。在 CPU 运行期间，可以使用 SET_CINT 指令重新设置循环中断的间隔扫描时间、相移时间；同时还可以使用 QRY_CINT 指令查询循环中断的状态。循环中断 OB 的编号必须为 30～38，或大于、等于 123。

（2）与循环中断有关的指令

主要有两条指令：设置循环中断指令 SET_CINT 和查询循环中断状态指令 QRY_CINT。

1）SET_CINT 指令　用于设置循环中断参数的指令，设置指定的中断 OB 的间隔扫描时间、相移时间，以开始新的循环中断程序扫描过程。其指令格式如图 16-7 所示。

其输入输出参数见表 16-5。

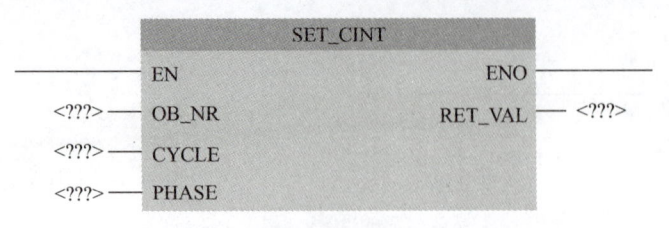

```
                    SET_CINT
      ─── EN              ENO ───
<???> ─── OB_NR       RET_VAL ─── <???>
<???> ─── CYCLE
<???> ─── PHASE
```

图 16-7　设置循环中断参数指令格式

表 16-5　SET_CINT 指令的输入输出参数表

参数	声明	数据类型	存储区	说明
OB_NR	Input	OB_CYCLIC	I、Q、M、D、L 或常数	OB 编号（<32768）
CYCLE	Input	UDINT	I、Q、M、D、L 或常数	时间间隔（微秒）
PHASE	Input	UDINT	I、Q、M、D、L 或常数	相位偏移
RET_VAL	Return	INT	I、Q、M、D、L	指令的状态

参数 OB_NR 指的是循环调用的组织块的编号。

参数 CYCLE 指的周期调用 OB 块的时间间隔，单位为微秒（μs），如果时间间隔为 100μs，则在程序执行期间会每隔 100μs 调用该 OB 一次。

参数 PHASE 为相位偏移，指循环中断 OB 调用偏移的时间间隔。可使用相位偏移处理精确时基中低优先级的组织块。如图 16-8 所示。

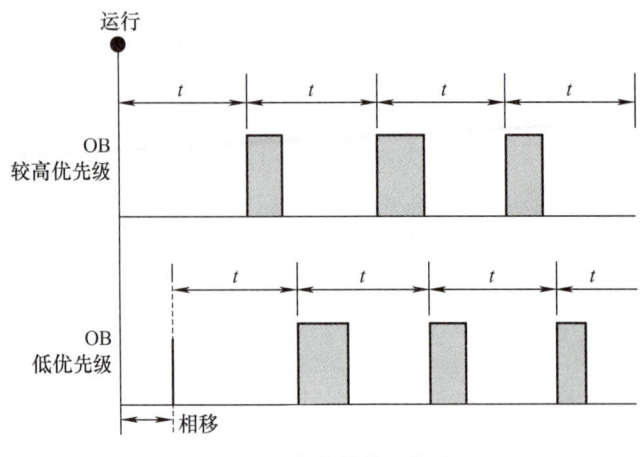

图 16-8　相位偏移示意图

当使用多个时间间隔相同的循环中断事件时，设置相移时间可使时间间隔相同的循环中断事件彼此错开一定的相移时间执行。**注意**：相移时间应大于较高优先级 OB 块的执行时间。

2) QRY_CINT 指令　可使用该指令查询循环中断 OB 的当前参数。通过 OB_NR 参数来识别循环中断 OB。其指令格式如图 16-9 所示。

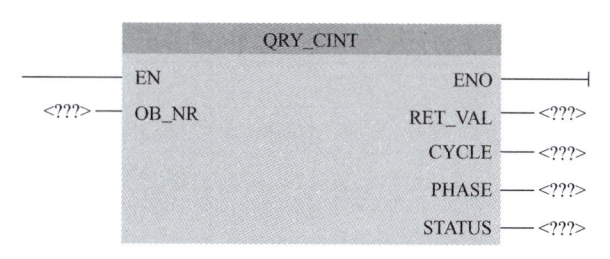

项目 4　S7-1200 PLC 用户程序结构设计

```
          ┌─────────────────┐
          │    QRY_CINT     │
      ────┤ EN          ENO ├────
    <???>─┤ OB_NR   RET_VAL ├─<???>
          │         CYCLE   ├─<???>
          │         PHASE   ├─<???>
          │         STATUS  ├─<???>
          └─────────────────┘
```

图 16-9　查询循环中断 OB 指令格式

（3）使用循环中断需要注意的事项
① 循环中断 + 延时中断数量≤4。
② 循环间隔时间 1～60000ms，通过指令 SET_CINT 设置错误的时间将报错 16#8091。
③ CPU 运行期间，可通过 SET_CINT 指令设置循环中断间隔时间、相移时间。
④ 如果 SET_CINT 指令的使能端 EN 为脉冲信号触发，则 CPU 的操作模式从 STOP 切换到 RUN 时执行一次，包括启动模式处于 RUN 模式时上电和执行 STOP 到 RUN 命令切换，循环中断间隔时间将复位为 OB 块属性中设置的数值。
⑤ 如果循环中断执行时间大于间隔时间，将会导致时间错误。

3. 硬件中断组织块

（1）硬件中断 OB 的功能

硬件中断 OB 在发生相关硬件事件时执行，可以快速地响应并执行硬件中断 OB 中的程序（例如立即停止某些关键设备）。

硬件中断事件包括内置数字输入端的上升沿和下降沿事件以及 HSC（高速计数器）事件。当发生硬件中断事件，硬件中断 OB 将中断正常的循环程序而优先执行。S7-1200 PLC 可以在硬件配置的属性中预先定义硬件中断事件，一个硬件中断事件只允许对应一个硬件中断 OB，而一个硬件中断 OB 可以分配给多个硬件中断事件。在 CPU 运行期间，可使用中断连接指令 ATTACH 和中断断开指令 DETACH 对中断事件重新分配。硬件中断 OB 的编号必须为 40～47，或大于、等于 123。

（2）与硬件中断 OB 相关的指令

硬件中断的指令主要有硬件中断连接指令 ATTACH 和硬件中断断开指令 DETACH。

1）中断连接指令 ATTACH　ATTACH 指令为硬件中断事件指定一个组织块（OB）。其指令格式如图 16-10 所示。

```
          ┌─────────────────┐
          │     ATTACH      │
      ────┤ EN          ENO ├────
    <???>─┤ OB_NR   RET_VAL ├─<???>
    <???>─┤ EVENT           │
    <??.?>┤ ADD             │
          └─────────────────┘
```

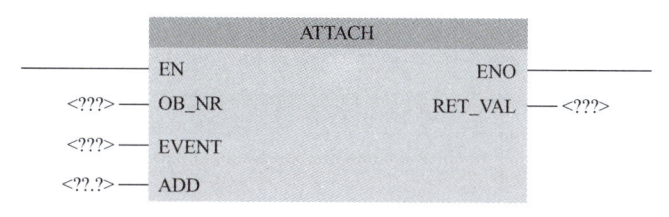

图 16-10　中断连接指令格式

中断连接指令的输入输出参数见表 16-6。

表 16-6　ATTACH 指令的输入输出参数表

参数	声明	数据类型	存储区	说明
OB_NR	Input	OB_ATT	I、Q、M、D、L 或常数	组织块（最多支持 32767 个）
EVENT	Input	EVENT_ATT	D、L 或常数	要分配给 OB 的硬件中断事件 必须首先在硬件设备配置中为输入或高速计数器启用硬件中断事件
ADD	Input	BOOL	I、Q、M、D、L 或常数	对先前分配的影响： 　ADD=0（默认值）：该事件将取代先前为此 OB 分配的所有事件 　ADD=1：此事件将添加到该 OB 先前指定的事件中
RET_VAL	Return	INT	I、Q、M、D、L	指令的状态

参数 OB_NR：用于指定某个组织块编号。

参数 EVENT：用于指定分配给 OB_NR 指定组织块的硬件中断事件。

参数 ADD：用于设置 EVENT 指定的事件对先前分配的事件的影响。ADD=0，该事件将取代先前为此 OB 分配的所有事件；ADD=1，此事件将添加到该 OB 先前指定的事件中。

2）中断断开指令 DETACH　DETACH 指令取消组织块到一个或多个硬件中断事件的现有分配。其指令格式如图 16-11 所示。

```
            DETACH
     EN              ENO
<???>─ OB_NR   RET_VAL ─<???>
<???>─ EVENT
```

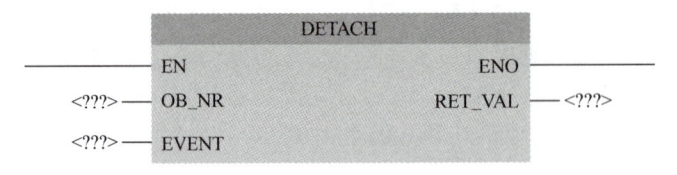

图 16-11　中断断开指令格式

中断断开指令输入输出参数见表 16-7。

表 16-7　DETACH 指令的输入输出参数表

参数	声明	数据类型	存储区	说明
OB_NR	Input	OB_ATT	I、Q、M、D、L 或常数	组织块（最多支持 32767 个）
EVENT	Input	EVENT_ATT	D、L 或常数	硬件中断事件
RET_VAL	Return	INT	I、Q、M、D、L	指令的状态

如果在 EVENT 参数处选择了单个硬件中断事件，将取消 OB 到该硬件中断事件的分配。当前存在的所有其他分配仍保持激活状态。如果未选择硬件中断事件，则当前分配给此 OB_NR 组织块的所有事件都会被分开。

（3）使用硬件中断的注意事项

① 一个硬件中断事件只能分配给一个硬件中断 OB，而一个硬件中断 OB 可以分配给多个硬件中断事件。

② 用户程序中最多可使用 50 个互相独立的硬件中断 OB，数字量输入和高速计数器

均可触发硬件中断。

③ 中断 OB 和中断事件在硬件组态中定义，在 CPU 运行时可通过 ATTACH 和 DETACH 指令进行中断事件重新分配。

④ 如果一个中断事件发生，在该中断 OB 执行期间，同一个中断事件再次发生，则新发生的中断事件丢失。

⑤ 如果一个中断事件发生，在该中断 OB 执行期间，又发生多个不同的中断事件中，则新发生的中断事件进入排队，等待第一个中断 OB 执行完毕后依次执行。

4. 微课资料

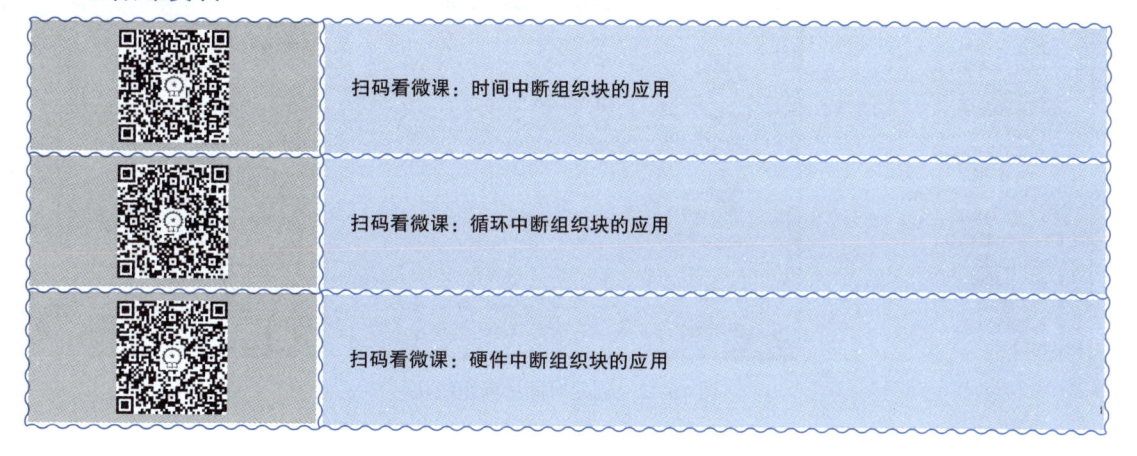

扫码看微课：时间中断组织块的应用

扫码看微课：循环中断组织块的应用

扫码看微课：硬件中断组织块的应用

六、工作计划与决策

按照任务书要求和获取的信息，制定中断组织块应用实例运行的工作方案，包括组态、参数设置、程序设计、程序下载调试等工作内容和步骤，对各组的设计方案进行对比、分析、论证，整合完善，形成决策方案，作为工作实施的依据。请将工作实施的决策方案列入表 16-8。

表 16-8　中断组织块应用工作实例实施决策方案

步骤名称	工作内容	负责人

七、任务实施

1. 时间中断组织块应用实例工作步骤

（1）创建时间中断组织块 OB10

创建时间中断组织块的步骤如图 16-12 中①～④所示。

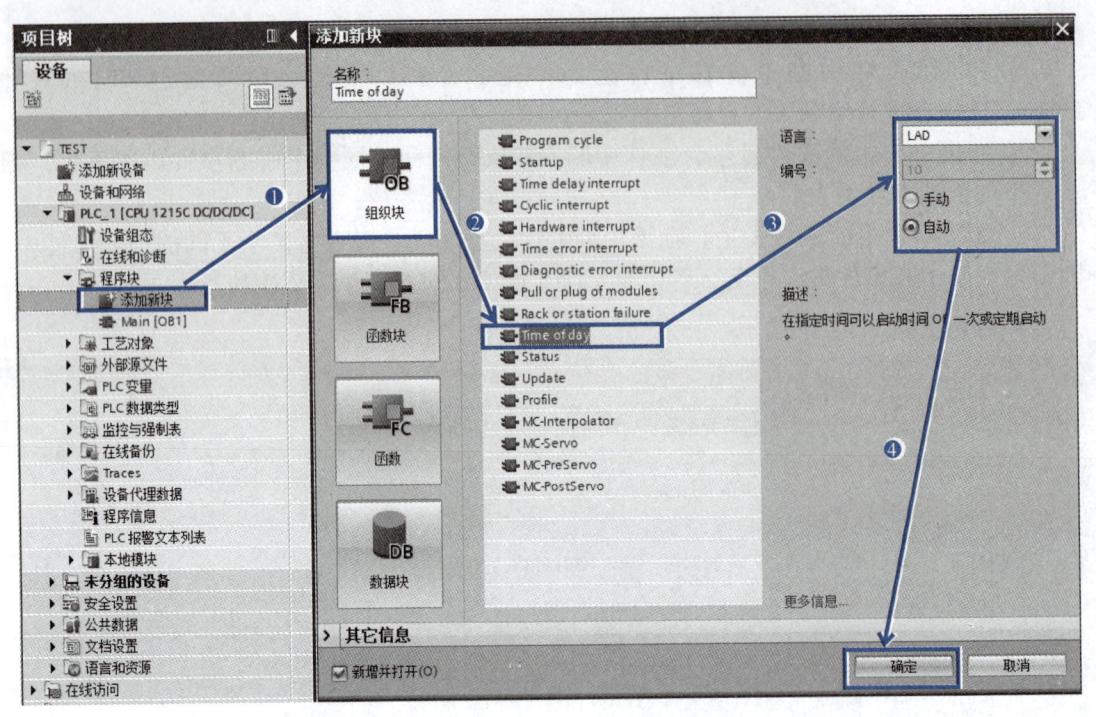

图 16-12 创建时间中断组织块

（2）OB1 编程

设置时间中断、激活时间中断、取消时间中断、查询时间中断。OB1 程序如图 16-13 所示。

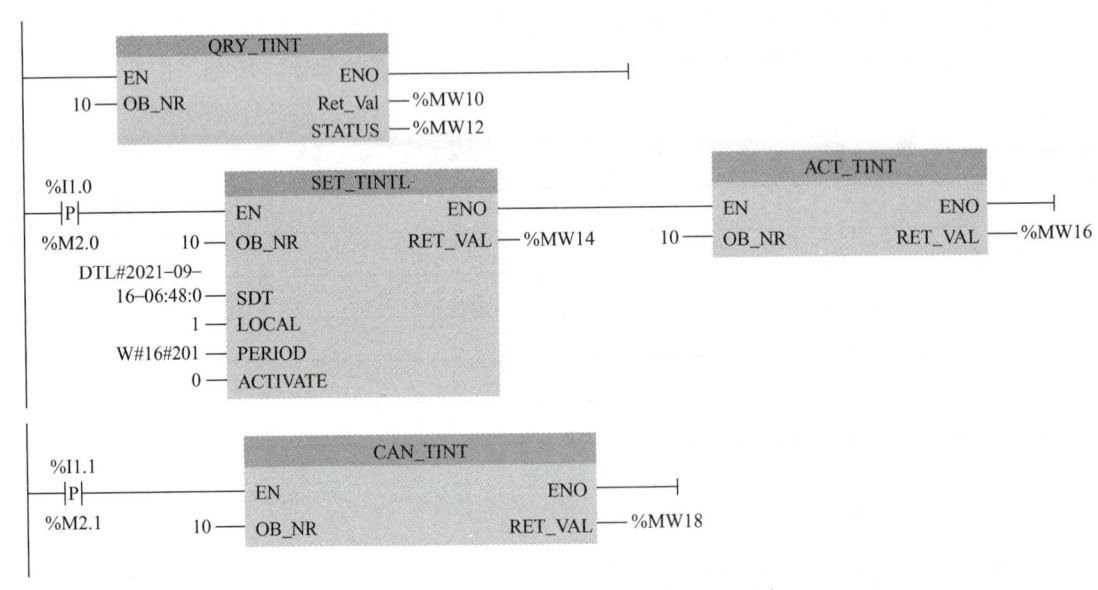

图 16-13 时间中断组织块应用实例 OB1 程序

首先是用查询指令查询中断组织块 OB10 的状态；当 I1.0 接通时，通过 SET_TINTL 指令设置 OB10 中断组织块的启动时间是 2021 年 9 月 16 日 6 时 48 分，LOCAL 为 1 表示

项目4 S7-1200 PLC 用户程序结构设计

当地时间，PERIOD 设置为 W#16#201 表示每分钟中断一次，ACTIVATE 为 0，表示只设置时间，然后通过 ACT_TINT 指令激活 OB10 组织块。当 I1.1 接通时，取消 OB10 的中断。

（3）OB10 编程

当触发时间中断时执行 MW100 加 1。OB10 程序如图 16-14 所示。

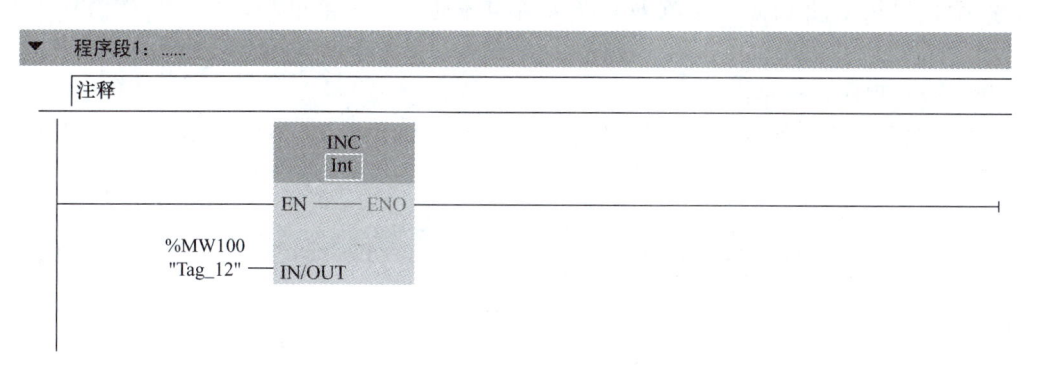

图 16-14 时间中断组织块应用实例 OB10 程序

2. 循环中断组织块应用实例工作步骤

任务要求是产生 0.25Hz 的时钟信号，其周期为 4s，高低电平各持续 2000ms 交替出现。因此设计每隔 2000ms 产生中断，在循环中断组织块程序中对 Q0.0 取反即可。

（1）添加一个新块 OB30

打开程序块文件夹，双击"添加新块"，打开添加新块对话框。选中组织块，选中"Cyclic interrupt"，添加循环中断组织块 OB30，循环时间设为 2000ms，即 2s。如图 16-15 所示。

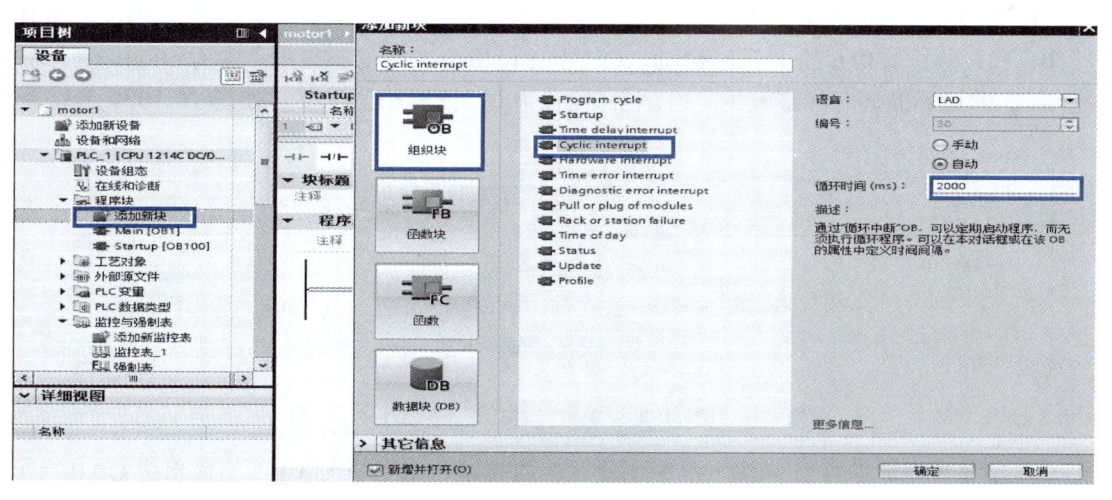

图 16-15 添加循环中断组织块 OB30

单击"确定"，即添加了一个中断组织块 OB30。

（2）编写 OB30 程序

程序如图 16-16 所示。

```
    %Q0.0                                                    %Q0.0
────┤ ├────────────────────────────────────────────────────( / )────
```

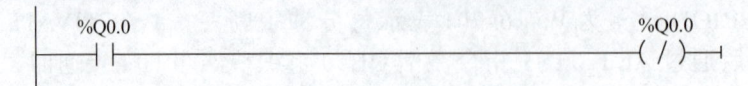

图 16-16　循环中断组织块应用实例 OB30 程序

（3）编译下载程序

选中项目树中的 PLC_1，单击编译按钮编译项目，单击下载按钮，将所有块下载到 PLC。

（4）查看程序运行情况

单击监视按钮，观察程序运行情况，可以看到输出位 Q0.0 指示灯亮 2s，灭 2s。即 Q0.0 产生了 0.25Hz 的时钟信号。如图 16-17 所示。

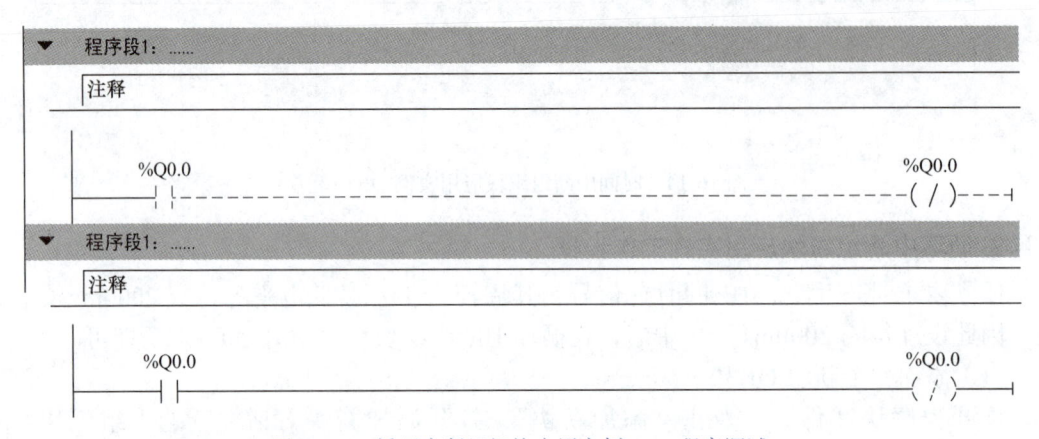

```
▼ 程序段1:……
  注释

       %Q0.0                                                 %Q0.0
  ────┤ ├─ ─ ─ ─ ─ ─ ─ ─ ─ ─ ─ ─ ─ ─ ─ ─ ─ ─ ─ ─ ─ ─ ─ ─ ─( / )──

▼ 程序段1:……
  注释

       %Q0.0                                                 %Q0.0
  ────┤ ├─────────────────────────────────────────────────( / )──
```

图 16-17　循环中断组织块应用实例 OB1 程序调试

（5）重新设置循环中断时间

打开 OB1，在指令树中打开扩展指令，找到 SET_CINT 指令，将其拖到 OB1 的程序段中，EN 端由 M30.0 的上升沿启动，OB-NR 设置为 30，CYCLE 设置为 500000，单位是 μs，即设置循环时间是 0.5s。PHASE 设置为 0，没有相位偏移。如图 16-18 所示。

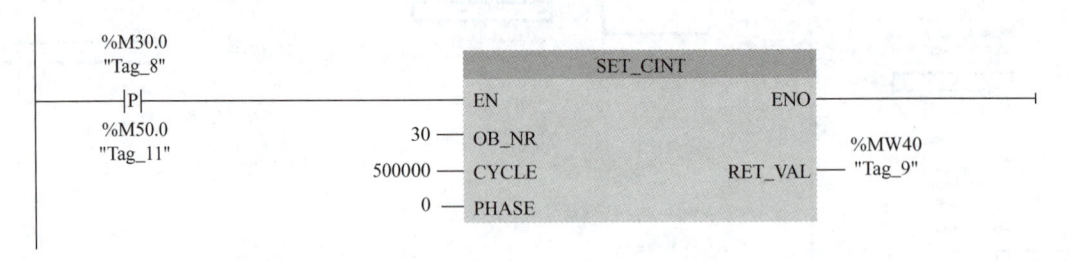

```
   %M30.0
   "Tag_8"
   ──┤P├──┐           ┌─────SET_CINT─────┐
           │           │                  │
   %M50.0  │           │ EN           ENO │
   "Tag_11"│           │                  │
   ────────┴──  30 ────┤ OB_NR            │         %MW40
                 500000┤ CYCLE    RET_VAL ├──────── "Tag_9"
                     0 ┤ PHASE            │
                       └──────────────────┘
```

图 16-18　循环中断组织块应用实例重设循环中断时间

程序编写完成保存，下载。程序下载后，监视运行，可看到 CPU 的输出位 Q0.0 指示灯亮 2s、灭 2s 交替切换；当 M30.0 由 0 变 1 时，因为通过"SET_CINT"将循环间隔时间设置为 0.5s，这时，可看到 CPU 的输出 Q0.0 指示灯亮 0.5s、灭 0.5s 交替切换。

3. 硬件中断组织块应用实例工作步骤

当硬件输入 I0.0 上升沿时，触发硬件中断 OB40，将 MW10 加 1；当硬件输入 I0.1 上升沿时，触发硬件中断 OB41，将 MW10 减 1。

（1）添加新块 OB40

点开项目树 PLC_1 的程序块，双击添加新块。选择组织块，单击"Hardware interrupt"，自动出现编号 40，单击"确定"，如图 16-19 所示。这样添加了一个硬件中断组织块 OB40，同理，再次按照此步骤，添加组织块 OB41。

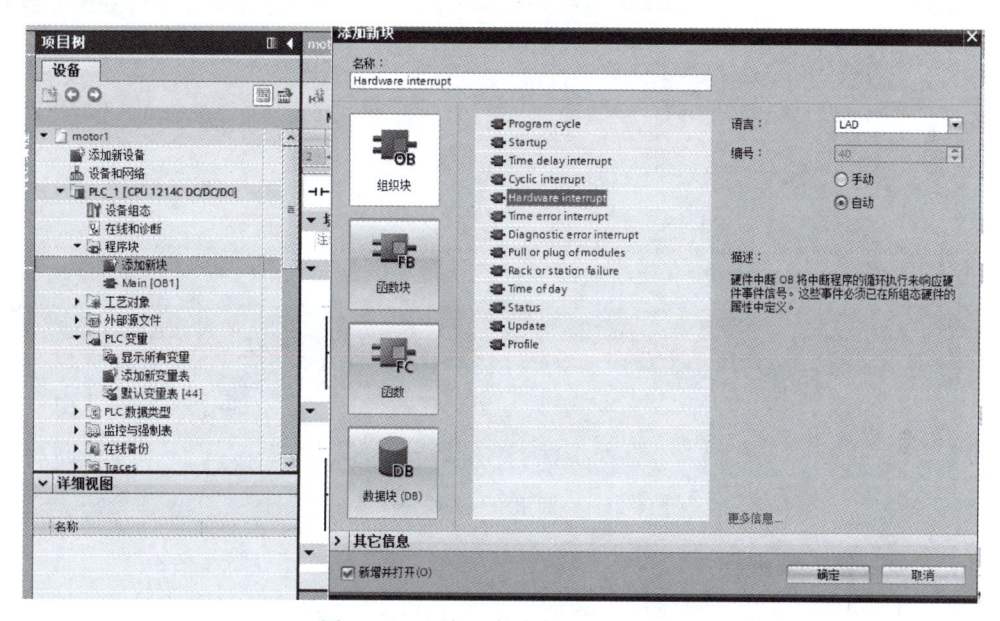

图 16-19　添加硬件中断组织块 OB40

（2）关联硬件中断事件

单击项目 PLC_1 的"设备组态"，双击"设备组态"，进入设备视图，双击"PLC"，出现设备组态的巡视窗口，在巡视窗口，打开 DI/DO，点开数字量输入，单击"通道 0"，出现通道 0 的设置窗口，勾选"启用上升沿检测"，如图 16-20 所示。

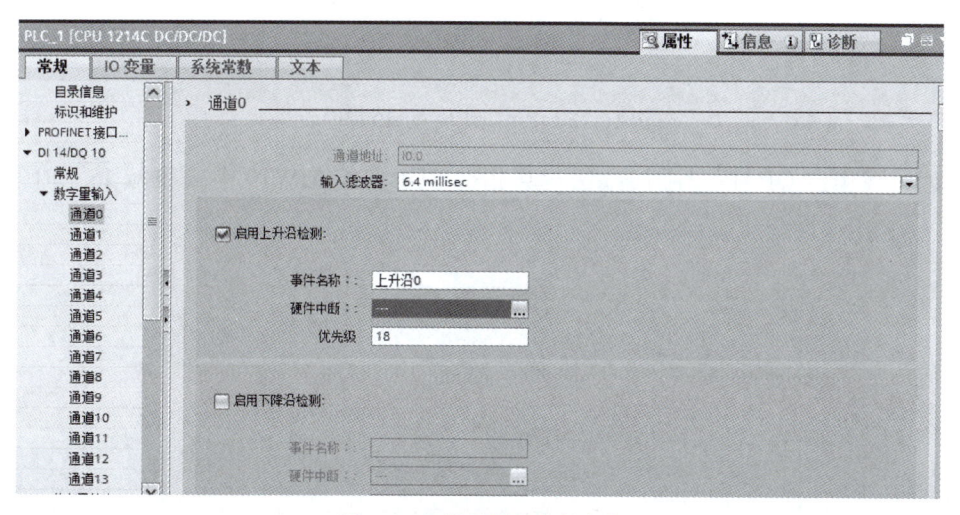

图 16-20　设置硬件中断事件

点开硬件中断，出现添加好的两个组织块 OB40 和 OB41，选择 OB40，单击对勾，将通道 0 的上升沿检测与组织块 OB40 相关联。同理，将通道 1 的上升沿检测与组织块 OB41 相关联。如图 16-21 所示。

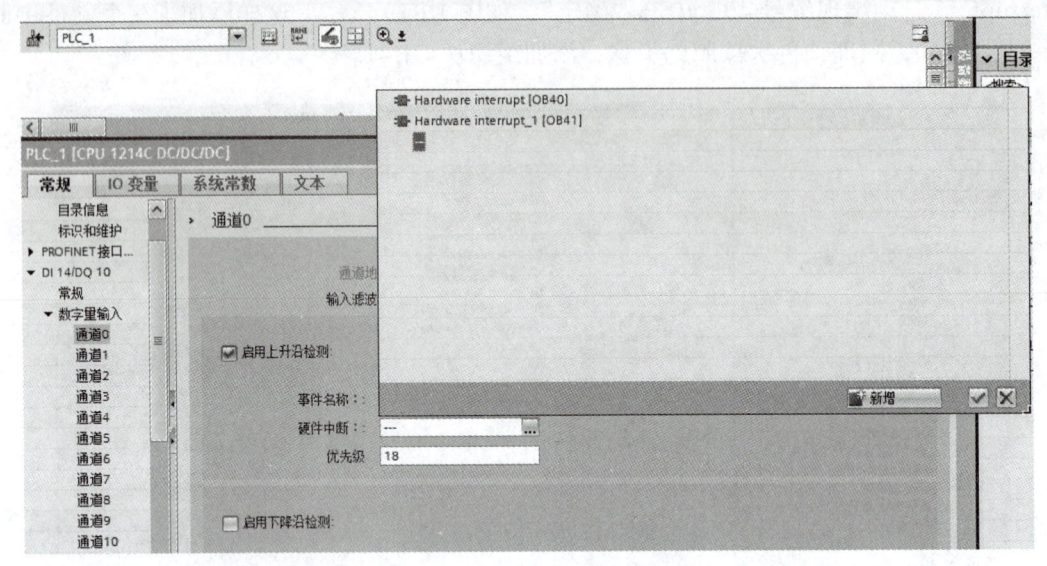

图 16-21　中断组织块关联硬件事件

（3）对硬件组织块编程

双击"OB40"，打开编辑窗口，添加加法运算指令 ADD。将 MW10 中的数加 1，如图 16-22 所示。

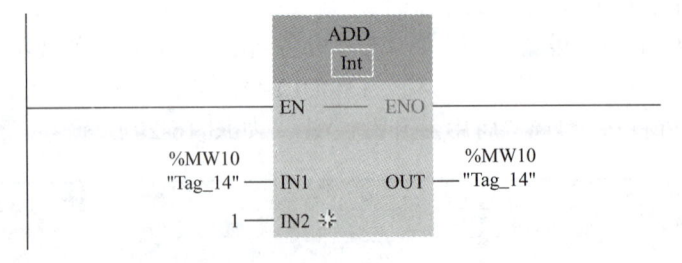

图 16-22　中断组织块 OB40 程序

同理，双击"OB41"，添加减法运算指令 SUB，将 MW10 中的数减 1，如图 16-23 所示。

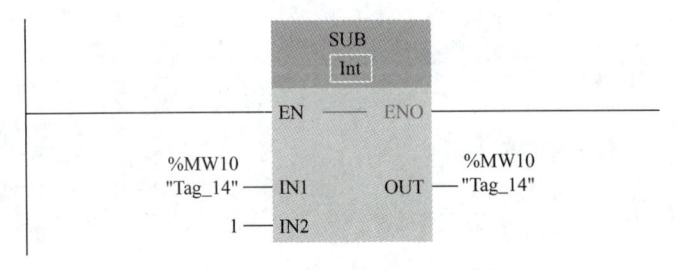

图 16-23　中断组织块 OB41 程序

（4）测试结果

① 当 I0.0 接通，触发中断 OB40，MW10 的数值累加 1。结果如图 16-24 所示。

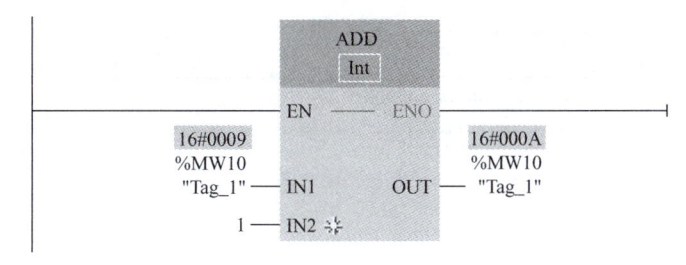

图 16-24　中断组织块 OB40 监视结果

② 当 I0.1 接通，触发中断 OB41，MW10 的数值递减 1。结果如图 16-25 所示。

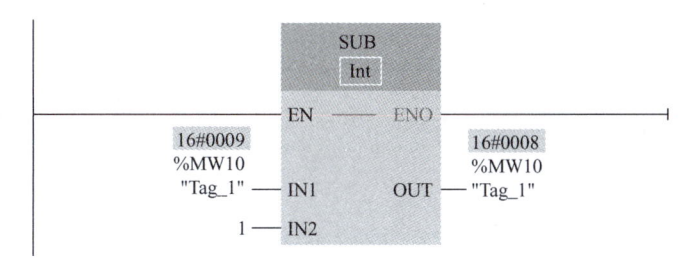

图 16-25　中断组织块 OB41 监视结果

（5）对中断事件重新分配

如果需要在 CPU 运行期间对中断事件重新分配，可通过 ATTACH 指令实现。在 OB1 中添加 ATTACH 指令，EVENT 设置为 I0.1 的上升沿。将 I0.1 上升沿事件发生，连接至组织块 OB40。如图 16-26 所示。

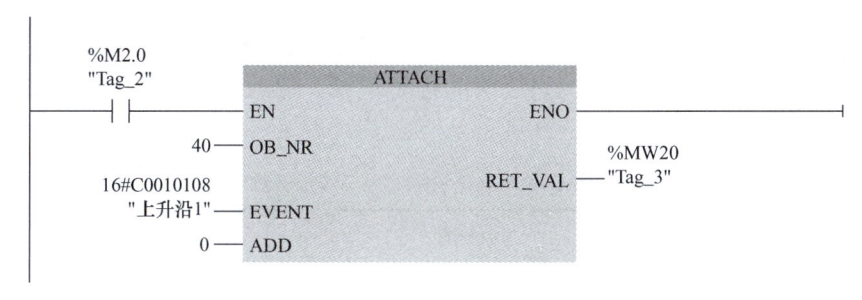

图 16-26　OB1 中重新连接中断事件

① 如果 ATTACH 指令的参数"ADD"为 0，则 EVENT 中的事件将替换 OB40 中的原有事件。即硬件中断事件 I0.1"上升沿 1"事件将替换原来 OB40 中关联的 I0.0"上升沿 0"事件，如图 16-27 所示。

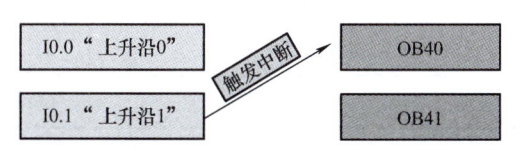

图 16-27　ADD 设置为 0 的中断事件关联示意图

② 如果 ATTACH 指令的参数"ADD"为 1，则 EVENT 中的事件将添加至 OB40，OB40 在 I0.0"上升沿 0"和 I0.1"上升沿 1"事件触发时均会执行，如图 16-28 所示。

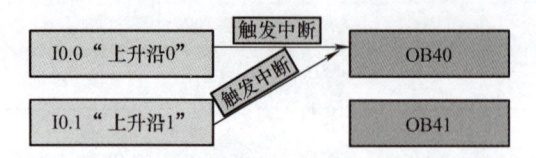

图 16-28　ADD 设置为 1 的中断事件关联示意图

（6）中断分离

如果需要在 CPU 运行期间对中断事件进行分离，可通过 DETACH 指令实现。如图 16-29 所示。

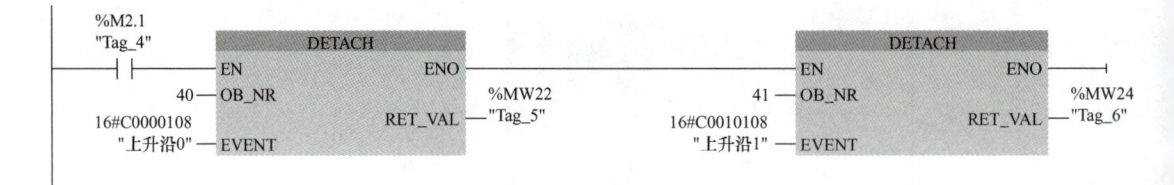

图 16-29　中断分离 OB1 程序

保存项目，下载调试。打开监视，可以观察到：I0.0 为 1 时，执行 OB40 中的程序，将 MW10 中的数加 1；I0.1 为 1 时，因为我们在 I0.1 上升沿与 OB40 建立了连接，所以 MW10 也继续加 1。

八、检查与评价

根据中断组织块三个应用案例的运行情况，按照验收标准，对任务完成情况进行检查和评价，包括时间中断组织块的应用、循环中断组织块的应用、硬件中断组织块的应用等，并将验收问题及其整改措施、完成时间进行记录。验收标准及评分表见表 16-9，验收问题记录表见表 16-10。

表 16-9　S7-1200 PLC 中断组织块的应用工作任务验收标准及评分表

序号	验收项目	验收标准	分值	教师评分	备注
1	时间中断组织块应用程序设计	相关指令参数设计准确，程序设计结构完整	25		
2	循环中断组织块应用程序设计	相关指令参数设计准确，程序设计结构完整	25		
3	硬件中断组织块应用程序设计	相关指令参数设计准确，程序设计结构完整	25		
4	调试程序	程序功能调试能满足任务要求	25		
		合计	100		

表 16-10 S7-1200 PLC 中断组织块的应用工作任务验收问题记录表

序号	验收问题记录	整改措施	完成时间	备注

各组展示任务完成情况，介绍任务的完成过程并提交阐述材料，进行学生自评、学生组内互评、教师评价，完成考核评价表 16-11。

表 16-11 S7-1200 PLC 中断组织块的应用运行工作任务考核评价表

评价项目	评价内容	分值	自评 20%	互评 20%	师评 60%	合计
职业素养 25 分	爱岗敬业，安全意识、责任意识、服务意识、集体主义精神	5				
	积极参加任务活动，按时完成任务	5				
	团队合作、交流沟通能力，语言表达能力	5				
	劳动纪律，职业道德	5				
	现场 6s 标准，行为规范	5				
专业能力 55 分	专业技能应用能力	15				
	制定计划能力，严谨认真	10				
	操作符合规范，精益求精	10				
	工作效率，分工协作	10				
	任务验收质量，质量意识	10				
创新能力 20 分	创新性思维和行动	20				
	总计	100				

教师签名：　　　　　　　　　　　　　　　　　　　　　　　　　　　　　　　　学生签名：

九、习题与自测题

1. 与时间中断有关的指令有哪些？

2. 在设置时间中断指令 SET_TINTL 中，PERIOD=W#16#0201，表示_____时间执行一次中断组织块的程序。

3. 时间中断 OB 的编号为_____到_____。此外，也可分配从 123 开始的 OB

编号。

4. 设置时间中断指令 SET_TINTL 中，参数 SDT 的数据类型是_____。

5. SET_CINT 指令中的参数 CYCLE 用于指定调用循环组织块的时间间隔，单位为_____，如果时间间隔为 1000，则在程序执行期间会每隔_____ms 调用该 OB 一次。

6. 在 ATTACH 指令中，参数"ADD"为_____，EVENT 中的事件将替换 OB40 中的原有事件；参数"ADD"为_____，EVENT 中的事件将添加至 OB40。

7. 用循环中断组织块 OB30，每 2s 将 MW20 的值乘以 2。在 I0.0 的上升沿，将循环时间修改为 3s。设计出主程序和 OB30 程序。

8. 编写程序，在 I0.1 的下降沿时调用硬件中断组织块 OB40，将指示灯 Q0.0 点亮。在 I0.1 的上升沿时调用硬件中断组织块 OB41，将指示灯 Q0.0 熄灭。

项目 5

S7-1200 PLC 以太网通信应用

任务 17 基于以太网的 PLC 开放式用户通信

一、学习任务描述

各 PLC 之间的通信是 PLC 的典型应用之一，是进行设备状态监控，满足生产、管理所需的数据采集与管理的工作任务。本学习任务要求了解 PLC 数据传送指令，进行项目组态与参数设置，编制 PLC 程序，实现基于以太网的两台 PLC 之间的通信。

二、学习目标

1. 了解 PLC 开放式用户通信方式。
2. 掌握数据发送指令 TSEND_C 的功能与参数设置。
3. 掌握数据接收指令 TRCV_C 的功能与参数设置。
4. 通过小组合作，制定通信参数配置方案，培养团队协作精神。
5. 根据通信数据要求，设置通信指令的参数。
6. 根据任务要求和工作规范，完成两台 S7-1200 PLC 基于以太网的开放式用户通信，培养应用能力。
7. 通过通信数据结果的检查验收，解决通信过程中的问题，注重过程性评价，注重安全、环保意识的养成，注重综合素养的提升。

三、任务书

现在需要在两台 S7-1200 PLC 之间进行开放式用户通信，一台作为客户端，一台作为服务端，请将客户端 DB10.DBW0 ~ DB10.DBW5 的数据写到服务端 DB30.DBW0 ~ DB30.DBW5 中。

四、获取信息

? 引导问题 1：查询资料，说明通信的七个层次。
? 引导问题 2：查询资料，了解各种通信协议及其特点。
? 引导问题 3：查询资料，说明 PLC 开放式用户通信的含义。开放式用户通信有几种通信连接方式？
? 引导问题 4：小组讨论，如何编写 S7-1200 PLC 客户端程序？如何编写服务器程序。

? 引导问题 5：查询资料，了解 S7-1200 PLC 的数据传送指令的格式。

_____
_____
_____
_____
_____

五、知识准备

1. 以太网通信基础

（1）IEEE802 通信标准

IEEE802 通信标准是电气和电子工程师学会的 802 分委员会陆续颁布的一系列计算机局域网分层通信协议标准草案的总称。

最常用的为三种协议，即带冲突检测的载波侦听多路访问协议（CSMA/CD）、令牌总线（token bus）和令牌环（token ring）。

1）CSMA/CD 协议　该通信协议的基础是以太网（ethernet），各站共享一条广播式的传输总线，每个站都是平等的，采用竞争方式发送信息到传输线上。当某个站识别到报文上的接收站名与本站的站名相同时，便将报文接收下来。由于没有专门的控制站，两个或多个站可能因同时发送信息而发生冲突，造成报文作废，因此必须采取措施来防止冲突。

2）令牌总线　是 IEEE802 标准中的工厂媒质访问技术，其编号为 802.4。在令牌总线中，媒体访问控制是通过传递一种称为令牌的特殊标志来实现的。按照逻辑顺序，令牌从一个装置传递到另一个装置，传递到最后一个装置后，再传递给第一个装置，如此周而复始，形成一个逻辑环。

令牌总线能在很重的负荷下提供实时同步操作，传送效率高，适于频繁、较短的数据传送，因此它最适合于需要进行实时通信的工业控制网络。

3）令牌环　令牌环媒质访问方案是 IBM 开发的，它在 IEEE802 标准中的编号为 802.5，它有些类似于令牌总线。在令牌环上，最多只能有一个令牌绕环运动，不允许两个站同时发送数据。令牌环从本质上看是一种集中控制式的环，环上必须有一个中心控制站负责网的工作状态的检测和管理。

除了上面三种通信标准外，还有一种叫作 PLC 的主从站通信方式。它是 PLC 常用的一种通信方式，不属于通信标准。主从通信网络只有一个主站和若干个从站。在主从站通信中，主站向某个从站发送请求帧，该从站接收到后才能向主站返回响应帧。主站按事先设置好的轮询表的排列顺序对从站进行周期性的查询，并分配总线的使用权。ProfiBus-DP 的主站之间的通信方式为令牌方式，主站与从站之间的通信为主从方式。

（2）现场总线及其国际标准

IEC（国际电工技术委员会）对现场总线的定义是"安装在制造和过程区域的现场装置与控制室内的自动控制装置之间的数字式、串行、多点通信的数据总线"。

使用现场总线后，操作员可以在中央控制室实现远程监控，对现场设备进行参数调整，还可以通过现场设备的自诊断功能诊断故障和寻找故障点。

世界上存在着大约四十余种现场总线，如法国的 FIP、英国的 ERA、德国西门子公司的 ProfiBus。

工业总线网络可归为三类：485 网络、HART 网络、FieldBus 现场总线网络。

1) 485 网络　RS485/MODBUS 是流行的一种工业组网方式，其特点是实施简单方便，而且支持 RS485 的仪表又特别多。在低端市场上，RS485/MODBUS 仍将是最主要的工业组网方式。

2) HART 网络　HART 是由艾默生提出的一个过渡性总线标准，主要特征是在 4~20mA 电流信号上面叠加数字信号。

3) FieldBus 现场总线网络　现场总线是当今自动化领域的热点技术之一，被誉为自动化领域的计算机局域网。它的出现标志着自动化控制技术又一个新时代的开始。现场总线是连接控制现场的仪表与控制室内的控制装置的数字化、串行、多站通信的网络。其关键标志是能支持双向、多节点、总线式的全数字化通信。

2. PLC 开放式用户通信方式

PLC 开放式用户通信是基于以太网进行数据交换的协议，适用于 PLC 之间通信、PLC 与第三方设备、PLC 与高级语言等进行数据交换。开放式用户通信有以下通信连接方式。

（1）TCP 通信方式

该通信方式支持 TCP/IP 的 PLC 开放式数据通信。TCP/IP 采用面向数据流的数据传送，发送的长度最好是固定的。如果长度发生变化，在接收区需要判断数据流的开始和结束位置，比较繁琐，并且需要考虑到发送和接收的时序问题。

（2）ISO-on-TCP 通信方式

由于 ISO 不支持以太网路由，因而西门子 PLC 应用 RFC1006 将 ISO 映射到 TCP 上，实现网络路由。

（3）UDP（User Datagram Protocol）通信方式

该通信连接属于 OSI 模型第四层协议，支持简单数据传输，数据无须确认，与 TCP 通信相比，UDP 没有连接。

（4）集成的以太网接口通信方式

S7-1200 PLC 的 CPU 通过集成的以太网接口用于开放式用户通信连接，通过调用发送指令（TSEND_C）和接收指令（TRCV_C）进行数据交换。通信方式为双边通信，因此，两台 S7-1200 PLC 之间进行开放式以太网通信，"TSEND_C"和"TRCV_C"必须成对出现。

3. TSEND_C 与 TRCV_C 指令功能与参数设置

PLC 开放式用户通信指令主要包括两个常用的通信指令：TSEND_C（发送数据指令）和 TRCV_C（接收数据指令）。

（1）发送数据指令 TSEND_C 指令

1) TSEND_C 指令的功能　TSEND_C 指令用于设置并建立通信连接，CPU 会自动保持和监视该连接。该指令异步执行，先设置并建立通信连接，然后通过现有的通信连接发送数据，最后终止或重置通信连接。该指令是系统功能块指令，使用时需要为其指定背景数据块。TSEND_C 指令格式如图 17-1 所示。

```
            "TSEND_C_DB"
              TSEND_C
      ─── EN            ENO ───
false ─── REQ          DONE ─── …
false ─── CONT         BUSY ─── …
    0 ─── LEN         ERROR ─── …
<???> ─── CONNECT    STATUS ─── …
<???> ─── DATA
    … ─── COM_RST
```

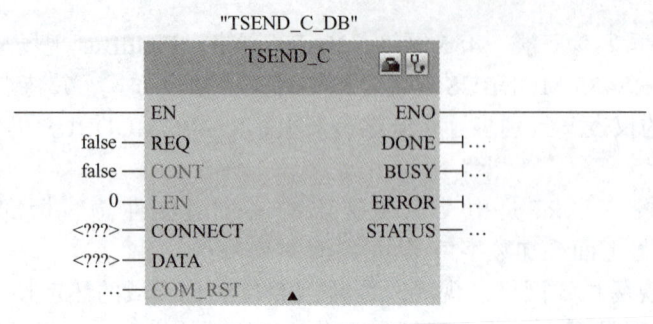

图 17-1　TSEND_C 指令格式

2）TSEND_C 指令的参数　　TSEND_C 指令的输入输出参数见表 17-1。

表 17-1　TSEND_C 指令的输入输出参数表

参数	声明	数据类型	存储区	说明
REQ	Input	BOOL	I、Q、M、D、L	在上升沿启动发送作业
CONT	Input	BOOL	I、Q、M、D、L	控制通信连接： 0：断开通信连接 1：建立并保持通信连接 发送数据（在参数 REQ 的上升沿）时，参数 CONT 的值必须为 TRUE 才能建立或保持连接
LEN	Input	UINT	I、Q、M、D、L 或常量	要通过作业发送的最大字节数。如果在参数 DATA 中使用具有优化访问权限的发送区（纯符号值），则 LEN 参数的值必须为 "0"
CONNECT	InOut	TCON_Param	D	指向连接描述的指针。对于 TCP 或 UDP，使用 TCON_IP_v4 系统数据类型。对于 ISO-on-TCP，使用 TCON_IP_RFC 系统数据类型
DATA	InOut	VARIANT	I、Q、M、D、L	指向发送区的指针，该发送区包含待发送数据的地址和长度（最大长度：8172 字节），发送结构时，发送端和接收端的结构必须相同
COM_RST	InOut	BOOL	I、Q、M、D、L	重新启动该指令的参数： 0：无关 1：该指令重新启动完成后，将导致现有连接终止并建立一个新连接
DONE	Output	BOOL	I、Q、M、D、L	完成位参数： 0：作业未启动，或者仍在执行过程中 1：作业已经成功完成
BUSY	Output	BOOL	I、Q、M、D、L	作业状态参数： 0：作业尚未启动或已完成 1：作业尚未完成，无法启动新作业
ERROR	Output	BOOL	I、Q、M、D、L	错误位参数： 0：无错误 1：出现错误，错误原因查看 STATUS 参数
STATUS	Output	WORD	I、Q、M、D、L	指令的错误代码

（2）接收数据指令 TRCV_C 指令

1）TRCV_C 指令的功能

TRCV_C 指令用于设置并建立通信连接，CPU 会自动保持和监视该连接。该指令异步执行，先设置并建立通信连接，然后通过现有的通信连接接收数据。TRCV_C 指令格式如图 17-2 所示。该指令是系统功能块指令，使用时需要为其指定背景数据块。

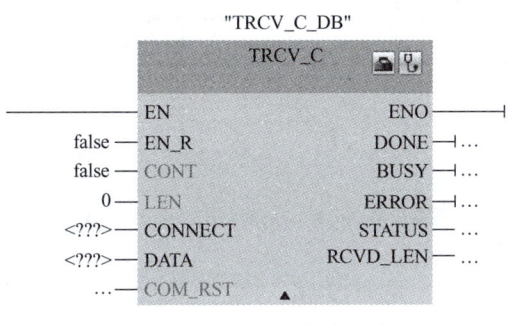

```
            "TRCV_C_DB"
              TRCV_C
     ──── EN            ENO ────
   false── EN_R        DONE ── …
   false── CONT        BUSY ── …
       0── LEN        ERROR ── …
   <???>── CONNECT   STATUS ── …
   <???>── DATA    RCVD_LEN ── …
      …── COM_RST
```

图 17-2　TRCV_C 指令格式

2）TRCV_C 指令的参数

TRCV_C 指令的输入输出参数见表 17-2。

表 17-2　TRCV_C 指令的输入输出参数表

参数	声明	数据类型	存储区	说明
EN_R	Input	BOOL	I、Q、M、D、L	启用接收功能
CONT	Input	BOOL	I、Q、M、D、L	控制通信连接： 0：断开通信连接 1：建立并保持通信连接 接收数据（在参数 EN_R 的上升沿）时，参数 CONT 的值必须为 TRUE 才能建立或保持连接
LEN	Input	UINT	I、Q、M、D、L 或常量	待接收数据的最大长度（最大值：8172 字节）。如果在参数 DATA 中使用具有优化访问权限的发送区（纯符号值），则 LEN 参数的值必须为 "0"
CONNECT	InOut	TCON_Param	D	指向连接描述的指针。对于 TCP 或 UDP，使用 TCON_IP_v4 系统数据类型。对于 ISO-on-TCP，使用 TCON_IP_RFC 系统数据类型
DATA	InOut	VARIANT	I、Q、M、D、L	指向接收区的指针，发送结构时，发送端和接收端的结构必须相同
COM_RST	InOut	BOOL	I、Q、M、D、L	重新启动该指令参数： 0：无关 1：完成该指令的重新启动，会导致现有连接终止
DONE	Output	BOOL	I、Q、M、D、L	完成位参数： 0：作业未启动，或者仍在执行过程中 1：作业已经成功完成
BUSY	Output	BOOL	I、Q、M、D、L	作业状态参数： 0：作业尚未启动或已完成 1：作业尚未完成，无法启动新作业

(续)

参数	声明	数据类型	存储区	说明
ERROR	Output	BOOL	I、Q、M、D、L	错误位参数： 0：无错误 1：出现错误，错误原因查看 STATUS 参数
STATUS	Output	WORD	I、Q、M、D、L	指令的错误代码
RCVD_LEN	Output	UDINT	I、Q、M、D、L	实际接收到的数据量（以字节为单位）

4. 微课资料

扫码看微课：两台 S7-1200 PLC 基于以太网的开放式用户通信应用实例

六、工作计划与决策

按照任务书要求和获取的信息，制定两台 S7-1200 PLC 开放式通信的工作方案，包括硬件组态、组态连接、网络连接、参数设置、指令调用等工作内容和步骤，对各组的参数配置方案进行对比、分析、论证，整合完善，形成决策方案，作为工作实施的依据。请将工作实施的决策方案列入表 17-3。

表 17-3 两台 PLC 通信工作实施决策方案

步骤名称	工作内容	负责人

七、任务实施

建立两台 S7-1200 PLC 之间开放式用户通信的工作实施步骤如下。

1. 新建项目及组态连接

（1）新建项目及组态客户端 CPU

① 打开西门子 PLC 博途软件，在 PORTAL 视图中，单击"创建新项目"，并输入项目名称"两台 S7-1200 开放式用户通信应用实例"，以及路径和作者等信息，然后单击"创建"即可生成新项目。

② 在项目树中，单击"添加新设备"，选择 CPU 型号和版本号（必须与实际设备相匹配）。选择"PLC_1"，双击"设备组态"，在"设备视图"的工作区中，选中 PLC_1，在其巡视窗口中的"属性"→"常规"的选项卡中，选择"PROFINET 接口

[X1]"→"以太网地址",修改 CPU 以太网 IP 地址为 192.168.0.1。

③ 在其巡视窗口的"属性"→"常规"的选项卡中,选择"系统和时钟存储器",激活"启动时钟存储器字节"复选框,程序中会用到时钟存储器 M0.5。

(2)组态服务端 CPU

① 在项目树中,单击"添加新设备",在对话框中选择 CPU 型号和版本号(必须与实际设备相匹配)。

② 在项目树中,选择"PLC_2",在其巡视窗口中的"属性"→"常规"的选项卡中,选择"PROFINET 接口 [X1]"→"以太网地址",修改 CPU 以太网 IP 地址为192.168.0.2。

③ 在其巡视窗口中的"属性"→"常规"的选项卡中,选择"系统和时钟存储器",激活"启动时钟存储器字节"复选框。

(3)创建网络连接。

在项目树中,双击"设备和网络",进入网络视图。在网络视图中,用鼠标点中PLC_1 的 PROFINET 通信口的绿色小方框,然后拖拽出一条线,到 PLC_2 的 PROFINET通信口的绿色小方框上,然后松开鼠标,在两台 PLC 之间建立起连接。组态网络连接如图 17-3 所示。

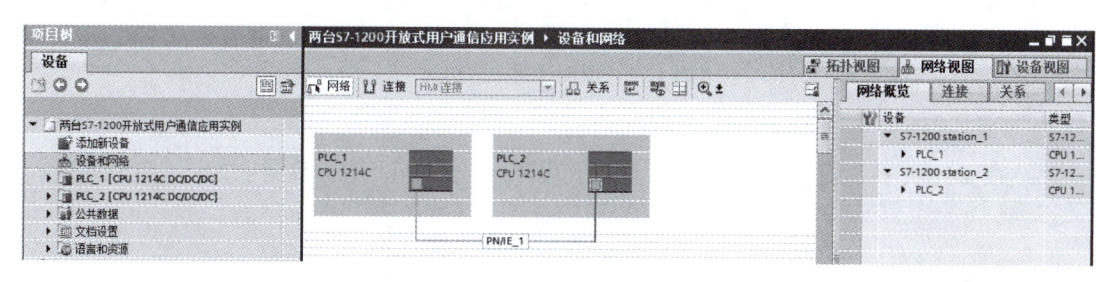

图 17-3 组态网络连接

2. 编写客户端程序

(1)创建 PLC 变量表

在项目树中,选择"PLC_1"→"PLC 变量",双击"添加新变量表",并命名变量表为"PLC1 发送数据变量表",在"PLC1 发送数据变量表"中新建变量发送状态MW10,数据发送错误 M12.0,数据发送中 M12.1,数据发送完成 M12.2。PLC1 变量表如图 17-4 所示。

		名称	数据类型	地址	保持	在 H...	可从...	注释
1	◼	发送状态	Word	%MW10	☐	☑	☑	
2	◼	数据发送错误	Bool	%M12.0	☐	☑	☑	
3	◼	数据发送中	Bool	%M12.1	☐	☑	☑	
4	◼	数据发送完成	Bool	%M12.2	☐	☑	☑	
5		<添加>				☑	☑	

图 17-4 PLC1 变量表

（2）创建发送数据区

① 在项目树中，选择"PLC_1"→"程序块"→"添加新块"，选择"数据块（DB）"创建 DB 块，数据块名称为"PLC1 发送区"，手动修改数据块编号为 10。需要在 DB 块属性中取消优化的块访问。取消优化块的访问如图 17-5 所示。

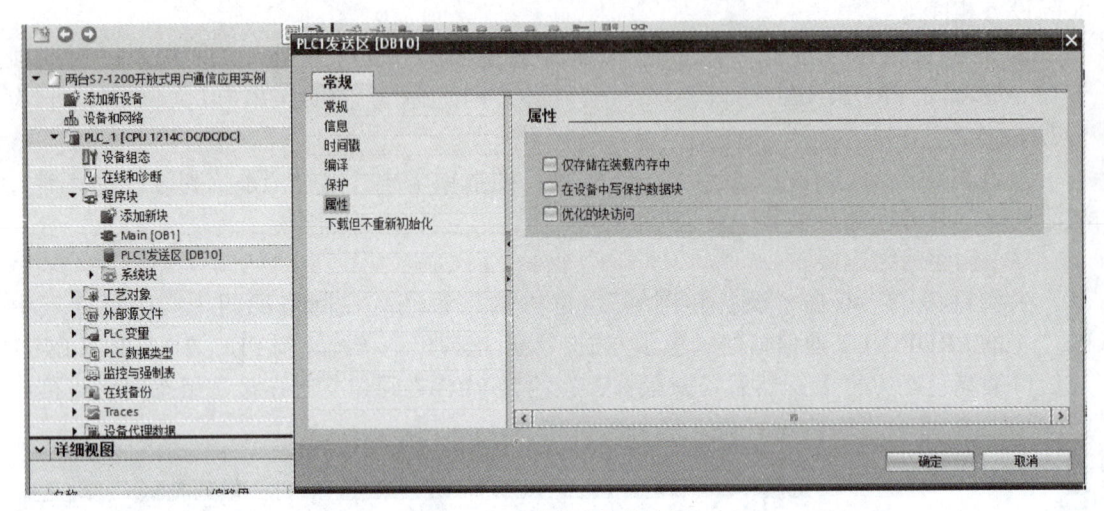

图 17-5　取消优化块的访问

② 在 DB 块中，创建 6 个字的数组用于存储发送数据。发送数据区如图 17-6 所示。

图 17-6　发送数据区

（3）编写 OB1 主程序

主程序主要完成 TSEND_C 指令的编写，可使用指令的"属性"来组态连接参数和块参数。

① 组态 TSEND_C 指令的连接参数。

将 TSEND_C 指令插入到 OB1 主程序中，自动生成背景数据块。双击指令，在其巡视窗口中选择"属性"→"组态"的选项卡，对连接参数进行设置。伙伴选择"PLC_2"，伙伴的"接口""子网"和"地址"就自动出现。

本地"连接数据"，单击"新建"，建立"PLC_1_Send_DB"；伙伴"连接数据"，单击"新建",建立"PLC_2_Receive_DB"。"连接类型"自动设置为"TCP"连接,"连接ID"自动设置为"1",本地"主动建立连接"。TSEND_C指令的连接参数如图17-7所示。

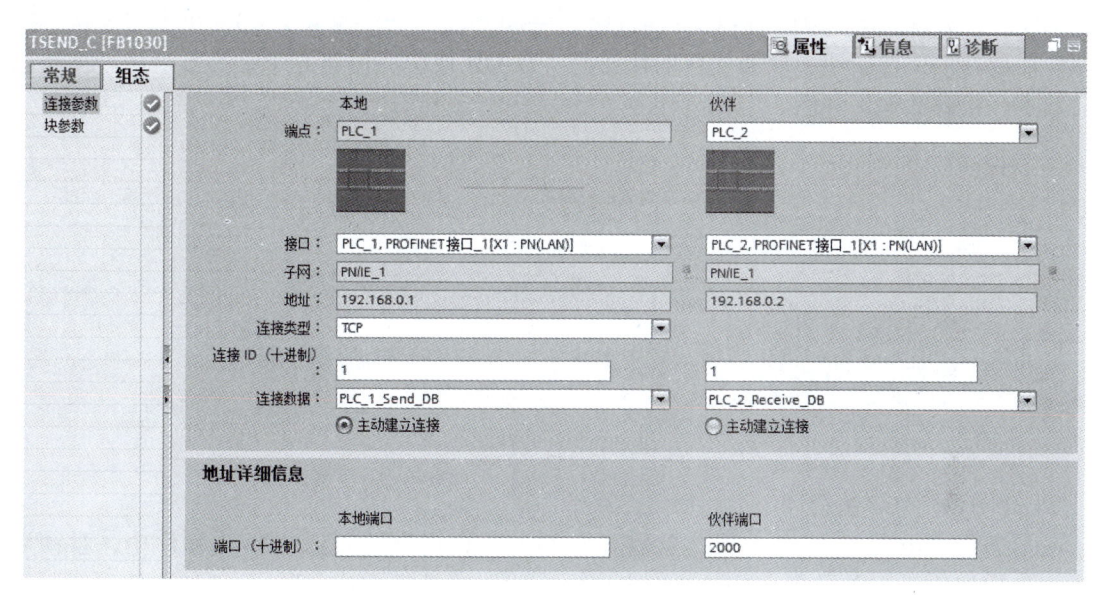

图17-7 TSEND_C指令的连接参数

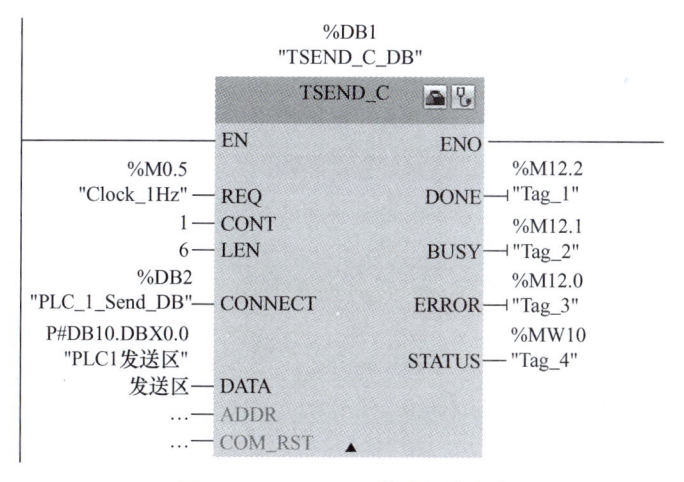

② 编写TSEND_C指令的块参数。TSEND_C指令的块参数如图17-8所示。

图17-8 TSEND_C指令的块参数

3. 编写服务端程序

(1) 创建PLC变量表

在项目树中,选择"PLC_2"→"PLC变量",双击"添加新变量表",并命名变量表为"PLC2接收数据变量表",在"PLC2接收数据变量表"中新建变量,接收数据量是

203

MW20，接收状态是 MW22，数据接收错误是 M24.0，数据接收中是 M24.1，数据接收完成是 M24.2。

（2）创建数据接收区

在项目树中，选择"PLC_2"→"程序块"→"添加新块"，选择"数据块（DB）"创建 DB 块，数据块名称为"PLC2 接收区"，手动修改数据块编号为 30，单击"确认"按钮，需要在 DB 块属性中取消优化的块访问。在 DB 块中，创建 6 个字的数组用于存储接收数据。接收数据区如图 17-9 所示。

	名称	数据类型	偏移量	启动值	保持性	可从 HMI …	在 HMI …	设置值	注释
1	▼ Static								
2	▼ 接收区	Array[0..5] o…	0.0			✓	✓		
3	■ 接收区[0]	Word	0.0	16#0		✓	✓		
4	■ 接收区[1]	Word	2.0	16#0		✓	✓		
5	■ 接收区[2]	Word	4.0	16#0		✓	✓		
6	■ 接收区[3]	Word	6.0	16#0		✓	✓		
7	■ 接收区[4]	Word	8.0	16#0		✓	✓		
8	■ 接收区[5]	Word	10.0	16#0		✓	✓		

图 17-9　接收数据区

（3）编写 OB1 主程序

① 配置 TRCV_C 指令的连接参数。将 TRCV_C 指令插入到 OB1 主程序中，自动生成背景数据块。双击指令，在其巡视窗口中，伙伴选择"PLC_1"，本地"连接数据"选择"PLC_2_Receive_DB"，伙伴"连接数据"选择"PLC_1_Send_DB"，"连接类型"自动设置为"TCP"连接，"连接 ID"自动设置为"1"，伙伴"主动建立连接"。TRCV_C 指令的连接参数如图 17-10 所示。

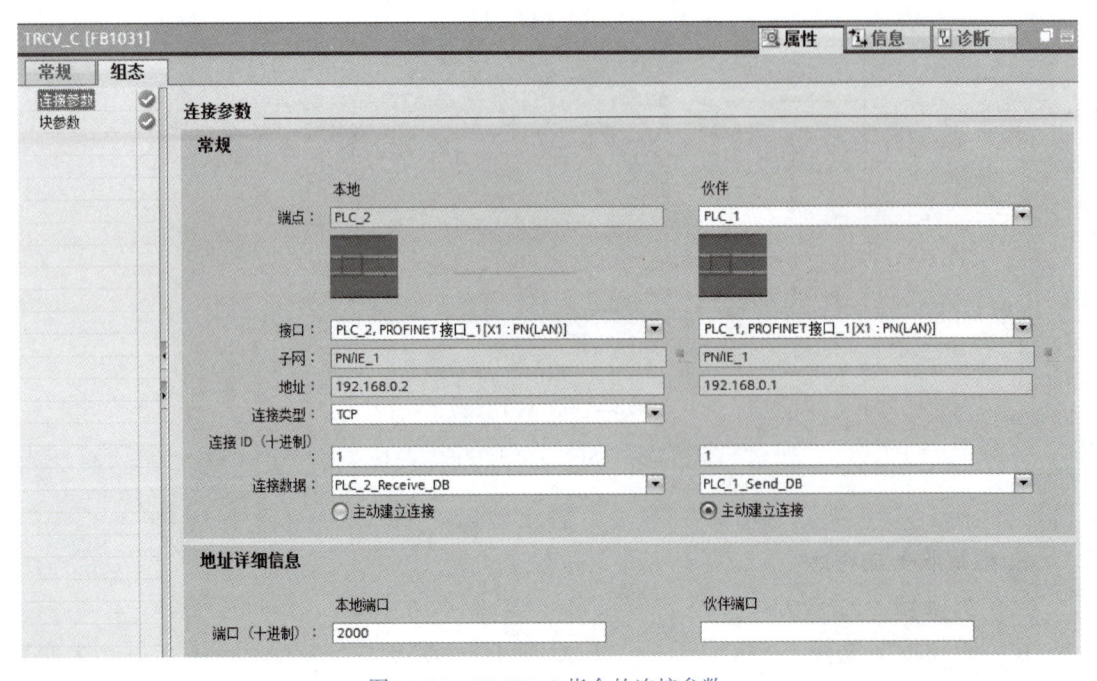

图 17-10　TRCV_C 指令的连接参数

② 编写 TRCV_C 指令的引脚参数。TRCV_C 指令的块参数如图 17-11 所示。

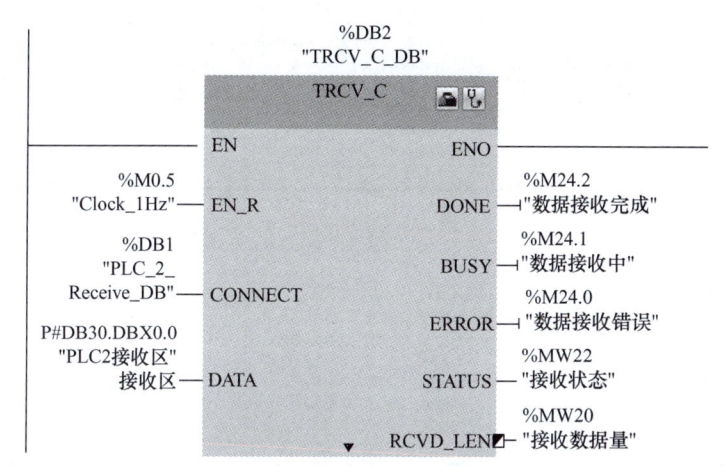

```
                    %DB2
                  "TRCV_C_DB"
                    TRCV_C
              ┌─ EN          ENO ─┐
              │                    │            %M24.2
   %M0.5  ──→│ EN_R         DONE ├──→ "数据接收完成"
  "Clock_1Hz"│                    │
              │                    │            %M24.1
     %DB1   ──│                    │
   "PLC_2_    │              BUSY ├──→ "数据接收中"
   Receive_DB"│ CONNECT            │
              │                    │            %M24.0
              │             ERROR ├──→ "数据接收错误"
  P#DB30.DBX0.0│                   │
   "PLC2接收区"│                    │            %MW22
     接收区  ──│ DATA      STATUS ├──→ "接收状态"
              │                    │
              │                    │            %MW20
              │          RCVD_LEN ├──→ "接收数据量"
              └────────────────────┘
```

图 17-11　TRCV_C 指令的块参数

4. 程序下载与运行

① 选择 PLC1，单击下载按钮，搜索到 PLC1，单击下载。PLC1 下载完成后，同理，选择 PLC2，单击下载按钮，搜索到 PLC2，单击下载，直至 PLC2 下载完成。

② 通过监控表监控通信数据，将 PLC1 发送区的 6 个数据添加到监控表中，并将其数据修改为 11，22，33，44，55，66，监视值变为相应的数值。PLC_1 监控表如图 17-12 所示。

	名称	地址	显示格式	监视值	修改值		
1	"PLC1发送区".发送区[0]	%DB10.DBW0	十六进制	16#0011	16#0011	☑	!
2	"PLC1发送区".发送区[1]	%DB10.DBW2	十六进制	16#0022	16#0022	☑	!
3	"PLC1发送区".发送区[2]	%DB10.DBW4	十六进制	16#0033	16#0033	☑	!
4	"PLC1发送区".发送区[3]	%DB10.DBW6	十六进制	16#0044	16#0044	☑	!
5	"PLC1发送区".发送区[4]	%DB10.DBW8	十六进制	16#0055	16#0055	☑	!
6	"PLC1发送区".发送区[5]	%DB10.DBW10	十六进制	16#0066	16#0066	☑	!

图 17-12　PLC_1 监控表

③ 打开 PLC2 的监控表，将接收区的地址添加到监控表中，启动监视，水平拆分窗口，可以看到 PLC1 发送区的数据原封不动地被 PLC2 接收区接收。PLC_2 监控表如图 17-13 所示。

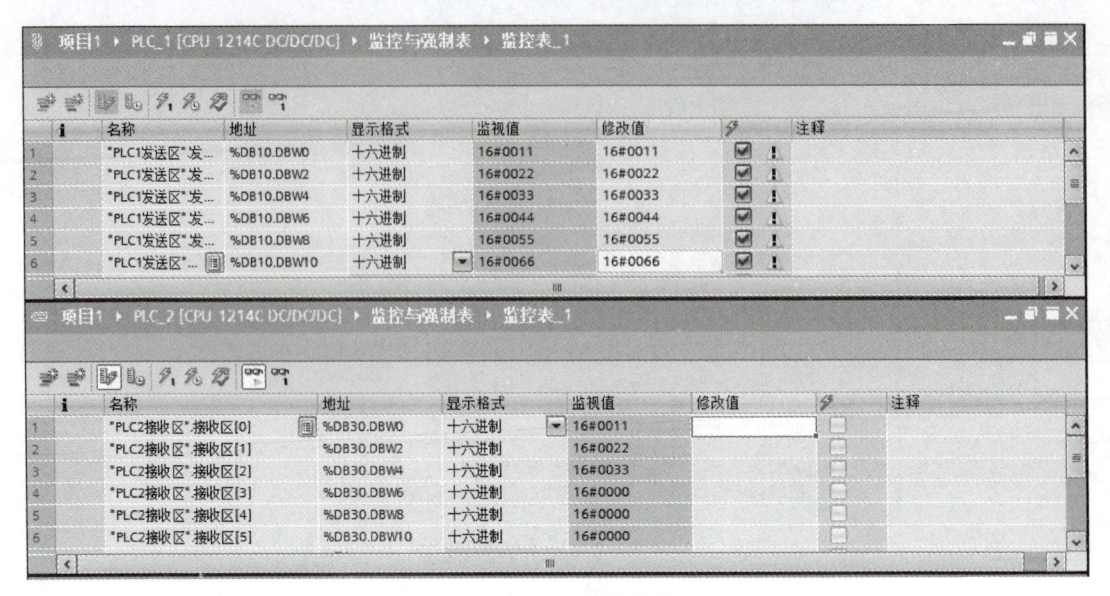

图 17-13　PLC_2 监控表

八、检查与评价

根据两台 S7-1200 PLC 的通信数据传送情况，按照验收标准，对任务完成情况进行检查和评价，包括安全配置、I/O 地址配置等，并将验收问题及其整改措施、完成时间进行记录。验收标准及评分表见表 17-4，验收问题记录表见表 17-5。

表 17-4　基于以太网的 PLC 开放式用户通信工作任务验收标准及评分表

序号	验收项目	验收标准	分值	教师评分	备注
1	IP 地址配置	两台 PLC IP 设置在同一网段	20		
2	网络组态	两台 PLC 能正确联网	25		
3	通信参数配置	通信指令参数设置正确，通信连接正确设置	35		
4	通信数据	通信数据准确	20		
	合计		100		

表 17-5　基于以太网的 PLC 开放式用户通信工作任务验收问题记录表

序号	验收问题记录	整改措施	完成时间	备注

各组展示任务完成情况,介绍任务的完成过程并提交阐述材料,进行学生自评、学生组内互评、教师评价,完成考核评价表 17-6。

表 17-6　基于以太网的 PLC 开放式用户通信工作任务考核评价表

评价项目	评价内容	分值	自评 20%	互评 20%	师评 60%	合计
职业素养 25 分	爱岗敬业、安全意识、责任意识、服务意识、集体主义精神	5				
	积极参加任务活动,按时完成任务	5				
	团队合作、交流沟通能力,语言表达能力	5				
	劳动纪律、职业道德	5				
	现场 6s 标准,行为规范	5				
专业能力 55 分	专业技能应用能力	15				
	制定计划能力,严谨认真	10				
	操作符合规范,精益求精	10				
	工作效率,分工协作	10				
	任务验收质量,质量意识	10				
创新能力 20 分	创新性思维和行动	20				
总计		100				
教师签名:					学生签名:	

九、习题与自测题

1. 什么是 PLC 开放式用户通信?有哪几种通信方式?

2. TSEND_C 指令中 REQ 参数的功能是_____。

3. TSEND_C 和 TRCV_C 指令中的 CONT 参数功能是用来设置通信连接,当 CONT=0,表示_____,当 CONT=1,表示_____。

4. TSEND_C 和 TRCV_C 指令中的 LEN 参数功能是设置通过作业发送的最大字节数。如果在参数 DATA 中使用具有优化访问权限的发送区(纯符号值),则 LEN 参数的值必须为_____。

任务 18　两台 S7-1200 PLC 之间的 S7 协议通信

一、学习任务描述

S7 协议是专为西门子控制产品优化设计的通信协议,它是面向连接的协议。在进行数据交换之前，必须与通信伙伴建立连接，面向连接的协议具有较高的安全性。S7 连接是需要组态的静态连接，静态连接要占用 CPU 的连接资源。S7-1200 PLC 的 PROFINET 通信口可以做 S7 通信的服务器端或客户端（CPU V2.0 及以上版本）。S7-1200 PLC 仅支持 S7 单向连接。

单向连接中的客户端（Client）是向服务器（Server）请求服务的设备，客户端调用 GET/PUT 指令读、写服务器的存储区。服务器是通信中的被动方，用户不用编写服务器的 S7 通信程序，服务器端只准备好通信的数据就行，S7 通信是由服务器的操作系统完成的。

本学习任务要求掌握 S7 协议通信的 PUT 和 GET 指令，进行项目组态与参数设置，编制 PLC 程序，实现两台 S7-1200 PLC 之间的 S7 协议通信。

二、学习目标

1. 了解 S7 通信协议。
2. 掌握数据发送指令 PUT 的指令功能与参数设置。
3. 掌握数据接收指令 GET 的指令功能与参数设置。
4. 通过小组合作，制定 S7 通信参数配置方案，培养团队协作精神。
5. 根据通信数据要求，设置通信指令的参数。
6. 根据任务要求和工作规范，完成两台 S7-1200 PLC 之间的 S7 协议通信，培养应用能力。
7. 通过通信数据结果的检查验收，解决通信过程中的问题，注重过程性评价，注重安全、环保意识的养成，注重综合素养的提升。

三、任务书

将 PLC1 中的 DB10 数组 A 中的 5 个字节数发送到 PLC2 的 DB20 中的数组 C 中，并将 PLC2 的 DB21 中的数组 D 中的 5 个字读到 PLC1 的 DB11 中数组 B 中。数据传送示意图如图 18-1 所示。

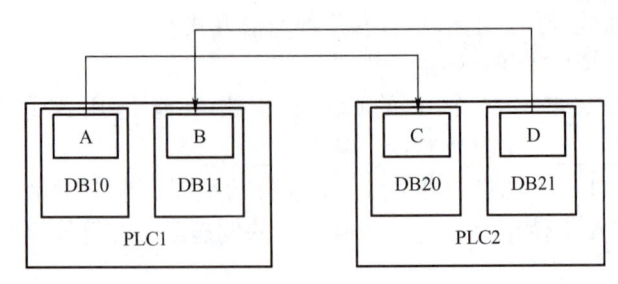

图 18-1　数据传送示意图

四、获取信息

？引导问题 1：查询资料，了解 S7 通信协议及其特点。
？引导问题 2：查询资料，了解 S7 通信设置的网络连接设置。
？引导问题 3：小组讨论，如何完成 S7-1200 PLC S7 协议通信？

? 引导问题 4：小组讨论，如何编写 S7 协议通信中 S7-1200 PLC 客户端程序？

_____
_____
_____
_____
_____

五、知识准备

S7 通信时，在客户端编程所用到的通信指令主要有两个，一个是 PUT 指令，用来写数据；一个是 GET 指令，用来读数据。

1. PUT 指令

（1）PUT 指令的功能

PUT 指令是将数据写入一个远程 CPU。只在客户端的程序中使用，将客户端的数据写入远程服务器端。PUT 指令在使用时需要指定背景数据块。PUT 指令的格式如图 18-2 所示。

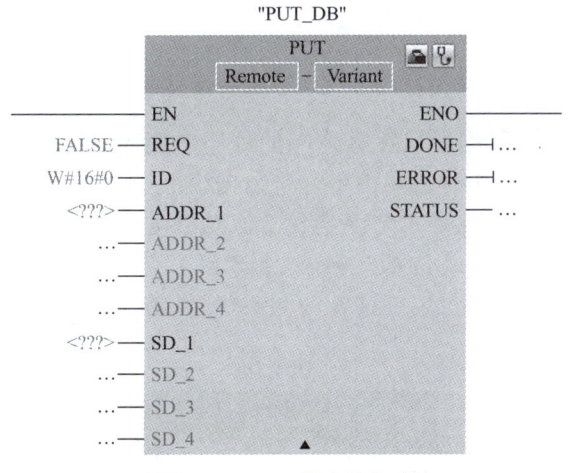

图 18-2　PUT 指令的格式

（2）PUT 指令的参数

PUT 指令的输入输出参数见表 18-1。

表 18-1　PUT 指令的输入输出参数表

参数	声明	数据类型	存储区	说明
REQ	Input	BOOL	I、Q、M、D、L 或常数	控制参数 request，在上升沿时激活数据交换功能
ID	Input	WORD	I、Q、M、D、L 或常数	用于指定与伙伴 CPU 连接的寻址参数
DONE	Output	BOOL	I、Q、M、D、L	状态参数 DONE： 0：作业未启动，或者仍在执行之中 1：作业已执行，且无任何错误

（续）

参数	声明	数据类型	存储区	说明
ERROR	Output	BOOL	I、Q、M、D、L	状态参数 ERROR 和 STATUS，错误代码： ERROR=0 STATUS 的值为"0000H"，表示既无警告也无错误； 　　为"<> 0000H"，表示警告，详细信息请参见 STATUS
STATUS	Output	WORD	I、Q、M、D、L	ERROR=1 出错，STATUS 提供了有关错误类型的详细信息
ADDR_1	InOut	REMOTE	I、Q、M、D	指向伙伴 CPU 上用于写入数据的区域的指针
ADDR_2	InOut	REMOTE		指针 REMOTE 访问某个数据块时，必须始终指定该数据块
ADDR_3	InOut	REMOTE		示例：P#DB10.DBX5.0　byte 10
ADDR_4	InOut	REMOTE		传送数据结构（例如 Struct）时，参数 ADDR_i 处必须使用数据类型 CHAR
SD_1	InOut	VARIANT	I、Q、M、D、L	指向本地 CPU 上包含要发送数据的区域的指针
SD_2	InOut	VARIANT		仅支持 BOOL、BYTE、CHAR、WORD、INT、DWORD、DINT 和 REAL 数据类型
SD_3	InOut	VARIANT		传送数据结构（例如 Struct）时，参数 SD_i 处必须使用数据类型 CHAR
SD_4	InOut	VARIANT		

2. GET 指令

（1）GET 指令的功能

可以从远程 CPU 读取数据。只在客户端的程序中使用，从远程服务器端中将数据读入到客户端。GET 指令在使用时需要指定背景数据块。

注意：PUT 和 GET 指令在使用前要确保已在伙伴 CPU 属性的"保护"（Protection）中激活"允许借助 PUT/GET 通信从远程伙伴访问"函数。GET 指令的格式如图 18-3 所示。

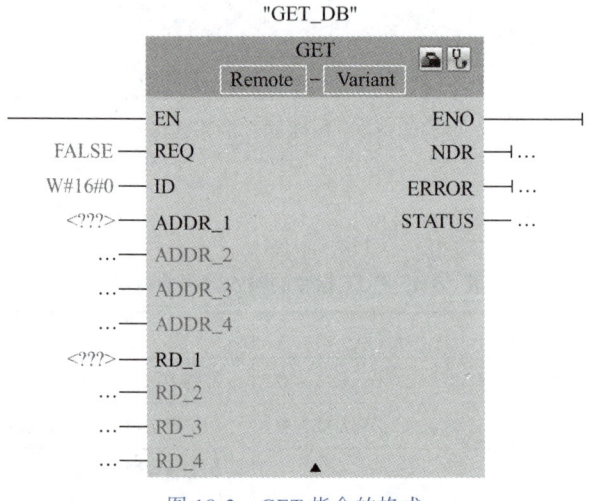

图 18-3　GET 指令的格式

（2）GET 指令的参数

GET 指令的输入输出参数见表 18-2。

表 18-2　GET 指令的输入输出参数表

参数	声明	数据类型	存储区	说明
REQ	Input	BOOL	I、Q、M、D、L 或常数	控制参数 request，在上升沿时激活数据交换功能
ID	Input	WORD	I、Q、M、D、L 或常数	用于指定与伙伴 CPU 连接的寻址参数
NDR	Output	BOOL	I、Q、M、D、L	状态参数 NDR： 0：作业未启动，或仍在执行 1：作业已成功完成
ERROR	Output	BOOL	I、Q、M、D、L	状态参数 ERROR 和 STATUS，错误代码： ERROR=0 STATUS 的值为"0000H"，表示既无警告也无错误 　为"<> 0000H"，表示警告，详细信息请参见 STATUS ERROR=1 出错。STATUS 提供了有关错误类型的详细信息
STATUS	Output	WORD	I、Q、M、D、L	
ADDR_1	InOut	REMOTE	I、Q、M、D	指向伙伴 CPU 上待读取区域的指针 指针 REMOTE 访问某个数据块时，必须始终指定该数据块 示例：P#DB10.DBX5.0　byte 10
ADDR_2	InOut	REMOTE		
ADDR_3	InOut	REMOTE		
ADDR_4	InOut	REMOTE		
RD_1	InOut	VARIANT	I、Q、M、D、L	指向本地 CPU 上用于存放已读数据的区域的指针
RD_2	InOut	VARIANT		
RD_3	InOut	VARIANT		
RD_4	InOut	VARIANT		

3. 微课资料

扫码看微课：S7-1200 PLC 之间的 S7 协议通信

六、工作计划与决策

按照任务书要求和获取的信息，制定两台 S7-1200 PLC 之间的 S7 协议通信的工作方案，包括硬件组态、组态连接、网络连接、参数设置、指令调用等工作内容和步骤，对各组的参数配置方案进行对比、分析、论证，整合完善，形成决策方案，作为工作实施的依据。请将工作实施的决策方案列入表 18-3。

表 18-3　两台 S7–1200 PLC 之间的 S7 协议通信工作实施决策方案

步骤名称	工作内容	负责人

七、任务实施

建立两台 S7–1200 PLC 之间的 S7 协议通信的工作实施步骤如下：

1. 创建项目，添加两台 S7–1200 PLC

（1）创建项目

在项目视图下，新建项目"两台 S7–1200 的 S7 通信实例"。

（2）添加客户端

在左侧的项目树中，双击"添加新设备"，随即弹出添加新设备对话框，在此对话框中选择的 CPU 型号和版本号必须与实际设备相匹配，然后单击"确定"按钮，则添加一台 PLC1 作为客户端。

（3）添加服务器

再次双击"添加新设备"，添加一台 S7–1200 PLC2，作为服务器。

（4）设置 IP 地址

在项目树中，选择"PLC_1[CPU 1214C DC/DC/DC]"，双击"设备组态"，在"设备视图"的工作区中，选中 PLC_1，在其巡视窗口中的"属性"→"常规"的选项卡中，选择"以太网地址"，修改 CPU 以太网 IP 地址为 192.168.0.1；选择"系统和时钟存储器"，激活"启动时钟存储器字节"复选框，默认 MB0 作为时钟存储器。

同理，设置 PLC2 的以太网 IP 地址为 192.168.0.2，保存项目。

2. 网络配置，组态 S7 连接

打开网络视图，单击按下"连接"按钮，设置连接类型为 S7 连接。用"拖拽"的方法建立两个 CPU 的 PN 接口之间的名为"S7_连接_1"的连接。如图 18-4 所示。

选中"S7_连接_1"，选中"本地 ID"，可以看到本地 ID 的块参数为 W#16#100。再选中巡视窗口的"特殊连接属性"，勾选复选框"主动建立连接"。选中"地址详细信息"，可以看到通信双方默认的 TSAP（传输服务访问点）。

使用固件版本为 V4.0 及以上的 S7–1200 CPU 作为 S7 通信的服务器，需要选中服务器设备视图中的 CPU，再选中巡视窗口中的"保护"，在"连接机制"处激活复选框"允许从远程伙伴（PLC、HMI、OPC、…）使用 PUT/GET 通信访问"。保存项目。如图 18-5 所示。

项目 5　S7-1200 PLC 以太网通信应用

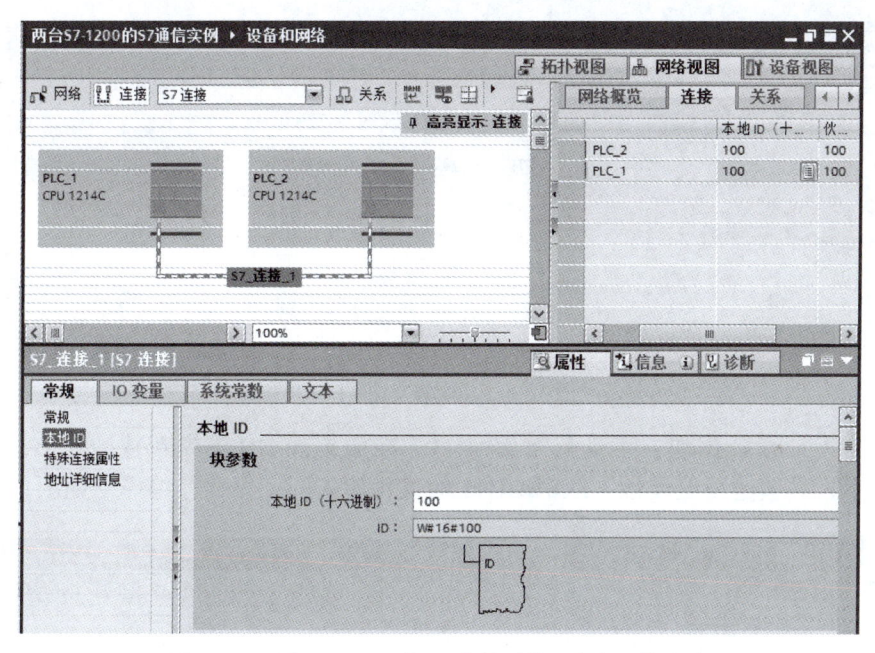

图 18-4　两台 S7-1200 的 S7 协议通信设备与网络连接

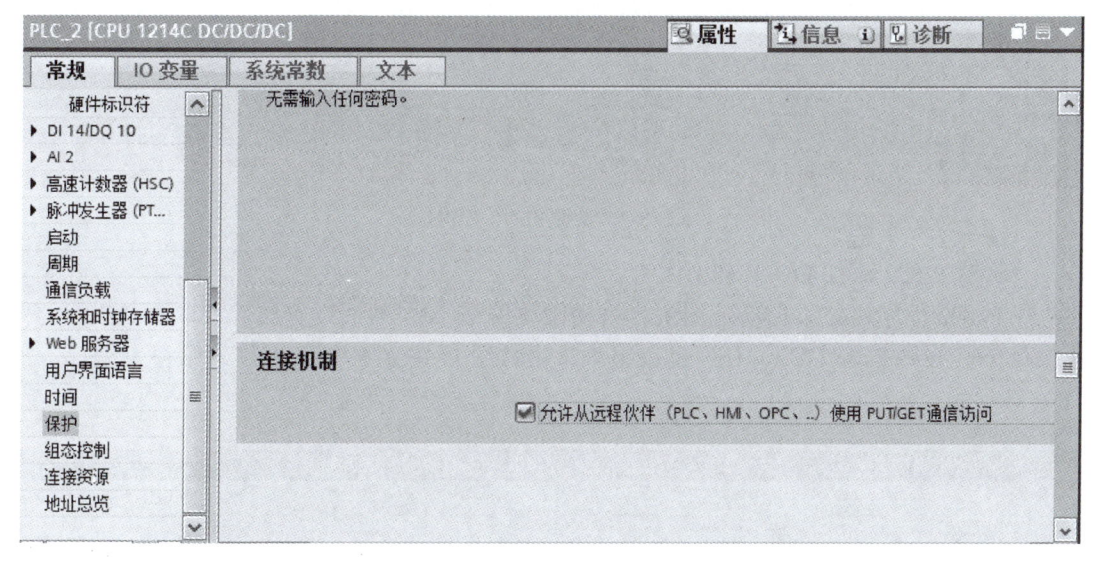

图 18-5　设置 S7 协议通信中服务器的连接机制

3. 设计 PLC 控制程序

（1）对 PLC1 添加 DB10 和 DB11

在 PLC1 程序块处添加新数据块，手动修改编号 10。在数据块 DB10 中新建数组 A，为数组 A 建立 5 个字节数，通过设置属性，取消 DB10 的优化块访问；保存，编译。将数组 A 中 5 个字节数的启动值分别设为 1、2、3、4、5，保存项目。如图 18-6 所示。

213

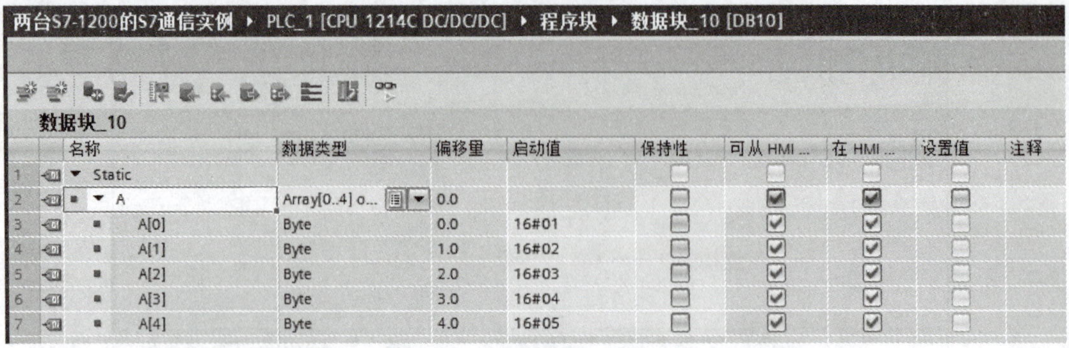

两台S7-1200的S7通信实例 ▸ PLC_1 [CPU 1214C DC/DC/DC] ▸ 程序块 ▸ 数据块_10 [DB10]

数据块_10

	名称	数据类型	偏移量	启动值	保持性	可从 HMI ...	在 HMI ...	设置值	注释
1	▼ Static				☐	☐	☐	☐	
2	▼ A	Array[0..4] o...	0.0		☐	☑	☑	☐	
3	A[0]	Byte	0.0	16#01	☐	☑	☑	☐	
4	A[1]	Byte	1.0	16#02	☐	☑	☑	☐	
5	A[2]	Byte	2.0	16#03	☐	☑	☑	☐	
6	A[3]	Byte	3.0	16#04	☐	☑	☑	☐	
7	A[4]	Byte	4.0	16#05	☐	☑	☑	☐	

图 18-6 设置 PLC1 的 DB10

同理，添加新数据块，手动修改编号 11。在数据块 DB11 中新建数组 B，为数组 B 建立 5 个字，并通过设置属性，取消 DB11 的优化块访问，保存，编译。如图 18-7 所示。

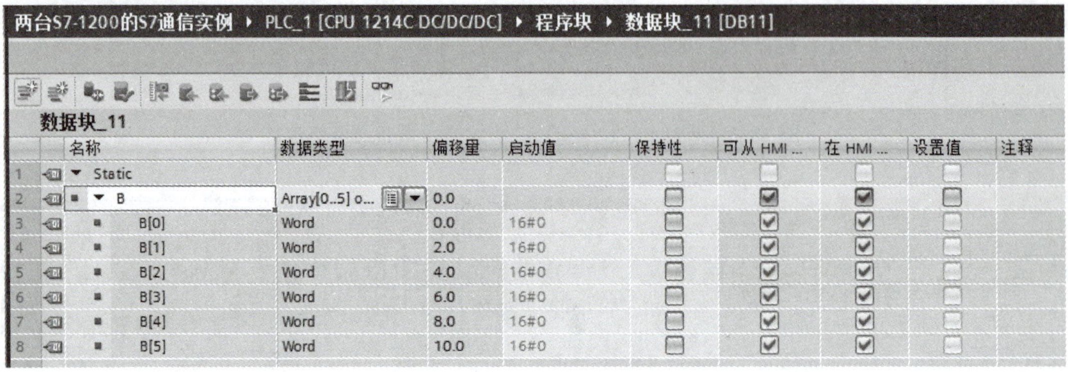

两台S7-1200的S7通信实例 ▸ PLC_1 [CPU 1214C DC/DC/DC] ▸ 程序块 ▸ 数据块_11 [DB11]

数据块_11

	名称	数据类型	偏移量	启动值	保持性	可从 HMI ...	在 HMI ...	设置值	注释
1	▼ Static				☐	☐	☐	☐	
2	▼ B	Array[0..5] o...	0.0		☐	☑	☑	☐	
3	B[0]	Word	0.0	16#0	☐	☑	☑	☐	
4	B[1]	Word	2.0	16#0	☐	☑	☑	☐	
5	B[2]	Word	4.0	16#0	☐	☑	☑	☐	
6	B[3]	Word	6.0	16#0	☐	☑	☑	☐	
7	B[4]	Word	8.0	16#0	☐	☑	☑	☐	
8	B[5]	Word	10.0	16#0	☐	☑	☑	☐	

图 18-7 设置 PLC1 的 DB11

（2）对 PLC2 添加 DB20 和 DB21

在 PLC2 程序块处添加新数据块，手动修改编号 20，通过设置属性，取消 DB20 的优化块访问；在数据块 DB20 中新建数组 C，为数组 C 建立 5 个字节数，保存，编译。如图 18-8 所示。

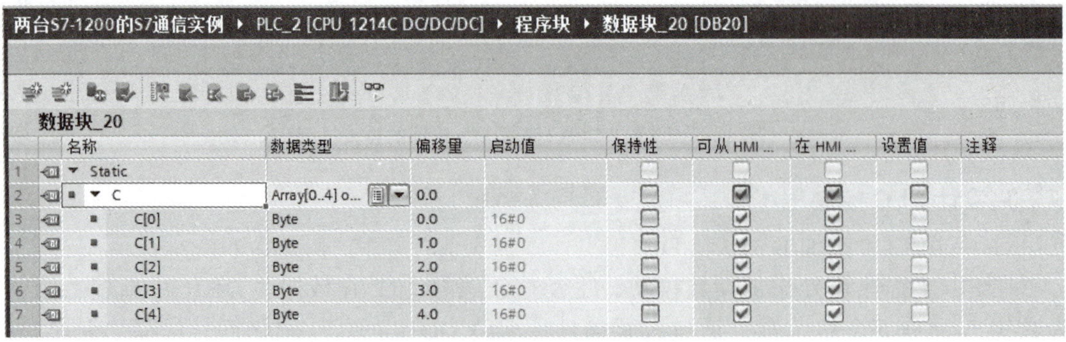

两台S7-1200的S7通信实例 ▸ PLC_2 [CPU 1214C DC/DC/DC] ▸ 程序块 ▸ 数据块_20 [DB20]

数据块_20

	名称	数据类型	偏移量	启动值	保持性	可从 HMI ...	在 HMI ...	设置值	注释
1	▼ Static				☐	☐	☐	☐	
2	▼ C	Array[0..4] o...	0.0		☐	☑	☑	☐	
3	C[0]	Byte	0.0	16#0	☐	☑	☑	☐	
4	C[1]	Byte	1.0	16#0	☐	☑	☑	☐	
5	C[2]	Byte	2.0	16#0	☐	☑	☑	☐	
6	C[3]	Byte	3.0	16#0	☐	☑	☑	☐	
7	C[4]	Byte	4.0	16#0	☐	☑	☑	☐	

图 18-8 设置 PLC2 的 DB20

同理，继续添加新数据块，手动修改编号 21，并通过设置属性，取消 DB21 的优化块访问，在数据块 DB21 中新建数组 D，为数组 D 建立 5 个字，保存，编译。将数组 D 中的 5 个字的启动值分别设为 11、12、13、14、15，保存项目。如图 18-9 所示。

图 18-9 设置 PLC2 的 DB21

（3）在 PLC1 的 OB1 中调用 PUT 和 GET 指令

打开 PLC1 的组织块 OB1，进入程序编辑区，打开指令树中的通信 –S7 通信，找到 PUT 指令，将其拖到程序段 1 中，自动为 PUT 指令添加指定的背景数据块，同理，将 GET 指令拖到程序段 1 中，自动为 GET 指令添加指定的背景数据块。

将 REG 端设为秒脉冲 M0.5；将 ID 设为 w#16#100。

对 PUT 指令，SD_1 为要发送数据的本地地址，选择 DB10 中的数值 A；ADDR_1 是远程服务器接收数据的地址，也就是 PLC2 的 DB20 中的数组 C，输入数组 C 的绝对地址 P#DB20.DBX0.0 BYTE 5。

对 GET 指令，ADDR_1 是要读取数据的远程服务器的地址，也就是 PLC2 的 DB21 中的数组 D，输入数组 D 的绝对地址 P#DB21.DBX0.0 WORD 5。RD_1 是从远程服务器读取数据的本地存放地址，选择 DB11 中的数组 B。

将相应地址写入两条指令的输出状态。如图 18-10 所示。

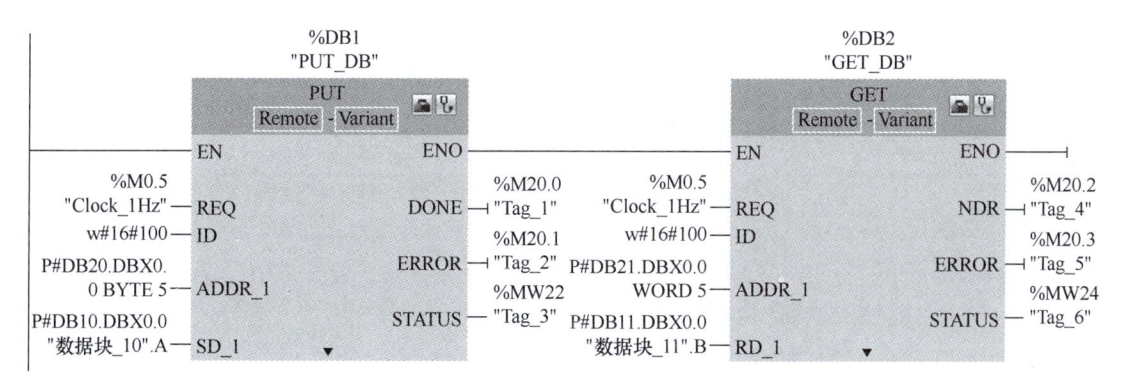

图 18-10 两台 S7–1200 的 S7 协议通信客户端主程序

4. 程序下载与运行

将 PLC1 与 PLC2 分别下载到各自的 PLC 中，下载完成后开始监视运行。

打开 PLC1 的 DB10 和 PLC2 的 DB20，水平拆分窗口，可以看到 PLC1 的 DB10 中

的数组 A 的数据传送到 PLC2 的 DB20 的数组 C 中，如图 18-11 所示。

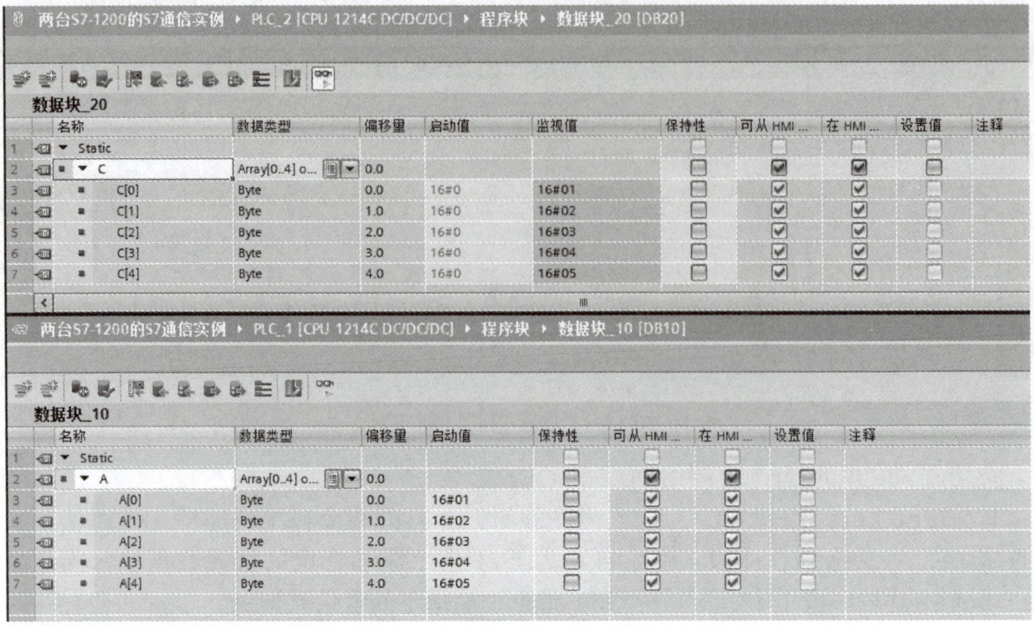

图 18-11　发送数据结果调试

打开 PLC2 的 DB21 和 PLC1 的 DB11，水平拆分窗口，可以看到 PLC2 的 DB21 中的数组 D 的数据传送到 PLC1 的 DB11 的数组 B 中，如图 18-12 所示。

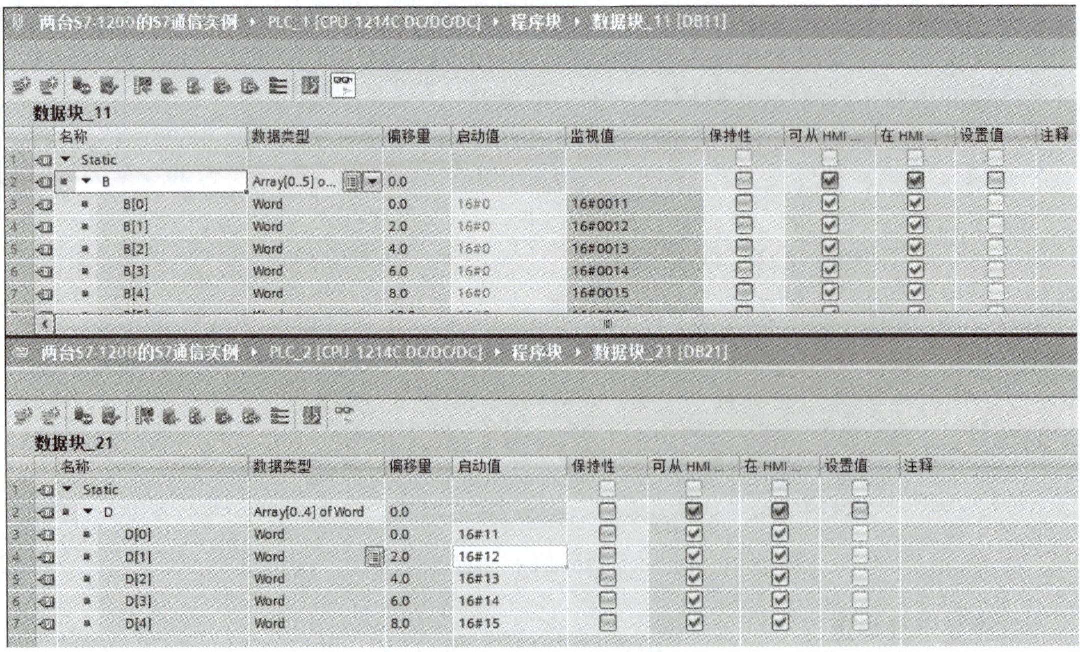

图 18-12　接收数据结果调试

S7-1200 PLC 还有许多其他的通信方式，如点对点通信、Modbus 通信、与变频器的

USS 通信等。要大家多多探索，多多实践。

八、检查与评价

根据两台 S7-1200 PLC 的通信数据传送情况，按照验收标准，对任务完成情况进行检查和评价，包括安全配置、I/O 地址配置等，并将验收问题及其整改措施、完成时间进行记录。验收标准及评分表见表 18-4，验收问题记录表见表 18-5。

表 18-4 两台 S7-1200 PLC 之间的 S7 协议通信工作任务验收标准及评分表

序号	验收项目	验收标准	分值	教师评分	备注
1	IP 地址配置	两台 PLC IP 设置在同一网段	20		
2	网络组态	两台 PLC 能正确联网	25		
3	通信参数配置	通信指令参数设置正确，通信连接正确设置	35		
4	通信数据	通信数据准确	20		
	合计		100		

表 18-5 两台 S7-1200 PLC 之间的 S7 协议通信工作任务验收问题记录表

序号	验收问题记录	整改措施	完成时间	备注

各组展示任务完成情况，介绍任务的完成过程并提交阐述材料，进行学生自评、学生组内互评、教师评价，完成考核评价表 18-6。

表 18-6 两台 S7-1200 PLC 之间的 S7 协议通信工作任务考核评价表

评价项目	评价内容	分值	自评 20%	互评 20%	师评 60%	合计
职业素养 25 分	爱岗敬业，安全意识、责任意识、服务意识、集体主义精神	5				
	积极参加任务活动，按时完成任务	5				
	团队合作、交流沟通能力，语言表达能力	5				
	劳动纪律，职业道德	5				
	现场 6s 标准，行为规范	5				

（续）

评价项目	评价内容	分值	自评 20%	互评 20%	师评 60%	合计
专业能力 55 分	专业技能应用能力	15				
	制定计划能力，严谨认真	10				
	操作符合规范，精益求精	10				
	工作效率，分工协作	10				
	任务验收质量，质量意识	10				
创新能力 20 分	创新性思维和行动	20				
	总计	100				

教师签名：　　　　　　　　　　　　　　　　　　　　　　学生签名：

九、习题与自测题

1. 怎样建立 S7 连接？

2. 客户机和服务器在 S7 通信中各有什么作用？

3. S7-1200 PLC 作 S7 通信的服务器时，在安全属性方面需要做什么设置？

4. PUT 指令中参数 ADDR 指向伙伴 CPU 上用于_____的区域的指针，参数 SD 指向本地 CPU 上包含_____的区域的指针。

5. GET 指令中参数 ADDR 指向伙伴 CPU 上用于_____的指针，参数 SD 指向本地 CPU 上用于存放_____的区域的指针。

项目 6

S7-1200 PLC 的工业应用

任务 19　工业机器人第七轴控制

一、学习任务描述

工业机器人已成为智能制造的重要组成部分，它能够按照预先编写的程序，自动地去执行相应的任务，广泛用于汽车、电子、航空航天等领域。目前的工业机器人多数都是 6 自由度，6 个轴可以实现一定范围内的自由运动。有些场合需要工业机器人的移动范围更大一些，但 6 个轴的运动空间毕竟有限，难以满足需求，这时候就可以为工业机器人配置一个直线轴，使它先整体移动到机器人手臂能够触及的位置，这个直线轴就称为第七轴，也叫做机器人滑台。利用了 PLC 的运动控制功能可以实现对工业机器人第七轴的运动控制。

二、学习目标

1. 了解 PLC 的高速脉冲输出功能。
2. 掌握 PTO/PWM 组态过程。
3. 掌握 PTO/PWM 指令编程。
4. 了解 PLC 的高速计数功能。
5. 掌握高速计数器的组态过程。
6. 掌握高速计数器指令的应用。
7. 掌握轴配置过程。
8. 掌握运动控制指令的使用。
9. 通过小组合作，制定工作方案，完成工作任务，培养团队协作精神。
10. 任务实施过程中培养工匠精神、安全意识和节能意识，注重综合素养的提升。

三、任务书

某智能制造系统，执行单元采用 6 自由度工业机器人，平移滑台作为机器人扩展轴，扩大了机器人的可达范围。平移滑台的速度、位置等运动参数可由机器人控制器通过现场 I/O 信号传输给 PLC，从而控制伺服电动机实现线性运动。现对执行单元 PLC 编程，控制平移滑台实现回原点、定位运动、定速运动等功能。已知伺服电动机每转脉冲数为1310，电动机每转的负载位移为 10mm。要求平移滑台运动速度不得超过 25mm/s，原点传感器位于标尺零刻度一侧。

四、获取信息

? 引导问题 1：查询资料，了解时间与日期指令。

? 引导问题 2：查询资料，了解顺序控制。

? 引导问题 3：查询资料，了解顺序功能图的组成及结构形式。

? 引导问题 4：小组讨论，如何设计电路？如何绘制 PLC 控制电路原理图？

? 引导问题 5：小组讨论，如何设计顺序功能图？

? 引导问题 6：小组讨论，如何构思梯形图程序？

_____

_____

_____

_____

_____

五、知识准备

1. 高速脉冲输出

PLC 的高速脉冲输出分为脉冲列输出 PTO 功能和脉冲宽度调制输出 PWM 功能。输出的脉冲宽度与脉冲周期之比称为<u>占空比</u>，PTO 功能提供占空比为 50% 的方波脉冲列输出，PWM 功能则提供脉冲宽度可以通过程序控制的脉冲列输出。

S7-1200 系列 PLC 中，CPU 硬件版本为 2.2 的，包含两个 PTO/PWM 脉冲发生器，硬件版本为 3.0 及以上的 CPU 含有 4 个 PTO/PWM 脉冲发生器。DC/DC/DC 型 S7-1200 CPU 配备板载输出，通过 CPU 集成的 Q0.0～Q0.3 或 Q0.0～Q0.7 输出 PTO 或 PWM 脉冲，RLY 继电器输出型 CPU 则需要扩展信号板，通过信号板上的 Q4.0～Q4.3 进行脉冲输出，具体应根据所选 CPU 型号及硬件组态而定。PTO/PWM 输出点见表 19-1。

表 19-1 PTO/PWM 输出点

PTO1		PTO2		PTO3		PTO4	
脉冲	方向	脉冲	方向	脉冲	方向	脉冲	方向
Q0.0 或 Q4.0	Q0.1 或 Q4.1	Q0.2 或 Q4.2	Q0.3 或 Q4.3	Q0.4 或 Q4.0	Q0.5 或 Q4.1	Q0.6 或 Q4.2	Q0.7 或 Q4.3
PWM1		PWM2		PWM3		PWM4	
脉冲	方向	脉冲	方向	脉冲	方向	脉冲	方向
Q0.0 或 Q4.0	-	Q0.2 或 Q4.2	-	Q0.4 或 Q4.0	-	Q0.6 或 Q4.2	-

PTO/PWM 输出脉冲的时间基准可以设置为 ms 或 μs，PTO 功能输出占空比为 50% 的方波脉冲。PWM 功能输出的脉冲占空比可调，当脉冲宽度为 0 时，占空比为 0，无脉

冲输出，输出一直为 OFF；当脉冲宽度和脉冲周期相等时，占空比为 100%，也无脉冲输出，此时输出一直为 ON。

（1）PTO/PWM 组态

使用 PTO/PWM 之前首先要对脉冲发生器进行组态。

1）启动脉冲发生器　打开项目的设备视图，选中需要输出高速脉冲的 CPU，右键单击选择"属性"，即可打开下方的巡视窗口，选择"属性"选项卡下的"常规"，左侧会显示脉冲发生器 PTO/PWM，里面包含 4 个脉冲发生器 PTO1/PWM1 ～ PTO4/PWM4，点开 PTO1/PWM1，选择里面的"常规"，在右边窗口勾选"启用该脉冲发生器"，如图 19-1 所示。

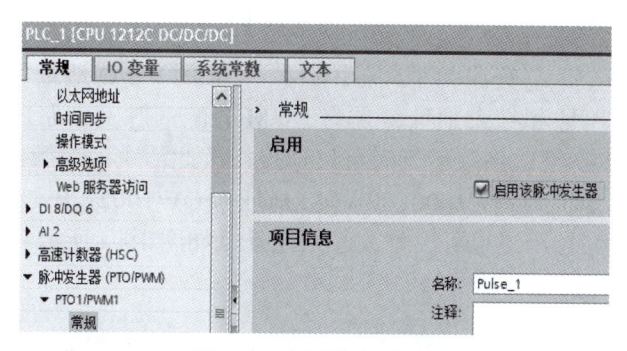

图 19-1　启用脉冲发生器

2）脉冲参数设置　选中左侧窗口 PTO1/PWM1 里面的"参数分配"，右边窗口通过下拉式列表选择信号类型为 PTO 或 PWM，如图 19-2 所示。若选择 PWM 输出，时基（时间标准）为毫秒或微秒，脉宽格式为百分之一、千分之一、万分之一或模拟量格式，循环时间用来设置脉冲的周期值，单位即为所选时基，初始脉冲宽度用来设置脉冲的占空比，其单位与所选脉宽格式一致。若选择 PTO 输出，则参数分配栏里以上参数均呈灰色不可选状态。

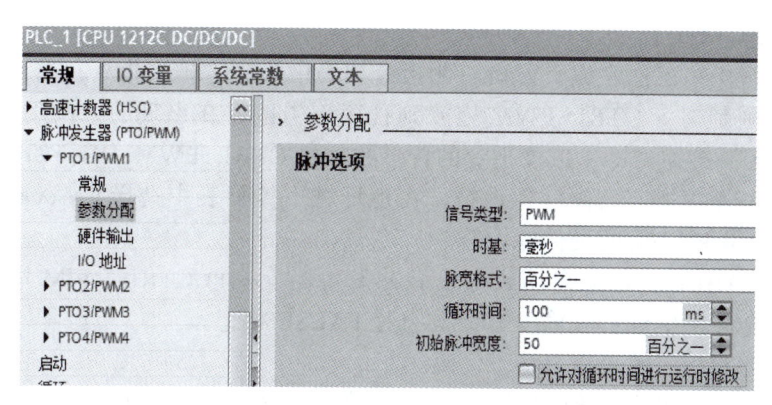

图 19-2　脉冲发生器参数分配

3）设置脉冲发生器硬件输出　选中左侧窗口 PTO1/PWM1 里面的"硬件输出"，右边窗口即显示相应的脉冲输出和方向输出端子，如图 19-3 所示。

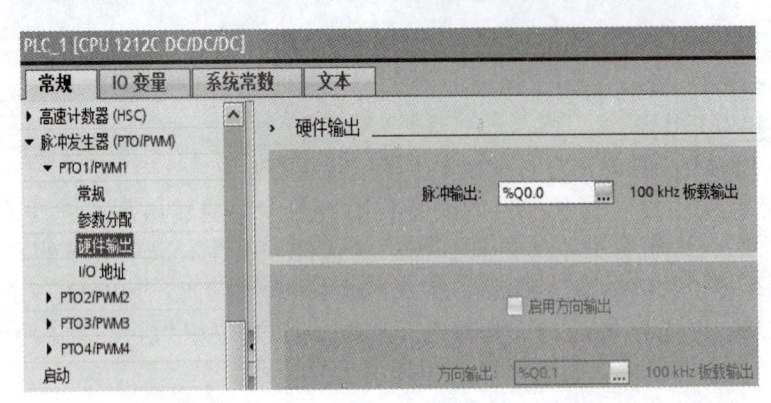

图 19-3 脉冲发生器硬件输出

4）设置脉宽　选择左侧窗口 PTO1/PWM1 里面的"I/O 地址"，右边窗口可以设置 PWM 输出的起始地址和结束地址，是为 PWM 分配的脉宽调制地址，用于存储脉宽值，数据类型为 WORD 型，系统运行时可以通过修改此值来改变脉冲宽度。默认情况下 PWM1 的脉宽值存放地址为 QW1000，PWM2 地址为 QW1002，PWM3 地址为 QW1004，PWM4 地址为 QW1006，用户也可以修改起始地址，如图 19-4 所示。若选择 PTO 功能则无"I/O 地址"项。

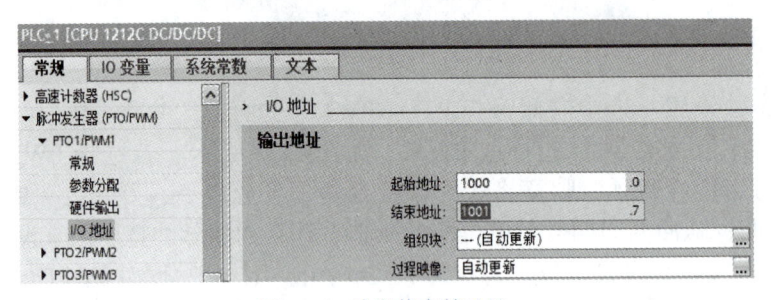

图 19-4 脉宽值存储地址

（2）PTO/PWM 编程

1）PWM 编程　在程序编辑窗口右侧指令列表中找到"扩展指令"，打开"脉冲"文件夹，将脉宽调制指令 CTRL_PWM 拖放到程序编辑区，在出现的"调用选项"对话框中，单击"确定"按钮，即生成该指令的背景数据块 CTRL_PWM_DB，如图 19-5 所示。

① 引脚 PWM：指定其硬件标识符，在地址域下拉列表中选择"Local ~ Pulse_1"，默认值为 265，是 PWM1 的硬件标识符。

② 引脚 ENABLE：用来启用或停止脉冲发生器，执行 CTRL_PWM 指令，S7-1200 PLC 即激活了脉冲发生器，故输出 BUSY 总是 FALSE 状态。

③ 引脚 STATUS：用来输出状态代码。

④ 改变 QW1000 里的数值即可修改脉冲宽度（默认选择 PWM1）。

2）PTO 编程　首先需要在硬件配置中激活脉冲发生器并将 PTO1/PWM1 里脉冲信号类型选择为 PTO（脉冲 A 和方向 B），硬件输出窗口会自动分配脉冲输出端，若需要输出方向信号，则勾选"启用方向输出"复选框。

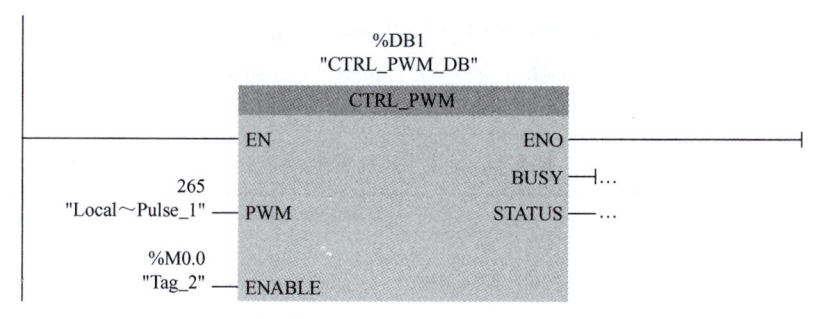

```
                    %DB1
                "CTRL_PWM_DB"
                  CTRL_PWM
         ─── EN              ENO ───
                             BUSY ───…
     265   ── PWM          STATUS ───…
 "Local~Pulse_1"
    %M0.0
    "Tag_2" ── ENABLE
```

图19-5　PWM指令编程

在OB1里，将右边指令列表中的"扩展指令"窗格的"脉冲"文件夹中的脉冲列输出指令CTRL_PTO拖放到程序区，在出现的"调用选项"对话框中，单击"确定"按钮，即生成该指令的背景数据块CTRL_PTO_DB，如图19-6所示。

① 输入引脚REQ：启用或禁止脉冲发生器，REQ=1将脉冲发生器的频率设置为FREQUENCY的值并输出脉冲，REQ=0时脉冲发生器无变化，REQ=1且FREQUENCY=0禁用脉冲发生器。

② 引脚PTO：指定脉冲发生器的硬件标识符，在地址域的下拉列表中选择"Local～Pulse_1"，默认值为265，是PTO1的硬件标识符。

③ 引脚FREQUENCY：指定待输出脉冲的频率，单位是Hz，输出脉冲频率值不能为0。

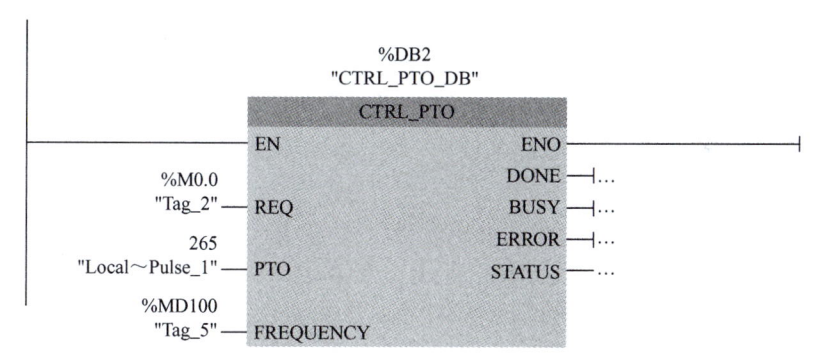

```
                    %DB2
                "CTRL_PTO_DB"
                  CTRL_PTO
         ─── EN              ENO ───
    %M0.0                    DONE ───…
    "Tag_2" ── REQ           BUSY ───…
     265                    ERROR ───…
 "Local~Pulse_1" ── PTO    STATUS ───…
    %MD100
    "Tag_5" ── FREQUENCY
```

图19-6　PTO指令编程

2. 高速计数器

（1）高速计数功能

PLC的普通计数器，计数过程与其循环扫描工作方式有关。一个扫描周期里通过CPU读取一次被测信号的方式来捕捉被测信号的上升沿，计数频率较低，当被测信号频率较高时就会造成计数脉冲丢失。为了实现高频计数，可以采用高速计数器指令。S7-1200 PLC最多集成了6个高速计数器HSC1～HSC6。

高速计数器主要有4种工作模式：内部方向控制的单相计数器、外部方向控制的单相计数器、两路脉冲输入的双相计数器和AB相正交计数器。

此外还具有监控PTO输出的功能，即能监控到高速脉冲输出序列的个数。监控PTO的模式只有HSC1和HSC2支持，此模式不需要外部接线，CPU内部已经连接好，只需要激活脉冲发生器 PTO1 或者 PTO2，就可以在 HSC1 或 HSC2 组态时通过"运动轴"计数方式直接监控 PTO 功能所发的脉冲序列数。高速计数器的工作模式与输入端子的关系见表 19-2。

表 19-2 高速计数器工作模式和输入端子的关系

	描述	相关输入端子			功能
HSC	HSC1	I0.0（CPU 集成输入） I4.0（信号板输入） PTO1 脉冲	I0.1（CPU 集成输入） I4.1（信号板输入） PTO1 方向	I0.3	
	HSC2	I0.2（CPU 集成输入） PTO2 脉冲	I0.3（CPU 集成输入） PTO2 方向	I0.1	
	HSC3	I0.4	I0.5	I0.7	
	HSC4	I0.6	I0.7	I0.5	
	HSC5	I1.0（CPU 集成输入） I4.0（信号板输入）	I1.1（CPU 集成输入） I4.1（信号板输入）	I1.2	
	HSC6	I1.3	I1.4	I1.5	
模式	内部方向控制的单相计数	计数脉冲		复位	
	外部方向控制的单相计数	计数脉冲	方向	复位	计数/测频
	两路计数脉冲输入的计数器	加计数脉冲	减计数脉冲	复位	计数
	A/B 相正交计数	A 相计数脉冲	B 相计数脉冲	Z 相	计数/测频
	监控 PTO 输出	计数脉冲	方向		计数

S7-1200 PLC 除了具有计数功能外，还提供频率测量功能，对高速计数器进行组态时可以选择。若选择频率测量功能，还需要设置频率测量周期为 1.0s、0.1s 或 0.01s，频率测量周期决定了多长时间计算并报告一次新的频率值。所测频率是根据脉冲信号的计数值和测量周期计算出来的频率平均值，单位为 Hz（每秒脉冲数），运行时可以通过高速计数器地址来监视频率测量值。

（2）高速计数器组态

打开 PLC 的设备视图，选中 CPU，打开下方的巡视窗口，选择"属性"选项卡左边的"常规"选项，单击"高速计数器（HSC）"，里面包含高速计数器 HSC1～HSC6，选择其中一个如 HSC1，打开"常规"参数组，右边窗口勾选"启用该高速计数器"，即激活 HSC1，如图 19-7 所示。

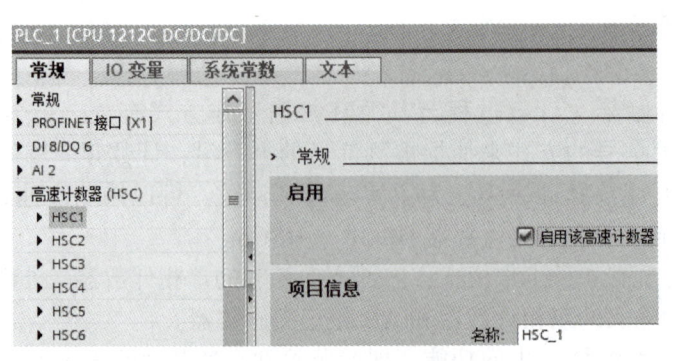

图 19-7 启用高速计数器

① 打开"功能"参数组，右边窗口可以设置计数类型、工作模式、计数方向由内部控制/外部控制、加计数/减计数等，若计数类型选择了频率，则需要对频率测量周期进行选择，如图 19-8 所示。

② 打开"初始值"参数组，可以设置初始计数器值（当前值）、初始参考值（预设值），还可以设置"使用外部同步输入"，即外部复位信号输入，并通过下拉列表选择同步输入信号是高电平有效还是低电平有效，如图 19-9 所示。

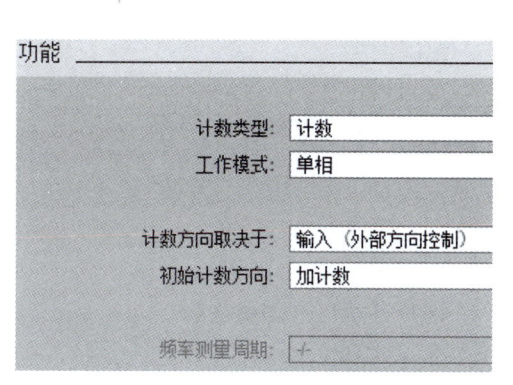

图 19-8　高速计数器功能参数组

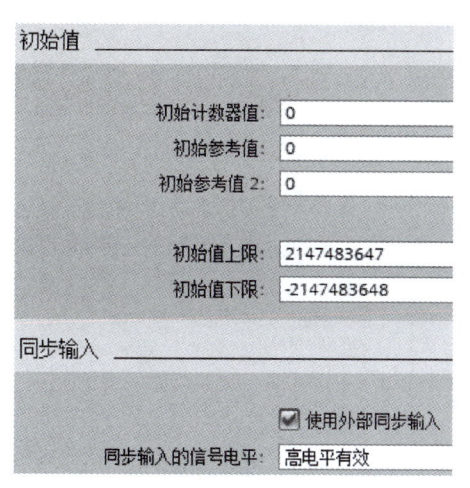

图 19-9　高速计数器初始值参数组

③ 打开"事件组态"参数组，可选择当计数值等于预设值、同步事件出现或计数方向改变时是否产生中断。选择同步事件中断的前提是使用了外部同步输入，选择计数方向变化事件中断的前提是采用外部方向控制，如图 19-10 所示。

④ 打开"硬件输入"参数组，右边窗口可以显示该高速计数器使用的输入端子，如图 19-11 所示。

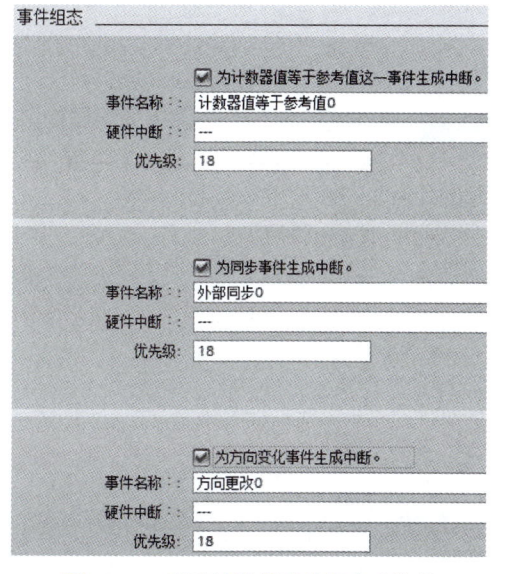

图 19-10　高速计数器事件组态参数组

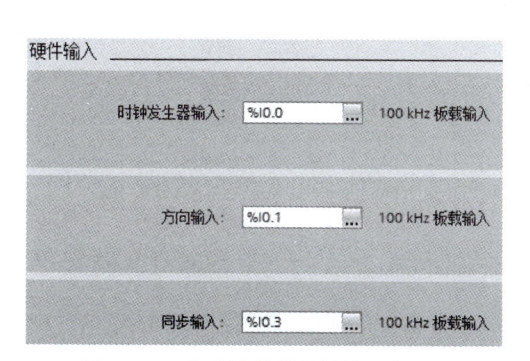

图 19-11　高速计数器硬件输入参数组

⑤ 打开"I/O 地址"参数组，右边窗口可以修改高速计数器的起始地址，此地址用来存储高速计数器的计数值，数据类型为 DINT，如图 19-12 所示。

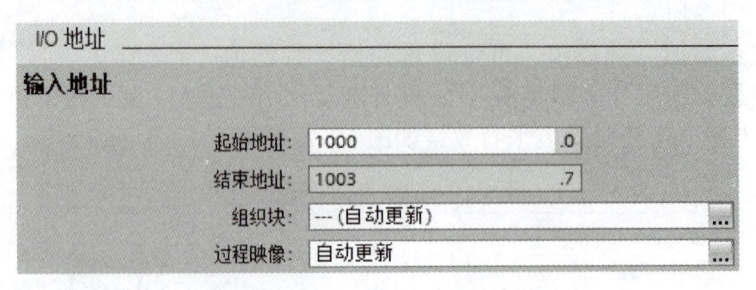

图 19-12　高速计数器 I/O 地址参数组

⑥ 若不需要程序控制高速计数器，则只要正确组态后，就可以启用高速计数器进行计数，计数值可通过监控其输入地址获取，如图 19-13 所示。

图 19-13　高速计数器计数值监控

（3）高速计数器指令

高速计数器组态完成后，可以使用高速计数器指令编程。在程序块右边的"工艺"指令文件夹下打开"计数"文件夹，找到"CTRL_HSC 控制高速计数器"指令，将其拖放到程序编辑窗口，会生成默认的背景数据块，如图 19-14 所示。高速计数器指令块中各引脚功能见表 19-3。

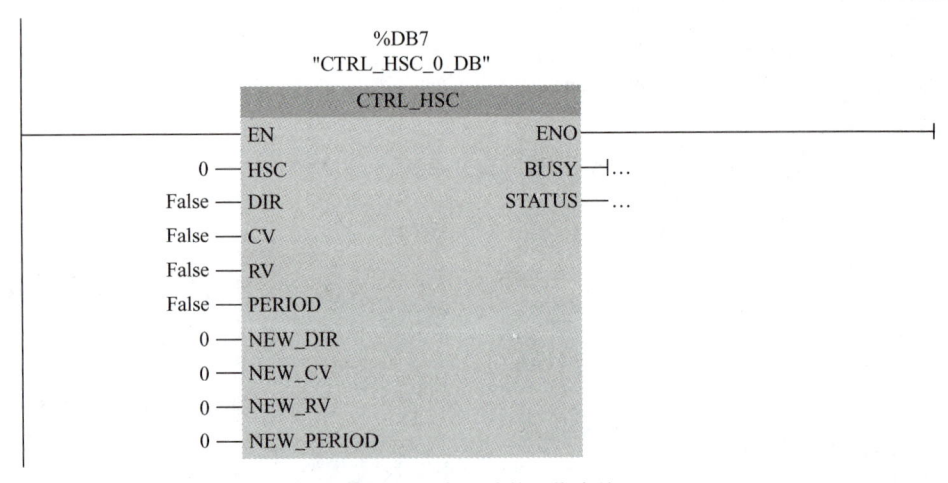

图 19-14　高速计数器指令块

表 19-3　高速计数器指令各引脚功能

引脚	属性	数据类型	功能
HSC	IN	HW_HSC	高速计数器硬件标识符
DIR	IN	BOOL	使能新的计数方向
CV	IN	BOOL	使能新的计数当前值
RV	IN	BOOL	使能新的预设值
PERIOD	IN	BOOL	使能新的频率测量周期值（仅限频率测量模式）
NEW_DIR	IN	INT	新计数方向输入，1：正向；-1：反向
NEW_CV	IN	DINT	新的计数当前值
NEW_RV	IN	DINT	新的预设值
NEW_PERIOD	IN	INT	新的频率测量周期值，1s、0.1s 或 0.01s（仅限频率测量模式）
BUSY	OUT	BOOL	功能忙，CPU 或信号板中带有高速计数器时，BUSY 的参数通常为 0
STATUS	OUT	WORD	运行状态输出

例 19-1：某伺服电动机轴上装有单相增量式编码器，将编码器输出端连接至 PLC 的 I0.0，利用 S7-1200 PLC 高速计数功能对编码器输出脉冲进行计数。当计数 10 个脉冲时，计数器复位，Q0.5 置位，同时将计数器预设值更新为 15 个脉冲；当计数 15 个脉冲后，计数器再次复位，同时复位 Q0.5，并将预设值再更新为 10，周而复始不断循环。

第一步：高速计数器组态

打开 TIA PORTAL V15 项目视图，创建一个名为"高速计数"的新项目。双击项目树中的"添加新设备"，添加一台 CPU1212C DC/DC/DC，CPU 版本号选择与实际设备一致。

设备视图中双击 CPU，打开"属性"对话框，选择"常规"选项，展开"高速计数器"，选择高速计数器 HSC1，右边对话框中启用该高速计数器，将计数类型设为"计数"，工作模式选择"单相"，计数方向控制设为"用户程序（内部控制方向）"及"加计数"，初始计数器值设为 0，初始参考值设为 10，在事件组态参数组中选择"为计数器值等于参考值这一事件生成中断"，在"硬件中断"下拉列表中选择"新增"硬件中断 Hardware interrupt，生成默认组织块 OB40，其他参数使用默认设置。

第二步：设计程序

因高速计数器 HSC1 的计数值存储地址是 ID1000，可以利用传送指令将 ID1000 的数据传送给 MD1000，从而实现对计数器 HSC1 计数值的监控，如图 19-15a 所示。

在生成的硬件中断组织块 OB40 里编写中断服务子程序，如图 19-15b 所示。每次进入中断都要使 Q0.5 的状态发生改变，第一次进入中断，将预设值更改为 15，再次进入中断使预设值更改为 10，MD200 用于存储计数预设值 10 和 15。高速计数器硬件标识符为 257，DIR 计数方向不更新，当前值 CV 允许更新，预设值 RV 允许更新，频率测量周期不更新，新的预设值 NEW_RV 为 MD200 里的数据。

组态时已将计数参考值设为 10，PLC 运行后高速计数器对 I0.0 端输入的脉冲自动进行计数，当计数值等于参考值 10 时，发生中断，执行中断服务程序，PLC 输出 Q0.5 得电，计数器复位并将计数参考值更新为 15 重新开始计数，当计数值等于 15 时，再次调用中断服务程序，PLC 输出 Q0.5 失电，计数器复位并将计数参考值再次更新为 10 重新开始计数，周而复始不断循环。

a) OB1 主程序

b) OB40 中断服务程序

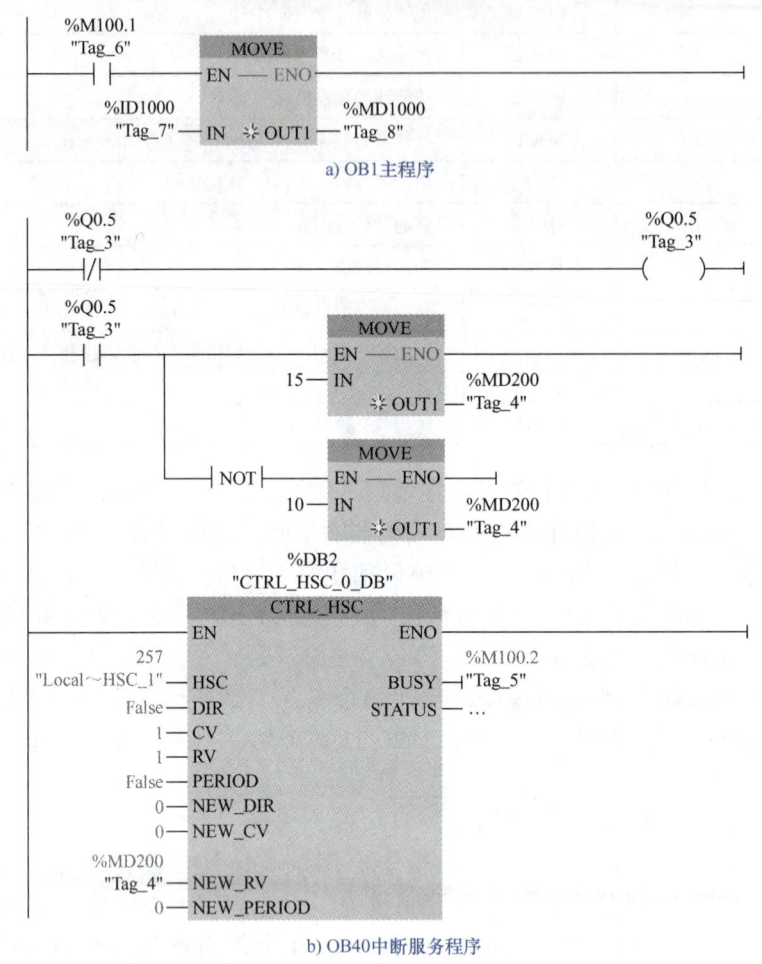

图 19-15

3. 运动控制指令

PLC 可通过高速脉冲输出功能实现运动控制。在对步进或伺服电动机控制时，PLC 输出脉冲和方向信号给步进或伺服电动机驱动器，驱动器将这些信号处理后输出给步进电动机或伺服电动机，对电动机转动角度进行控制，从而控制执行机构运动到指定位置。伺服电动机通过编码器再将输出信号反馈给伺服驱动器，驱动器对速度和位置信号进行分析计算，形成闭环控制系统。

S7-1200 PLC 可通过工艺对象配置输出高速脉冲从而实现运动控制。S7-1200 PLC 在运动控制中使用了"轴"的概念，通过对轴组态，包括硬件接口、位置定义、动态特性、机械特性等，配合相关指令块使用，可实现绝对位置、相对位置、点动、速度控制及自动寻找参考点等功能。

（1）工艺对象配置

1）添加工艺对象　项目树中打开"PLC_1"下"工艺对象"文件夹，双击"新增对象"命令，出现"新增对象"对话框，选择"运动控制"→"轴"，右上方轴编号为默认值1，单击"确定"按钮，新工艺对象即创建完成，左侧项目树工艺对象文件夹下会出现"轴_1[DB1]"。如图19-16所示。

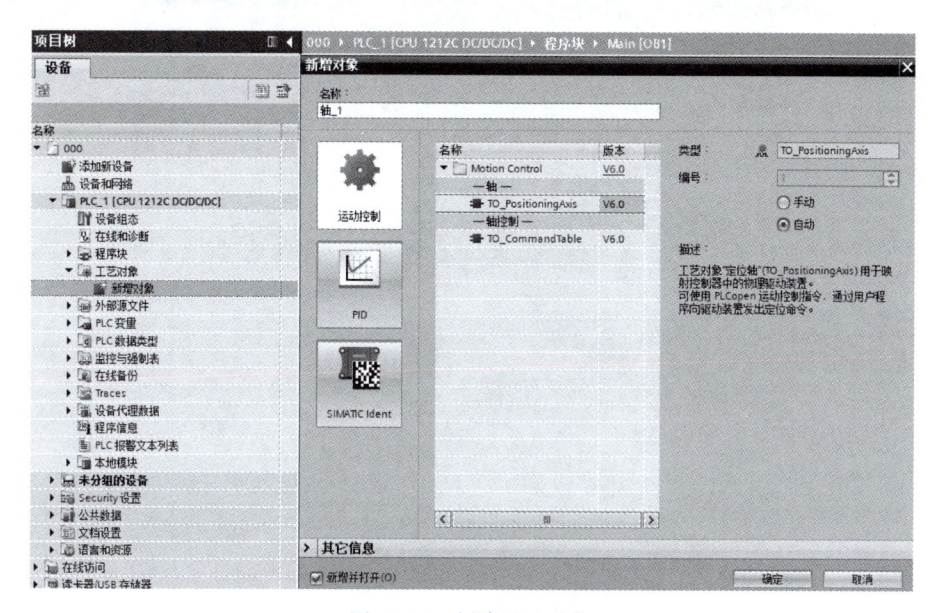

图19-16　创建工艺对象

2）工艺对象组态　工艺对象创建后，可对其进行组态。单击打开项目树里的"轴_1[DB1]"，会显示组态、调试、诊断几个条目。在组态窗口中，组态工艺对象的属性。

组态参数分为基本参数和扩展参数。

①"常规"选项。在"工艺对象_轴"里设置轴名称为"轴_1"，设置驱动器为"PTO（Pulse Train Output）"，即脉冲列输出PTO功能，测量单位可以是mm、m、in（英寸）、ft（英尺）、pulse（脉冲数），如图19-17所示。

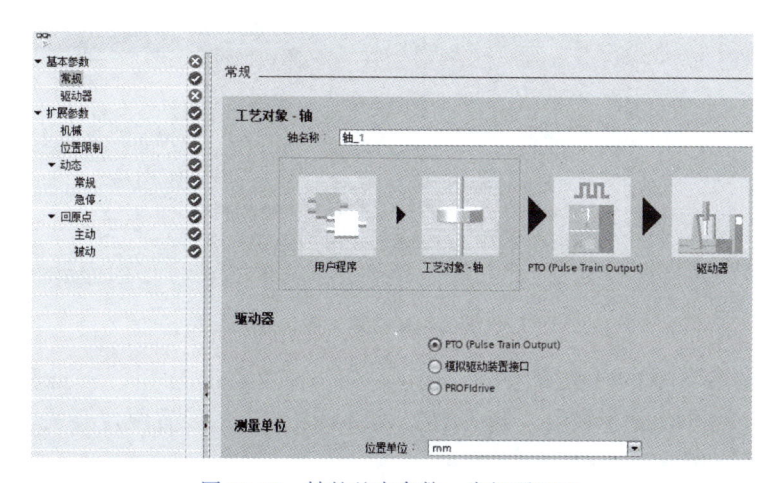

图19-17　轴的基本参数 – 常规项配置

② "驱动器"选项。驱动器配置如图19-18所示。硬件接口中"脉冲发生器"选择Pulse_1，信号类型为"PTO（脉冲A和方向B）"，Q0.0作为脉冲输出端，Q0.1作为方向输出端，根据硬件连接情况指定PLC的一个输出端如Q0.3作为使能输出，指定PLC的一个输入端如I0.4作为伺服就绪输入。

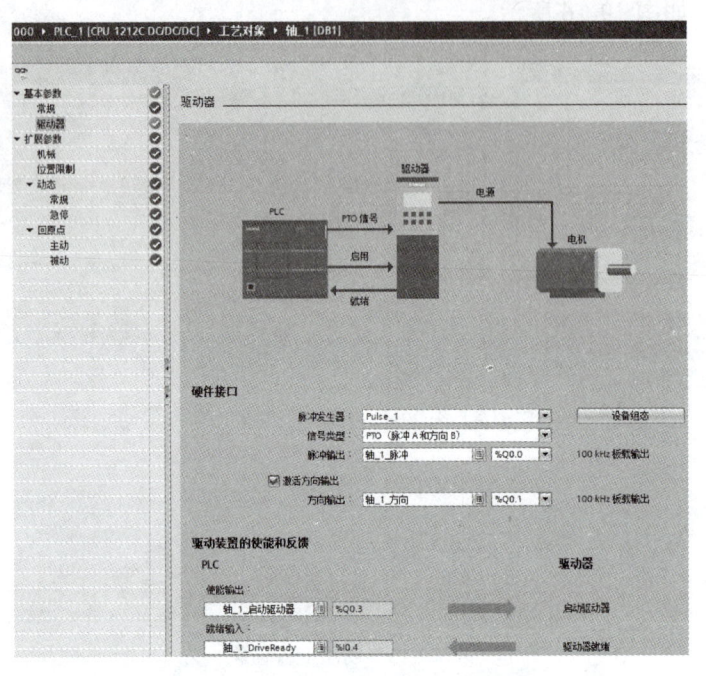

图19-18　轴的基本参数 – 驱动器配置

③ "扩展参数"下的"机械"选项。机械参数配置如图19-19所示。根据实际情况设置电动机每转一圈需要的脉冲数，每转一圈对应的负载位移，是否允许双向旋转等。

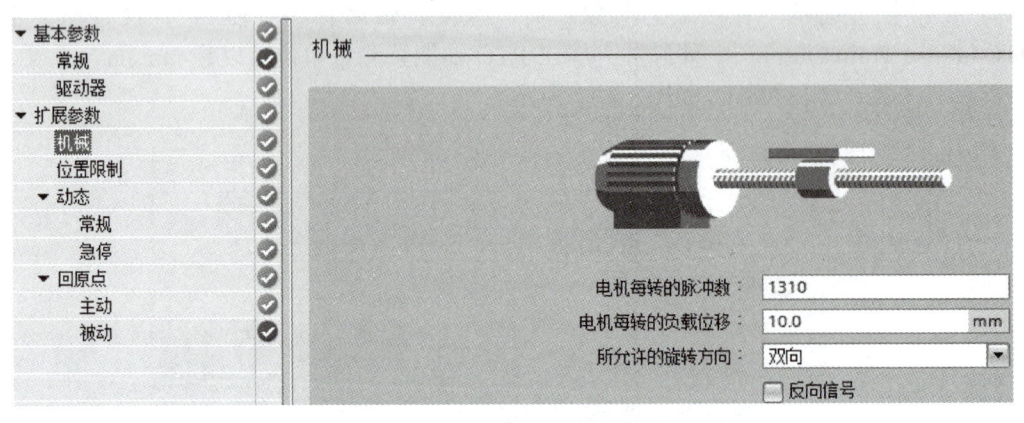

图19-19　轴的扩展参数 – 限位开关配置

④ "扩展参数"下的"位置限制"选项。打开位置限制窗口，一旦启用硬限位开关和软限位开关，就可以设置硬限位开关的上限和下限输入，设置限位开关的有效电平；软限位开关的上下限位置。如图19-20所示。

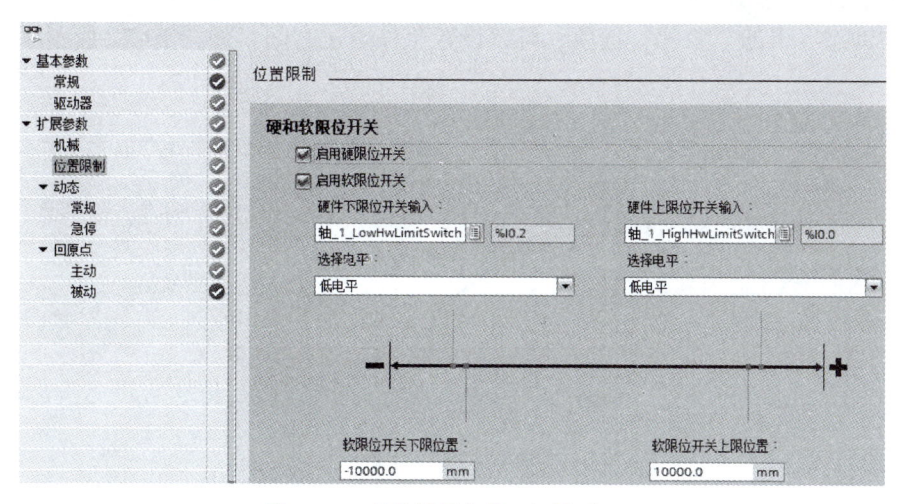

图 19-20 轴的扩展参数 – 机械项配置

⑤ "动态"下的"常规"选项。对速度单位、最大速度、启动/停止速度、加减速时间等参数进行设置,加速度和减速度根据以上数据进行自动计算,如图 19-21 所示。

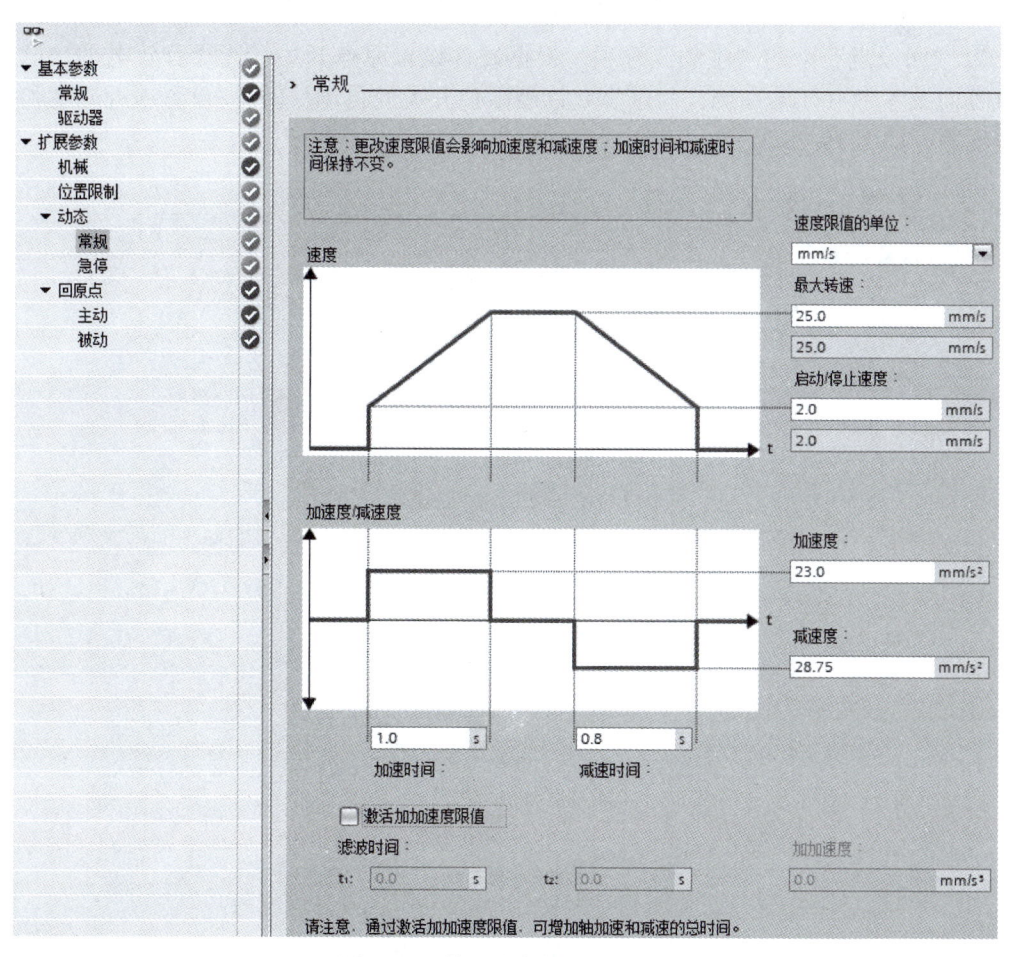

图 19-21 轴的动态常规参数配置

⑥ "动态"下的"急停"选项。可以设置急停减速时间，如图 19-22 所示。

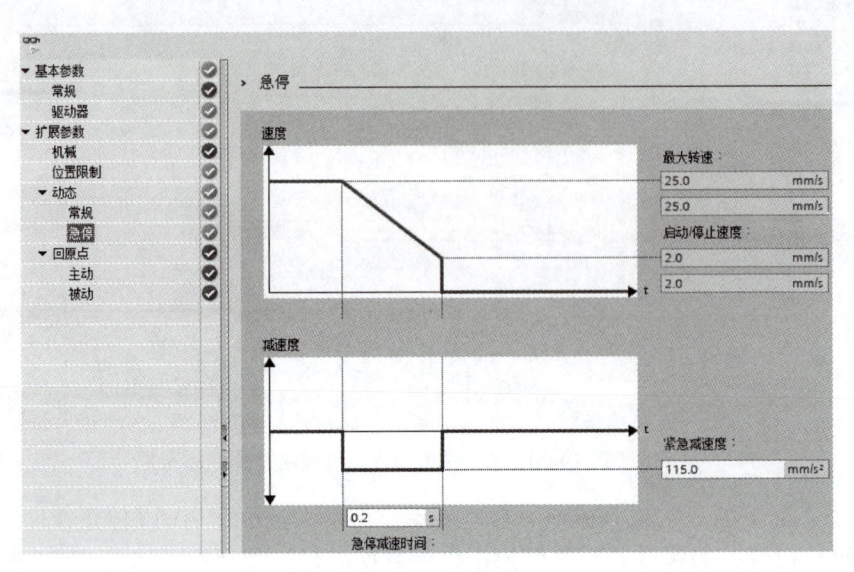

图 19-22 轴的急停参数配置

⑦ "回原点"下的"主动"选项。根据硬件设置原点开关，选择有效电平，设置回原点方向及参考点开关一侧，勾选"允许硬限位开关处自动反转"，设置逼近速度和回原点速度等，如图 19-23 所示。

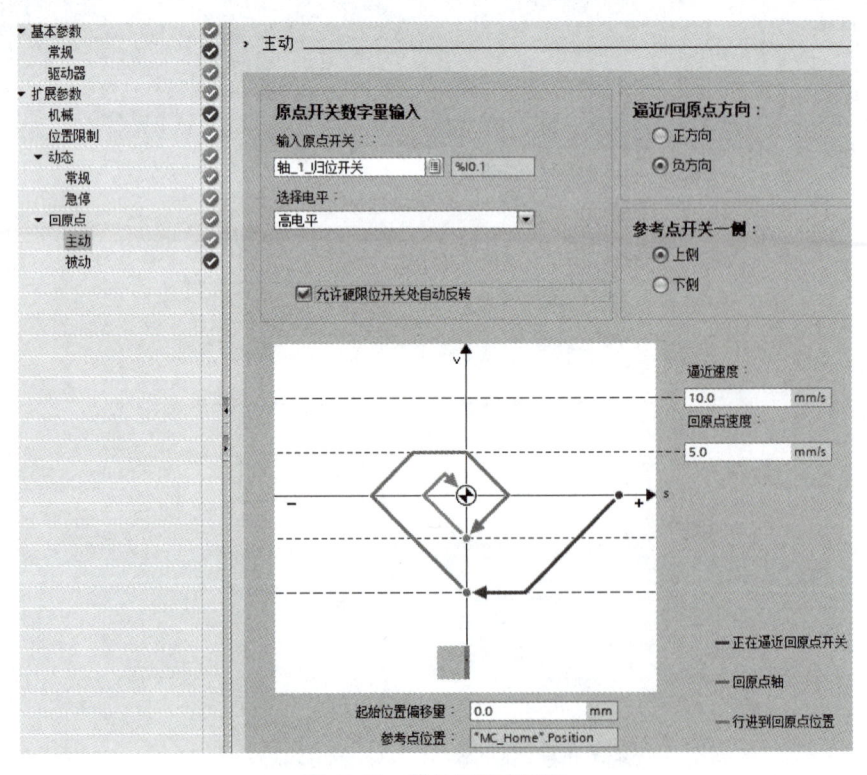

图 19-23 轴的回原点配置

（2）运动控制指令

通过工艺对象配置输出高速脉冲，需要用到一类专门的运动控制指令。在程序编辑窗口右侧指令列表中展开"工艺"选项，打开下面的 Motion Control 指令夹，里面包含了所有的轴运动控制指令。

1）启动/禁用轴指令 MC_Power　MC_Power 指令用于启动或禁用轴。轴在运动之前必须先使能，即首先需要使用该指令。指令格式如图 19-24 所示。

① 引脚 Axis：用于连接已组态的轴，使能端 Enable 为 1 时，按照工艺对象已组态的方式使能轴；为 0 时，将按照 Stop Mode 定义的组态模式中止所有已激活的命令，同时停止轴。

② 引脚 Stop Mode：停止模式有 3 种，通过该引脚选择停止模式。0 为紧急停止，按照组态的急停曲线停止；1 为立即停止，输出脉冲立即封锁；2 为带有加速度变化率控制的紧急停止。

2）轴复位指令 MC_Reset　运动控制指令 MC_Reset 可用于确认"伴随轴停止出现的运行错误"和"组态错误"。指令格式如图 19-25 所示。

① 引脚 Axis：用于连接已组态的轴。

② 引脚 Execute：上升沿时启动命令。

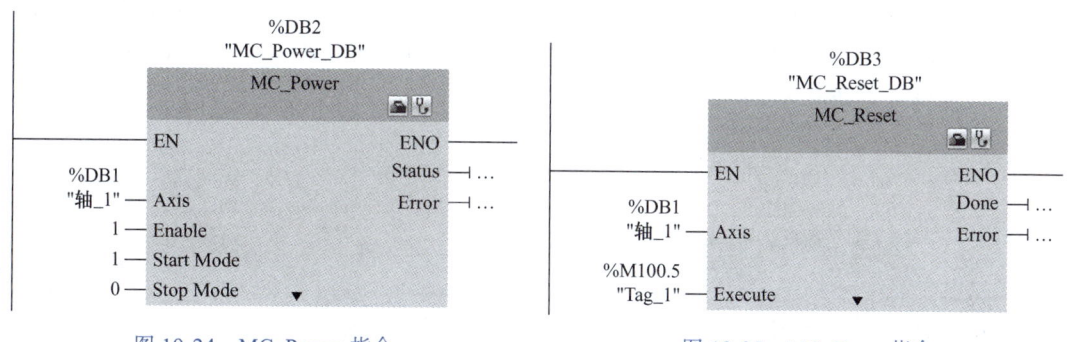

图 19-24　MC_Power 指令

图 19-25　MC_Reset 指令

3）回原点指令 MC_Home　MC_Home 指令可以使工艺轴回到机械原点。指令格式如图 19-26 所示。

① 引脚 Axis：用于连接已组态的轴。

② 引脚 Execute：上升沿时启动命令。

③ 引脚 Mode：指定回原点模式，数据类型为 Int 型，0 表示绝对式直接回原点，新的轴位置为参数 Position 的值；1 表示相对式直接回原点，新的轴位置为当前轴位置加上参数 Position 的值；2 表示被动回原点，根据轴组态回原点后，参数 Position 的值被作为新的轴位置；3 表示主动回原点，按照轴组态进行参考点逼近，参数 Position 的值被作为新的轴位置。

4）绝对位移指令 MC_MoveAbsolute　MC_MoveAbsolute 指令可以启动轴到绝对位置的定位运动。指令格式如图 19-27 所示。

① 引脚 Axis：用于连接已组态的轴。

② 引脚 Execute：上升沿时启动命令。

③ 引脚 Position：为绝对目标位置，Real 型数据。

④ 引脚 Velocity：定义轴速度，Velocity 的值要介于轴组态的启动/停止速度和最大速度之间。

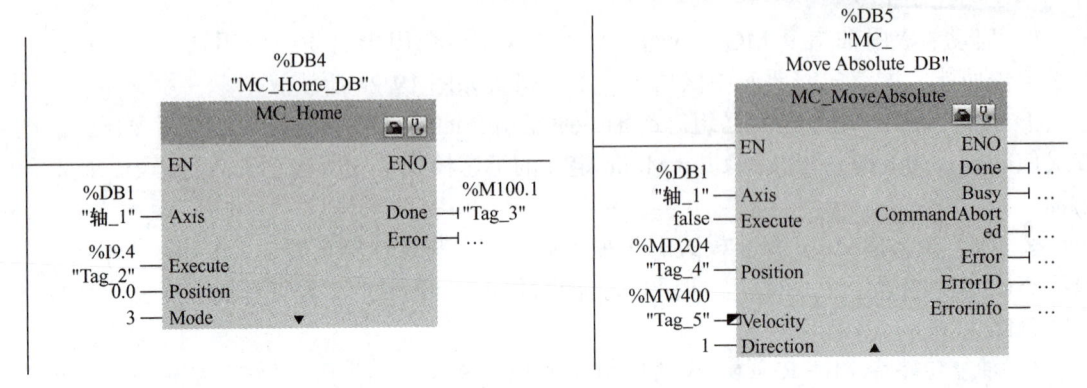

图 19-26　MC_Home 指令

图 19-27　MC_MoveAbsolute 指令

5）相对位移指令 MC_MoveRelative　MC_MoveRelative 指令的执行不需要建立参考点，只需定义运动距离、方向和速度。指令格式如图 19-28 所示。

6）点动控制指令 MC_MoveJog　MC_MoveJog 指令以指定的速度在点动模式下移动轴。JogForward 为 1 时点动正转运行，JogBackward 为 1 时点动反转运行，Velocity 指定点动运行速度。指令符号如图 19-29 所示。

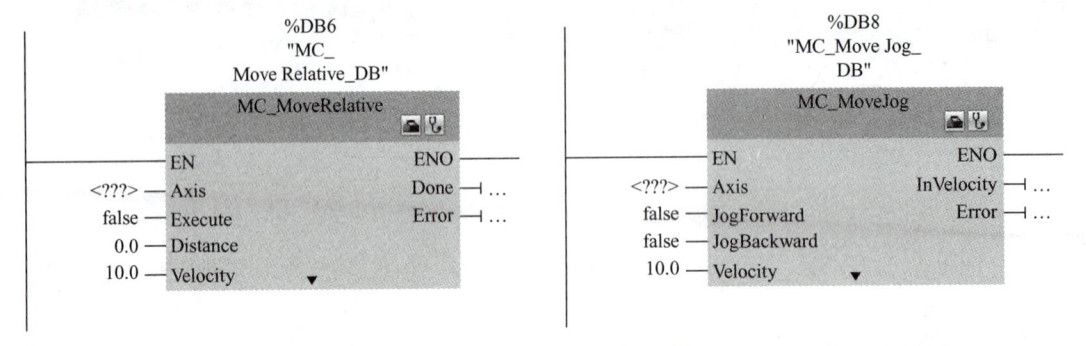

图 19-28　MC_MoveRelative 指令

图 19-29　MC_MoveJog 指令

4. 微课资料

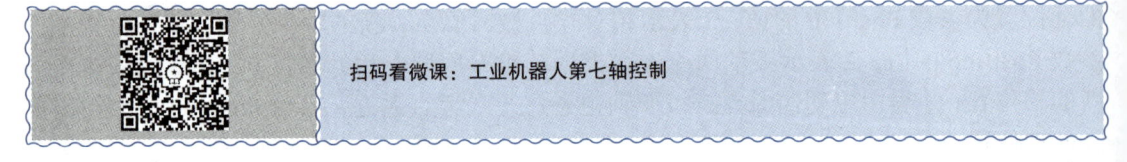

扫码看微课：工业机器人第七轴控制

六、工作计划与决策

按照任务书要求和获取的信息，制定工业机器人第七轴控制的工作方案，包括 I/O 分配、电路设计、硬件组态、编写程序、运行调试等工作内容和步骤，对各组的工作方案进

项目6　S7-1200 PLC 的工业应用

行对比、分析、论证及完善，最终形成决策方案，作为工作实施的依据。请将工作实施的决策方案列入表 19-4。

表 19-4　工业机器人第七轴控制工作实施决策方案

步骤名称	工作内容	负责人

七、任务实施

工业机器人第七轴控制系统设计的工作实施步骤如下。

1. 工业机器人第七轴控制 PLC I/O 分配（表 19-5）

表 19-5　工业机器人第七轴控制 PLC I/O 分配

输入		输出	
正限位开关	I0.0	脉冲输出	Q0.0
原点开关	I0.1	方向输出	Q0.1
负限位开关	I0.2	伺服上电	Q0.3
伺服准备	I0.4		
手动正转	I0.5		
手动反转	I0.6		
回原点	I0.7		

2. 工业机器人第七轴控制 PLC 端子接线图（图 19-30）

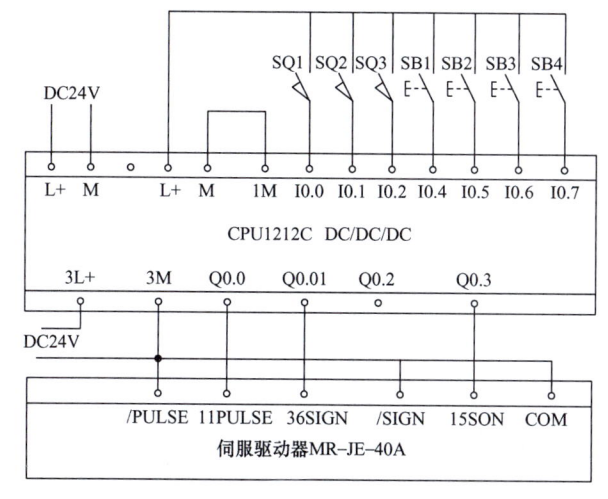

图 19-30　工业机器人第七轴控制 PLC 端子接线图

3. 新建项目及组态

① 打开西门子 PLC 博途软件，在 PORTAL 视图中，单击"创建新项目"，并输入项目名称"工业机器人第七轴控制"，以及路径和作者等信息，然后单击"创建"即可生成新项目。

② 在项目树中，单击"添加新设备"，选择 CPU 型号和版本号（必须与实际设备相匹配）。

4. 设计 PLC 控制程序

（1）创建 PLC 变量表

在项目树中，选择"PLC_1"→"PLC 变量"，双击"添加新变量表"，变量表名为默认设置。PLC 变量表如图 19-31 所示。

名称	数据类型	地址
正限位开关	Bool	%I0.0
原点开关	Bool	%I0.1
负限位开关	Bool	%I0.2
伺服准备	Bool	%I0.4
手动正转	Bool	%I0.5
手动反转	Bool	%I0.6
回原点	Bool	%I0.7
脉冲输出	Bool	%Q0.0
方向输出	Bool	%Q0.1
伺服上电	Bool	%Q0.3

图 19-31 工业机器人第七轴控制 PLC 变量表

（2）编写 OB1 主程序（图 19-32）

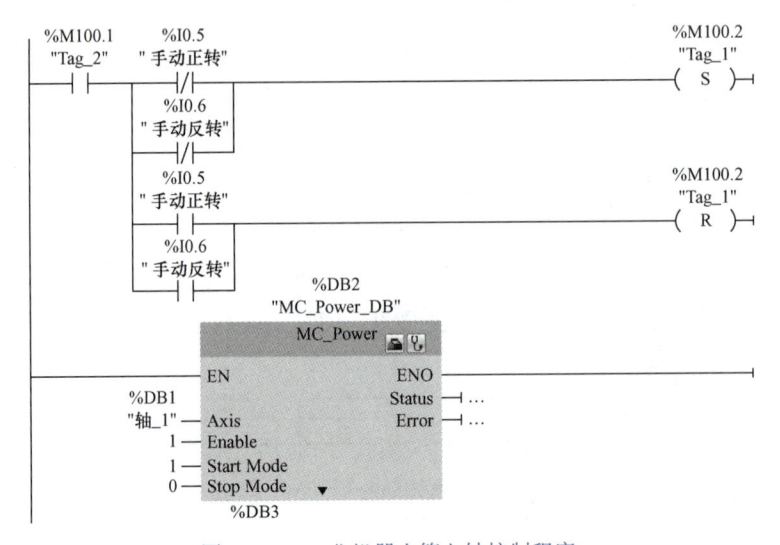

图 19-32 工业机器人第七轴控制程序

项目6　S7-1200 PLC的工业应用

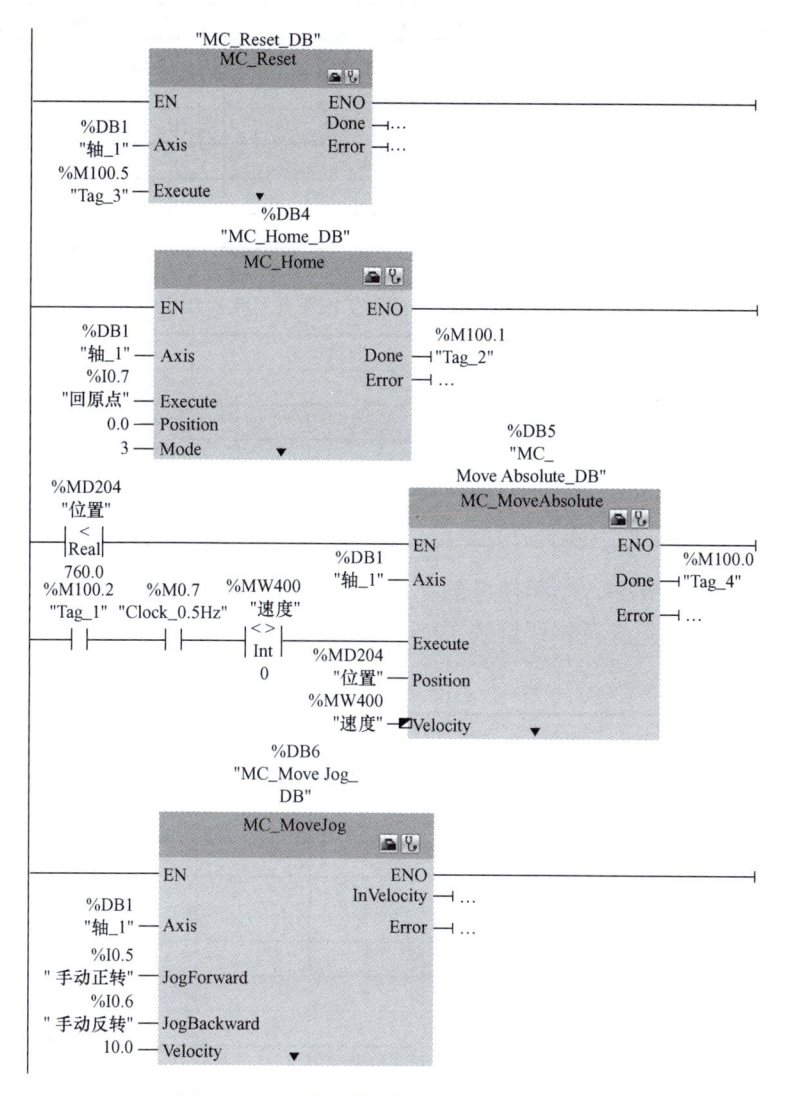

图 19-32　工业机器人第七轴控制程序（续）

5. 程序下载与运行

① 程序编译无误后，选择 PLC_1，单击下载按钮，搜索到 PLC_1，点击下载。
② 下载成功后，转至在线状态并运行程序。

八、检查与评价

根据工业机器人第七轴控制系统的完成情况，按照验收标准，对任务完成情况进行检查和评价，包括电路设计、I/O 地址配置、顺序功能图设计、硬件组态、程序设计等，并将验收问题及其整改措施、完成时间进行记录。验收标准及评分表见表 19-6，验收问题记录表见表 19-7。

表 19-6　工业机器人第七轴控制工作任务验收标准及评分表

序号	验收项目	验收标准	分值	教师评分	备注
1	电路设计	PLC 控制电路设计规范	20		
2	硬件组态	PLC 组态正确	20		
3	I/O 地址配置	I/O 地址分配正确	20		
4	程序设计	正确选用指令，程序结构简练	30		
5	运行调试	能够顺利完成运行调试	10		
		合计	100		

表 19-7　工业机器人第七轴控制工作任务验收问题记录表

序号	验收问题记录	整改措施	完成时间	备注

各组展示任务完成情况，介绍任务的完成过程并提交阐述材料，进行学生自评、学生组内互评、教师评价，完成考核评价表 19-8。

表 19-8　工业机器人第七轴控制工作任务考核评价表

评价项目	评价内容	分值	自评 20%	互评 20%	师评 60%	合计
职业素养 25 分	爱岗敬业，安全意识、责任意识、服务意识、集体主义精神	5				
	积极参加任务活动，按时完成任务	5				
	团队合作、交流沟通能力，语言表达能力	5				
	劳动纪律，职业道德	5				
	现场 6s 标准，行为规范	5				
专业能力 55 分	专业技能应用能力	15				
	制定计划能力，严谨认真	10				
	操作符合规范，精益求精	10				
	工作效率，分工协作	10				
	任务验收质量，质量意识	10				
创新能力 20 分	创新性思维和行动	20				
	总计	100				

教师签名：　　　　　　　　　　　　　　　　　　　　　　　　学生签名：

九、习题与自测题

1. PTO 功能提供占空比为_____的方波脉冲列输出，PWM 功能则提供_____可以通过程序控制的脉冲列输出。

2. S7-1200 PLC 最多集成了_____个高速计数器。

3. 使用模拟量控制数字量输出,当模拟量在 0 ~ 27648 之间变化时,PLC 输出的脉冲宽度也随之改变,但 1s 的脉冲周期不变。

任务 20　工业机器人工作站控制

一、学习任务描述

在装备制造类职业院校技能大赛和 1+X 职业技能等级证书中,广泛使用了 S7-1200 PLC 与工业机器人集成技术。通过本工作任务,掌握工业机器人与 S7-1200 PLC 技术的集成与应用。

机器人系统集成工业机器人工作站(简称工业机器人工作站)如图 20-1 所示,包含执行单元、工具单元、仓储单元、加工单元、打磨单元、检测单元、分拣单元和总控单元共 8 个独立单元,每个单元独立可移动。

现以分拣单元为例来研究工业机器人工作站控制,分拣单元(分拣站)如图 20-2 所示。分拣单元可根据程序实现对不同零件的分拣动作,是工业机器人工作站的功能单元,分拣单元共有 3 个分拣工位,每个工位可存放一个零件;传送带可将放置到起始位的零件传输到分拣机构前;分拣机构根据程序要求在不同位置拦截传送带上的零件,并将其推入指定的分拣工位;分拣工位可通过定位机构实现对滑入零件准确定位,并设置有传感器检测当前工位是否存有零件;分拣单元所有气缸动作和传感器信号均由远程 IO 模块通过工业以太网传输到总控单元。分拣单元通过远程 IO 模块与总控单元 PLC 进行通信。

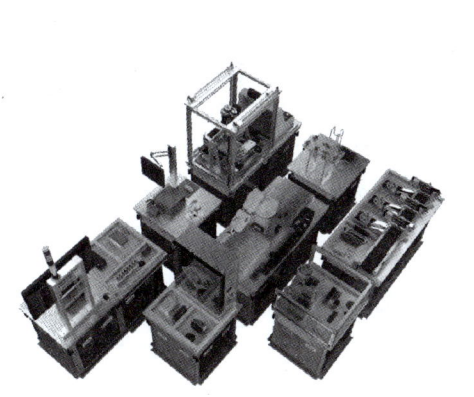

图 20-1　工业机器人系统集成平台结构 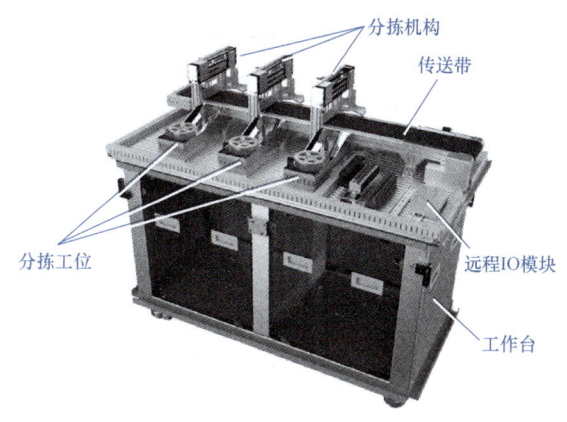　　　　图 20-2　工业机器人分拣单元结构

二、学习目标

1. 了解工业机器人分拣单元内部接线图。
2. 掌握分拣单元控制要求。
3. 了解分拣单元 PLC 的 I/O 分配情况。
4. 能够根据要求设计分拣单元功能块程序。
5. 通过小组合作,制定工作方案,完成工作任务,培养团队协作精神。
6. 任务实施过程中培养工匠精神、安全意识和节能意识,注重综合素养的提升。

三、分拣单元智能化改造任务书

根据某工业机器人集成设备所提供的分拣单元内部接线图，对总控单元 PLC 编程实现以下功能：

① 根据外部指令启动传送带，并当轮毂零件运动到指定分拣机构前，传送带停止。

② 当轮毂零件触发传送带起始端传感器后，根据外部指令将指定分拣机构升降气缸降下。

③ 当轮毂零件运动到指定分拣机构前，该分拣机构推动气缸将轮毂零件推入分拣道口，再通过该道口的定位气缸将轮毂零件定位到 V 形槽处，保持 2s 后缩回。

④ 分拣道口的使用顺序为由小到大依次使用。

四、获取信息

? 引导问题 1：查询资料，了解机器人系统集成平台整体组成。
? 引导问题 2：查询资料，了解机器人系统集成平台各单元功能。
? 引导问题 3：查询资料，了解 SCL 编程语言。
? 引导问题 4：小组讨论，分拣单元控制要求。
? 引导问题 5：小组讨论，需要创建哪些变量及所需数据类型。
? 引导问题 6：小组讨论，如何构思程序。

五、知识准备

1. 各站间通信设置

工业机器人工作站各单元间的通信采用工业以太网形式，且根据不同设备的使用特点，选用了不同的通信协议，见表 20-1。

表 20-1　工业机器人工作站各单元通信接口

序号	单元名称	接口名称	接口协议	所属设备	功能
1	执行单元	Robot	无协议（TCP/IP）	工业机器人	用于与视觉控制器的以太网通信
2		IO-IN/OUT	PROFINET	远程 IO 模块	用于与总控单元 PLC 通信
3		PLC	PROFINET/SIMATIC S7	PLC	用于与其他 PLC、WinCC 的通信以及控制程序的上传下载
4	仓储单元	IO-IN/OUT	PROFINET	远程 IO 模块	用于与总控单元 PLC 通信
5	加工单元	CNC-PN	OPC/UA	数控系统	用于与 WinCC 通信
6		IO-IN/OUT	PROFINET	远程 IO 模块	用于与总控单元 PLC 通信
7	打磨单元	IO-IN/OUT	PROFINET	远程 IO 模块	用于与总控单元 PLC 通信
8	检测单元	Visual	无协议（TCP/IP）	视觉控制器	用于与工业机器人的以太网通信

项目6 S7-1200 PLC 的工业应用

（续）

序号	单元名称	接口名称	接口协议	所属设备	功能
9	分拣单元	IO-IN/OUT	PROFINET	远程 IO 模块	用于与总控单元 PLC 通信
10	总控单元	PLC-1	PROFINET/SIMATIC S7	PLC	用于与其他 PLC、远程 IO 模块的通信、WinCC 的通信以及控制程序的上传下载
11		PLC-2	PROFINET/SIMATIC S7	PLC	用于与其他 PLC、远程 IO 模块、WinCC 的通信以及控制程序的上传下载

工业机器人工作站内部现场级执行信号和控制信号交互采用并行 IO 通信。

2. 分拣单元内部接线（图 20-3）

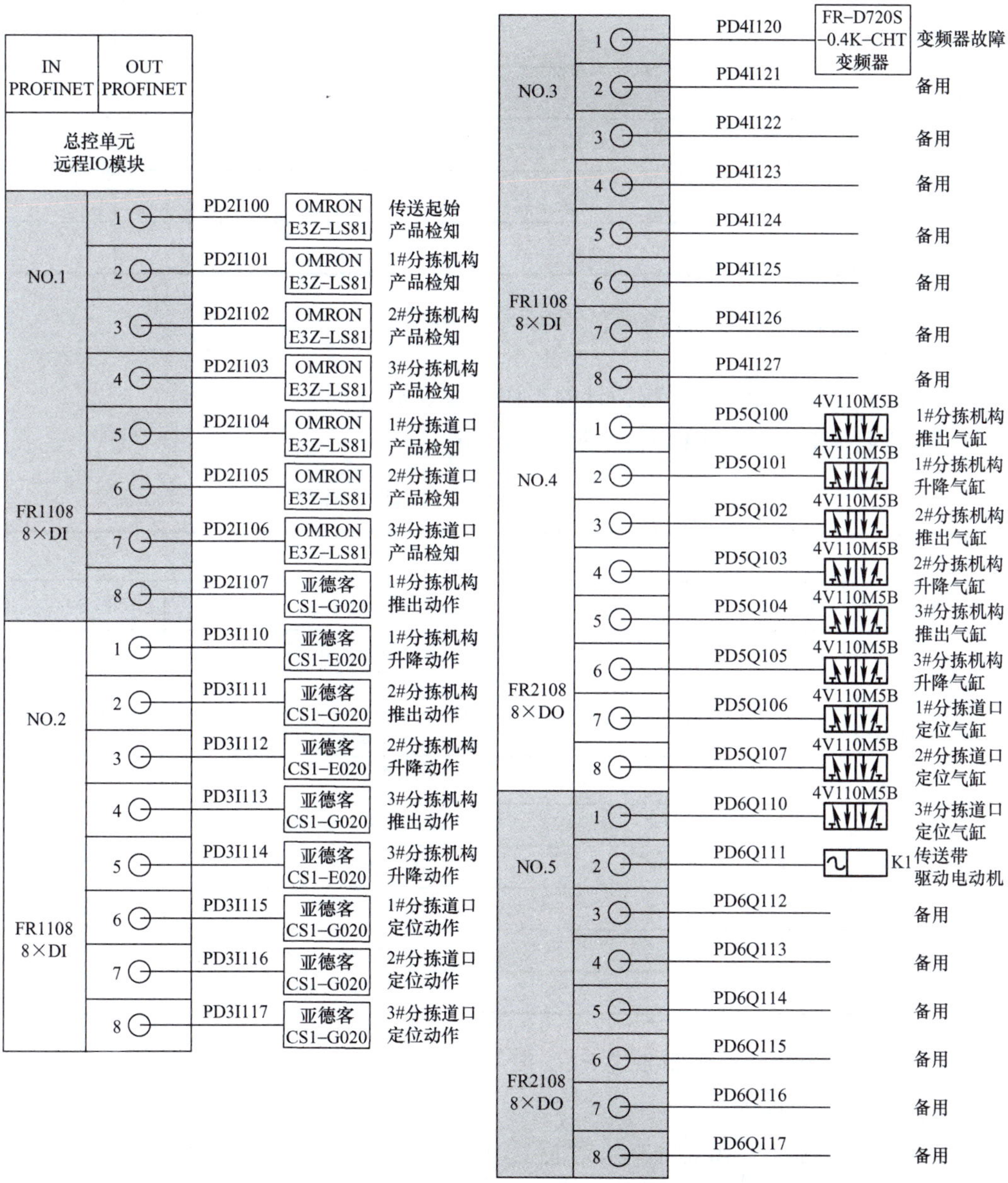

总控单元 远程IO模块

IN PROFINET — FR1108 8×DI (NO.1):
- 1: PD2I100 OMRON E3Z-LS81 传送起始产品检知
- 2: PD2I101 OMRON E3Z-LS81 1#分拣机构产品检知
- 3: PD2I102 OMRON E3Z-LS81 2#分拣机构产品检知
- 4: PD2I103 OMRON E3Z-LS81 3#分拣机构产品检知
- 5: PD2I104 OMRON E3Z-LS81 1#分拣道口产品检知
- 6: PD2I105 OMRON E3Z-LS81 2#分拣道口产品检知
- 7: PD2I106 OMRON E3Z-LS81 3#分拣道口产品检知
- 8: PD2I107 亚德客 CS1-G020 1#分拣机构推出动作

FR1108 8×DI (NO.2):
- 1: PD3I110 亚德客 CS1-E020 1#分拣机构升降动作
- 2: PD3I111 亚德客 CS1-G020 2#分拣机构推出动作
- 3: PD3I112 亚德客 CS1-E020 2#分拣机构升降动作
- 4: PD3I113 亚德客 CS1-G020 3#分拣机构推出动作
- 5: PD3I114 亚德客 CS1-E020 3#分拣机构升降动作
- 6: PD3I115 亚德客 CS1-G020 1#分拣道口定位动作
- 7: PD3I116 亚德客 CS1-G020 2#分拣道口定位动作
- 8: PD3I117 亚德客 CS1-G020 3#分拣道口定位动作

FR1108 8×DI (NO.3):
- 1: PD4I120 FR-D720S-0.4K-CHT 变频器 变频器故障
- 2: PD4I121 备用
- 3: PD4I122 备用
- 4: PD4I123 备用
- 5: PD4I124 备用
- 6: PD4I125 备用
- 7: PD4I126 备用
- 8: PD4I127 备用

OUT PROFINET — FR2108 8×DO (NO.4):
- 1: PD5Q100 4V110M5B 1#分拣机构推出气缸
- 2: PD5Q101 4V110M5B 1#分拣机构升降气缸
- 3: PD5Q102 4V110M5B 2#分拣机构推出气缸
- 4: PD5Q103 4V110M5B 2#分拣机构升降气缸
- 5: PD5Q104 4V110M5B 3#分拣机构推出气缸
- 6: PD5Q105 4V110M5B 3#分拣机构升降气缸
- 7: PD5Q106 4V110M5B 1#分拣道口定位气缸
- 8: PD5Q107 4V110M5B 2#分拣道口定位气缸

FR2108 8×DO (NO.5):
- 1: PD6Q110 4V110M5B 3#分拣道口定位气缸
- 2: PD6Q111 K1 传送带驱动电动机
- 3: PD6Q112 备用
- 4: PD6Q113 备用
- 5: PD6Q114 备用
- 6: PD6Q115 备用
- 7: PD6Q116 备用
- 8: PD6Q117 备用

图 20-3 分拣单元内部接线图

六、工作计划与决策

按照任务书要求和获取的信息，制定工业机器人分拣工作站控制的工作方案，包括 I/O 分配、电路设计、硬件组态、编写程序、运行调试等工作内容和步骤，对各组的工作方案进行对比、分析、论证及完善，最终形成决策方案，作为工作实施的依据。请将工作实施的决策方案列入表 20-2。

表 20-2 工业机器人分拣站控制工作实施决策方案

步骤名称	工作内容	负责人

七、任务实施

工业机器人分拣单元控制系统设计的工作实施步骤如下。

1. 工业机器人分拣单元 PLC I/O 分配（表 20-3）

表 20-3 工业机器人分拣单元控制 I/O 分配

输入		输出	
传送起始产品检知	I3.0	1# 分拣机构推出气缸	Q4.0
1# 分拣机构产品检知	I3.1	1# 分拣机构升降气缸	Q4.1
2# 分拣机构产品检知	I3.2	2# 分拣机构推出气缸	Q4.2
3# 分拣机构产品检知	I3.3	2# 分拣机构升降气缸	Q4.3
1# 分拣道口产品检知	I3.4	3# 分拣机构推出气缸	Q4.4
2# 分拣道口产品检知	I3.5	3# 分拣机构升降气缸	Q4.5
3# 分拣道口产品检知	I3.6	1# 分拣道口定位气缸	Q4.6
		2# 分拣道口定位气缸	Q4.7
		3# 分拣道口定位气缸	Q5.0
		电动机	Q5.1

2. 工业机器人分拣单元控制系统 PLC 控制程序设计

（1）创建 PLC 变量表

在项目树中，选择 "PLC_1" → "PLC 变量"，双击"添加新变量表"，变量表名为默认设置。PLC 变量表如图 20-4、图 20-5 所示。

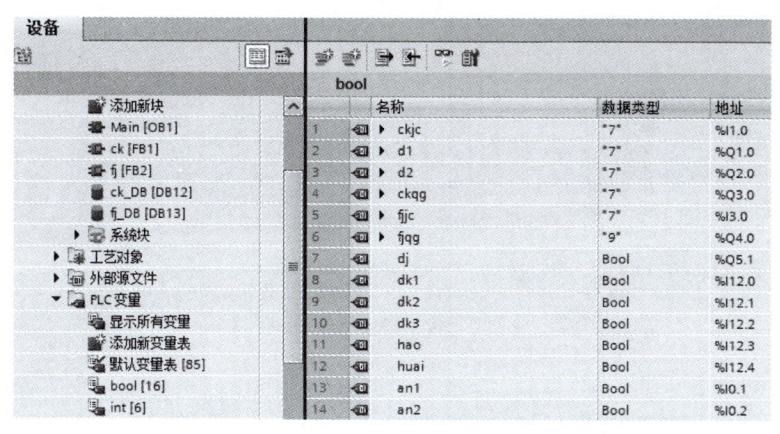

项目6　S7-1200 PLC 的工业应用

图 20-4　工业机器人分拣单元 bool 型变量表

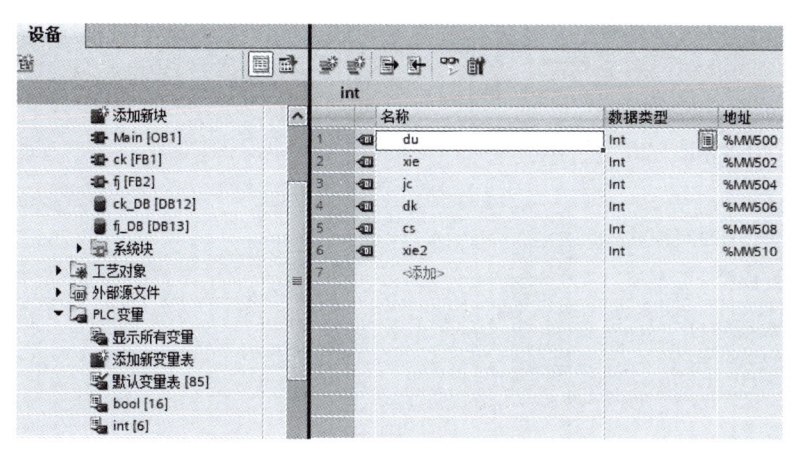

图 20-5　工业机器人分拣单元 int 型变量表

（2）添加数组型数据

如图 20-6、图 20-7 所示。

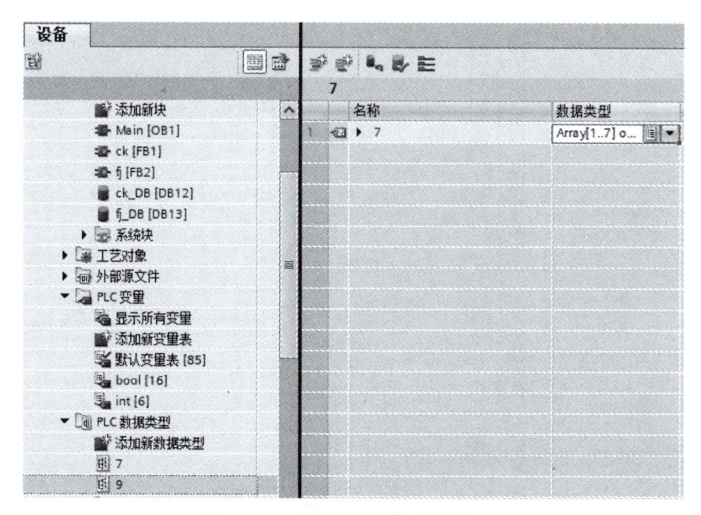

图 20-6　分拣检测传感器数组

243

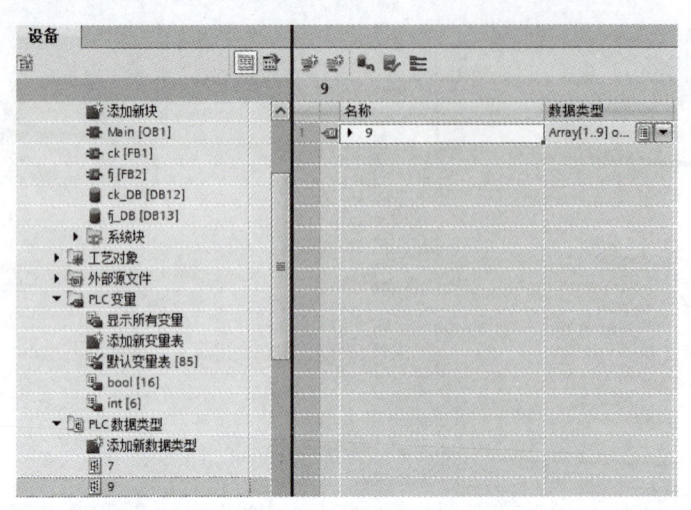

图 20-7 分拣气缸数组

（3）分拣单元功能块程序设计

程序如图 20-8 和图 20-9 所示。

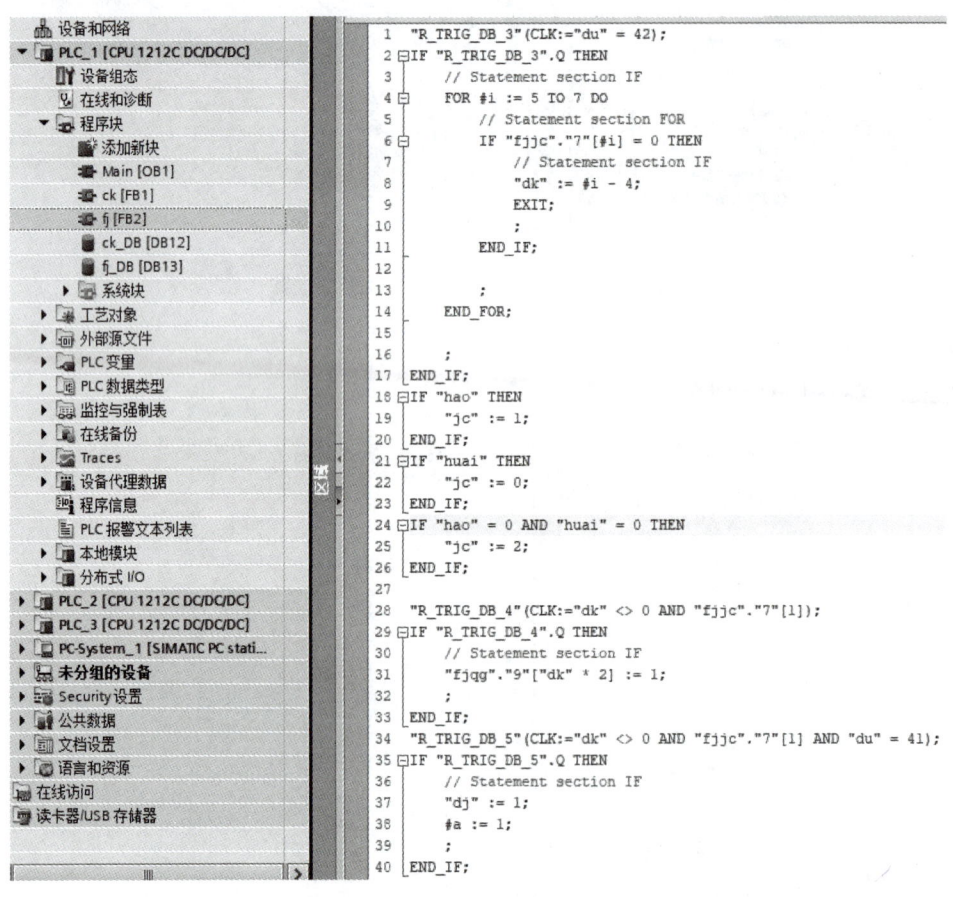

```
1  "R_TRIG_DB_3"(CLK:="du" = 42);
2  IF "R_TRIG_DB_3".Q THEN
3      // Statement section IF
4      FOR #i := 5 TO 7 DO
5          // Statement section FOR
6          IF "fjjc"."7"[#i] = 0 THEN
7              // Statement section IF
8              "dk" := #i - 4;
9              EXIT;
10             ;
11         END_IF;
12         ;
13         ;
14     END_FOR;
15         ;
16         ;
17 END_IF;
18 IF "hao" THEN
19     "jc" := 1;
20 END_IF;
21 IF "huai" THEN
22     "jc" := 0;
23 END_IF;
24 IF "hao" = 0 AND "huai" = 0 THEN
25     "jc" := 2;
26 END_IF;
27
28 "R_TRIG_DB_4"(CLK:="dk" <> 0 AND "fjjc"."7"[1]);
29 IF "R_TRIG_DB_4".Q THEN
30     // Statement section IF
31     "fjqg"."9"["dk" * 2] := 1;
32     ;
33 END_IF;
34 "R_TRIG_DB_5"(CLK:="dk" <> 0 AND "fjjc"."7"[1] AND "du" = 41);
35 IF "R_TRIG_DB_5".Q THEN
36     // Statement section IF
37     "dj" := 1;
38     #a := 1;
39     ;
40 END_IF;
```

图 20-8 分拣单元功能块程序（1）

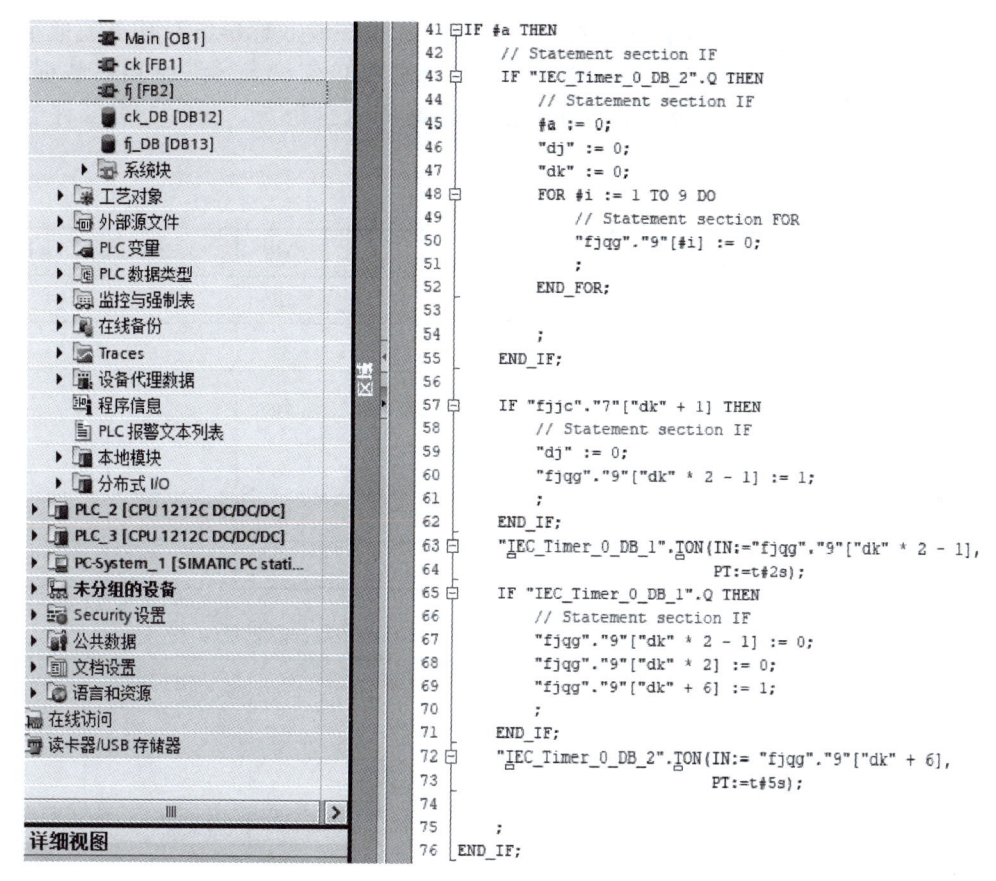

```
41  IF #a THEN
42      // Statement section IF
43      IF "IEC_Timer_0_DB_2".Q THEN
44          // Statement section IF
45          #a := 0;
46          "dj" := 0;
47          "dk" := 0;
48          FOR #i := 1 TO 9 DO
49              // Statement section FOR
50              "fjqg"."9"[#i] := 0;
51              ;
52          END_FOR;
53          
54          ;
55      END_IF;
56      
57      IF "fjjc"."7"["dk" + 1] THEN
58          // Statement section IF
59          "dj" := 0;
60          "fjqg"."9"["dk" * 2 - 1] := 1;
61          ;
62      END_IF;
63      "IEC_Timer_0_DB_1".TON(IN:="fjqg"."9"["dk" * 2 - 1],
64                             PT:=t#2s);
65      IF "IEC_Timer_0_DB_1".Q THEN
66          // Statement section IF
67          "fjqg"."9"["dk" * 2 - 1] := 0;
68          "fjqg"."9"["dk" * 2] := 0;
69          "fjqg"."9"["dk" + 6] := 1;
70          ;
71      END_IF;
72      "IEC_Timer_0_DB_2".TON(IN:= "fjqg"."9"["dk" + 6],
73                             PT:=t#5s);
74      
75      ;
76  END_IF;
```

图 20-9　分拣单元功能块程序（2）

其中 a 和 i 为局部变量，如图 20-10 所示。

（4）OB1 主程序中调用分拣单元功能块程序如图 20-11 所示。

图 20-10　创建局部变量

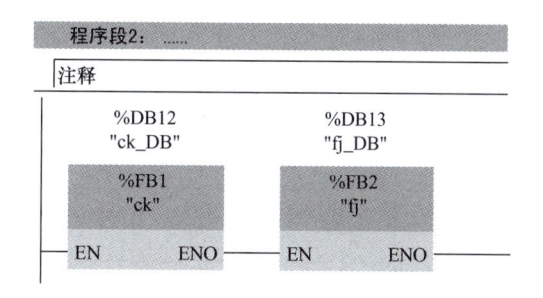

图 20-11　OB1 主程序

3. 程序下载与运行

① 程序编译无误后，选择 PLC_1，单击下载按钮，搜索到 PLC_1，点击下载。

② 下载成功后，转至在线状态并运行程序。

八、检查与评价

根据工业机器人分拣单元控制系统的完成情况，按照验收标准，对任务完成情况进行检查和评价，包括 I/O 地址配置、硬件组态、创建 PLC 变量表、添加 PLC 数据类型、程序设计等，并将验收问题及其整改措施、完成时间进行记录。验收标准及评分表见表 20-4，验收问题记录表见表 20-5。

表 20-4　工业机器人分拣单元控制工作任务验收标准及评分表

序号	验收项目	验收标准	分值	教师评分	备注
1	硬件组态	PLC 组态正确	20		
2	I/O 地址配置	I/O 地址分配正确	20		
3	PLC 变量表及数据类型	正确建立 PLC 变量表及数据类型	20		
4	程序设计	正确选用指令，程序结构简练	30		
5	运行调试	能够顺利完成运行调试	10		
		合计	100		

表 20-5　工业机器人分拣单元控制工作任务验收问题记录表

序号	验收问题记录	整改措施	完成时间	备注

各组展示任务完成情况，介绍任务的完成过程并提交阐述材料，进行学生自评、学生组内互评、教师评价，完成考核评价表 20-6。

表 20-6　工业机器人分拣单元控制工作任务考核评价表

评价项目	评价内容	分值	自评 20%	互评 20%	师评 60%	合计
职业素养 25 分	爱岗敬业、安全意识、责任意识、服务意识、集体主义精神	5				
	积极参加任务活动，按时完成任务	5				
	团队合作、交流沟通能力、语言表达能力	5				
	劳动纪律、职业道德	5				
	现场 6s 标准，行为规范	5				

（续）

评价项目	评价内容	分值	自评 20%	互评 20%	师评 60%	合计
专业能力 55分	专业技能应用能力	15				
	制定计划能力，严谨认真	10				
	操作符合规范，精益求精	10				
	工作效率，分工协作	10				
	任务验收质量，质量意识	10				
创新能力 20分	创新性思维和行动	20				
	总计	100				

教师签名： 学生签名：

九、习题与自测题

1. 机器人系统集成工业机器人工作站包含_____单元、工具单元、_____单元、加工单元、打磨单元、检测单元、分拣单元和_____单元共8个独立单元，每个单元独立可移动。

2. 机器人系统集成工作站中的分拣单元所有气缸动作和传感器信号均由_____模块通过工业以太网传输到总控单元。

3. 工业机器人工作站各单元间的通信采用工业以太网形式，且根据不同设备的使用特点，选用了不用的通信协议。其中执行单元的机器人采用_____协议，仓储单元的IO-IN/OUT采用_____协议。

参 考 文 献

[1] 廖常初. S7-1200 PLC 应用教程 [M]. 2 版. 北京：机械工业出版社，2020.
[2] 刘华波，马艳，何文雪，吴贺荣. 西门子 S7-1200 PLC 编程与应用 [M]. 2 版. 北京：机械工业出版社，2020.
[3] 李方园. 西门子 S7-1200 PLC 从入门到精通 [M]. 北京：电子工业出版社，2018.
[4] 廖常初. S7-1200 PLC 编程及应用 [M]. 3 版. 北京：机械工业出版社，2017.
[5] 吴繁红. 西门子 S7-1200 PLC 应用技术项目教程 [M]. 北京：电子工业出版社，2017.